"十二五"职业教育国家规划教材
经全国职业教育教材审定委员会审定

U0383209

网页设计与制作

项目教程

（第3版）

王君学 孙中廷 ◎ 主编

赵丽英 林玲 张婷 ◎ 副主编

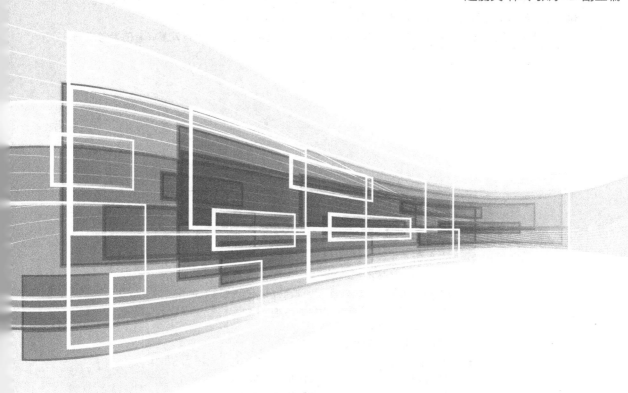

人民邮电出版社

北　京

图书在版编目（ＣＩＰ）数据

网页设计与制作项目教程 / 王君学，孙中廷主编
. -- 3版. -- 北京：人民邮电出版社，2015.10（2023.12重印）
"十二五"职业教育国家规划教材
ISBN 978-7-115-39234-3

Ⅰ. ①网… Ⅱ. ①王… ②孙… Ⅲ. ①网页制作工具
－高等职业教育－教材 Ⅳ. ①TP393.092

中国版本图书馆CIP数据核字(2015)第222129号

内 容 提 要

本书按照项目教学法组织教学内容。全书由14个项目构成，主要介绍Dreamweaver CS6的基础知识及使用方法，内容包括管理Dreamweaver站点，在网页中插入文本、图像、媒体、超级链接、表单等网页元素并设置其属性，使用Photoshop?CS6处理图像，使用Flash CS6制作动画，运用表格、框架、Div+CSS、AP Div、Spry布局构件等技术对网页进行布局，使用模板和库制作网页，使用行为完善网页功能，在可视化环境下创建动态网页以及配置IIS服务器和发布网站的基本知识。

本书可作为职业院校"网页设计与制作"课程的教材，也可以作为网页设计爱好者的参考用书。

◆ 主　　编　王君学　孙中廷

　　副主编　赵丽英　林　玲　张　婷

　　责任编辑　曾　斌

　　责任编辑　王　平

　　责任印制　杨林杰

◆ 人民邮电出版社出版发行　　北京市丰台区成寿寺路 11 号

　　邮编　100164　电子邮件　315@ptpress.com.cn

　　网址　http://www.ptpress.com.cn

　　北京虎彩文化传播有限公司印刷

◆ 开本：787×1092　1/16

　　印张：15.75　　　　　　2015 年 10 月第 3 版

　　字数：393 千字　　　　2023 年 12 月北京第 13 次印刷

定价：38.00 元

读者服务热线：(010)81055256　 印装质量热线：(010)81055316
反盗版热线：(010)81055315
广告经营许可证：京东市监广登字 20170147 号

第3版 前 言 PREFACE

随着计算机技术的发展和普及，职业院校的网页设计与制作教学存在的主要问题是传统的理论教学内容过多，能够让学生亲自动手的实践内容偏少。本书基于 Dreamweaver CS6 中文版，同时兼顾 Photoshop CS6 中文版和 Flash CS6 中文版，按照项目教学法组织教学内容编写，加大了实践力度，让学生在实际操作中循序渐进地了解和掌握网页制作的流程和方法。

本书根据教育部最新专业教学标准要求编写，邀请行业、企业专家和一线课程负责人一起，从人才培养目标、专业方案等方面做好顶层设计，明确专业课程标准，强化专业技能培养，安排教材内容；根据岗位技能要求，引入了企业真实案例，力求达到"十二五"职业教育国家规划教材的要求，提高职业院校专业技能课的教学质量。

教学方法

本书采用项目教学法，由浅入深、循序渐进地介绍了网页制作的流程、方法和基本知识。本书还专门安排了项目实训和课后习题，以帮助学生及时巩固所学内容。

教学内容

本课程教学时数为 72 课时，各项目的教学课时可参考下面的课时分配表。

项 目	课 程 内 容	课 时 分 配	
		讲授	实践训练
项目一	认识 Dreamweaver CS6	1	1
项目二	管理 Dreamweaver 站点	2	2
项目三	文本——编排花艺园网页	2	4
项目四	图像和媒体——编排九寨沟网页	2	4
项目五	超级链接——设置全球通网页	2	4
项目六	表格——布局手机网店页面	2	4
项目七	Div+CSS——布局宝贝画展网页	4	4
项目八	AP Div 和 Spry 布局——制作巴厘岛网页	2	2
项目九	框架——制作竹子论坛网页	2	2
项目十	库和模板——制作职业学院主页	2	2
项目十一	行为——完善温馨屋网页功能	2	2
项目十二	表单——制作用户注册网页	2	2
项目十三	动态网页——制作学科信息管理系统	6	4
项目十四	发布网站	2	2
课 时 总 计		33	39

教学资源

为方便教师教学，本书配备了内容丰富的教学资源包，包括案例用到的素材文件、案例结果文件、PPT 电子教案、习题答案、教学大纲和 2 套模拟试题及答案。任课老师可登录人民邮电出版社教学服务与资源网（www.ptpedu.com.cn）免费下载使用。

本书由王君学和孙中廷任主编，赵丽英、林玲和张婷任副主编。王君学编写项目一~三，孙中廷编写项目四~五，赵丽英编写项目六~七，林玲编写项目八~九，张婷编写项目十~十四。由于编者水平有限，书中难免存在疏漏之处，敬请广大读者批评指正。

编者

2015 年 8 月

目 录 CONTENTS

PART 1

项目一
认识 Dreamweaver CS6

1

本项目主要是为了让读者对网页制作软件 Dreamweaver CS6 有一个总体认识。首先了解一些与网络和网页有关的基本概念和知识，然后了解常用网页制作工具以及 Dreamweaver 的发展历程、基本功能和作用，最后通过制作一个简单的网页来认识 Dreamweaver CS6 的工作界面。Dreamweaver CS6 的工作界面如图 1-1 所示。

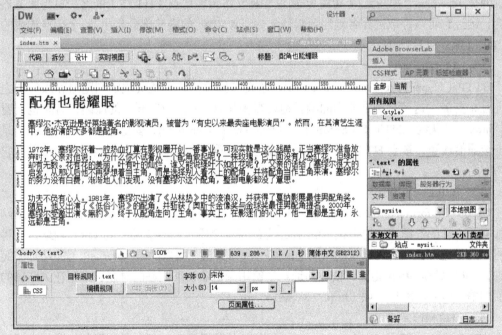

图1-1　Dreamweaver CS6

学习目标

- 了解常用概念和 HTML 代码的基本含义。
- 了解 Dreamweaver CS6 工作界面的构成。
- 学会 Dreamweaver CS6 常用工具栏的使用方法。
- 学会 Dreamweaver CS6 常用面板的使用方法。
- 学会创建 Dreamweaver CS6 静态站点的方法。

任务一　Dreamweaver 基础

本任务主要介绍与网络和网页有关的基本知识，以便为学习 Dreamweaver 奠定基础。

（一）基本概念

首先介绍关于互联网的一些基本概念。

（1）Internet。

Internet（中文名为因特网，又称国际互联网）是由世界各地的计算机通过特殊介质连接而成的全球网络，在网络中的计算机通过协议可以相互通信。Internet 的前身是美国国防部高级研究计划局（ARPA）主持研制的 ARPAnet。目前，Internet 提供的主要服务有 WWW（万维网）、FTP（文件传输）、E-mail（电子邮件）等。

（2）WWW。

WWW（World Wide Web，简称 Web、3W，万维网）是以 Internet 为基础的计算机网络，它允许用户在一台计算机通过 Internet 存取另一台计算机上的信息。从技术角度上说，万维网是 Internet 上那些支持 WWW 协议和超文本传输协议（HTTP）的客户机与服务器的集合，透过它可以存取世界各地的超媒体文件。WWW 的内核部分是由 3 个标准构成的：HTTP、URL 和 HTML。

（3）HTTP。

HTTP（HyperText Transfer Protocol，超文本传输协议）负责规定浏览器和服务器之间如何互相交流，这就是浏览器中的网页地址很多是以"http://"开头的原因，有时也会看到以"https"开头的。HTTPS（Secure Hypertext Transfer Protocol，安全超文本传输协议）是一个安全通信通道，基于 HTTP 开发，用于在客户计算机和服务器之间交换信息，可以说它是 HTTP 的安全版。

（4）URL。

URL（Uniform Resource Locator，统一资源定位器）是一个世界通用的负责给万维网中诸如网页这样的资源定位的系统。Internet 上的每一个网页都具有唯一的 URL 地址，这种地址可以是本地磁盘，也可以是局域网上的某一台计算机，更多的是 Internet 上的站点。简单地说，URL 就是 Web 地址，俗称网址。当使用浏览器访问网站的时候，都要在浏览器的地址栏中输入网站的网址，如"http://www.163.com/"。

（5）HTML。

HTML（HyperText Markup Language，超文本标记语言）是一种用来制作网络中超级文本文档的简单置标语言。严格来说，HTML 并不是一种编程语言，只是一些能让浏览器看懂的标记。当用户浏览 WWW 上包含 HTML 标签的网页时，浏览器会"翻译"由这些 HTML 标签提供的网页结构、外观和内容的信息，并按照一定的格式在屏幕上显示出来。目前 HTML 的最新版本是 HTML5.0，它与 HTML4.01 有着较大的差异，是下一代的 Web 标准。HTML5.0 具有全新的、更加语义化的、合理的结构化元素，新的具有更好表现性的表单控件以及多媒体视频和音频支持，更加强大的交互操作功能。不过，目前普遍使用的 HTML4.01 能够得到更多浏览器的支持。

（6）XHTML。

XHTML（eXtensible HyperText Markup Language，可扩展超文本置标语言）表现方式与

HTML 类似。从继承关系上看，HTML 是一种基于标准通用置标语言 SGML 的应用，是一种非常灵活的置标语言，而 XHTML 则基于可扩展置标语言 XML，XML 是 SGML 的一个子集。XHTML 1.0 在 2000 年 1 月 26 日成为 W3C 的推荐标准。XHTML 在语法上要求更加严格，最明显的就是所有的标记都必须要有一个相应的结束标记，如果是单独不成对的标签，则在标签最后加一个"/"来关闭它。例如，HTML 中的换行符
，在 XHTML 中应该写成
。

（7）　CSS。

CSS（Cascading Style Sheet，层叠样式表或级联样式表）是一组格式设置规则，用于控制 Web 页面的外观。通过使用 CSS 样式设置页面的格式，可将页面的内容与表现形式分离。页面内容存放在 HTML 文档中，而将用于定义表现形式的 CSS 规则存放在另一个独立的样式表文件中或 HTML 文档的某一部分，通常为文件头部分。

（8）　FTP。

FTP（File Transfer Protocol）是 Internet 上文件传输的基础，通常所说的 FTP 是基于该协议的一种服务。FTP 文件传输服务允许 Internet 上的用户在客户端计算机与 FTP 服务器之间进行文件传输。在传输文件时，通常可以使用 FTP 客户端软件，也可以使用浏览器，不过使用 FTP 客户端软件更加方便。

（9）　E-mail。

E-mail 是 Internet 上使用最广泛的一种电子邮件服务。邮件服务器使用的协议有简单邮件转输协议（SMTP）、电子邮件扩充协议（MIME）和邮局协议（POP）。POP 服务需由一个邮件服务器来提供，用户必须在该邮件服务器上取得账号才可能使用这种服务。目前使用得较普遍的 POP 为第 3 版，故又称为 POP3 协议。收发电子邮件必须有相应的客户端软件支持，常用的收发电子邮件的软件有 Foxmail、Exchange、Outlook Express 等。不过现在许多电子邮件可以通过 Internet Explorer 等浏览器直接在线收发，比使用客户端软件更方便。

（10）　TCP/IP。

TCP/IP（Transmission Control Protocol/Internet Protocol，传输控制协议/因特网互联协议，又叫网络通信协议）是 Internet 最基本的协议，也是 Internet 的基础。简单地说，网络通信协议就是由网络层的 IP 和传输层的 TCP 组成的。IP 是 TCP/IP 的心脏，也是网络层中最重要的协议。现有的互联网就是在 IPv4 协议的基础上运行的。IPv6 是下一版本的互联网协议，也可以说是下一代互联网的协议，它的提出最初是因为随着互联网的迅速发展，IPv4 定义的有限地址空间将被耗尽，为了扩大地址空间，拟通过 IPv6 以重新定义地址空间。IPv4 采用 32 位地址长度，只有大约 43 亿个地址，估计很快将被分配完毕，而 IPv6 采用 128 位地址长度，几乎可以不受限制地提供地址。

（11）　IP。

IP 地址就是给每个连接在 Internet 上的主机分配的一个 32bit 地址。按照 TCP/IP 规定，IP 地址用二进制来表示，每个 IP 地址长 32bit，比特换算成字节，就是 4 个字节。例如，一个采用二进制形式的 IP 地址是"00001010000000000000000000000001"，这么长的地址处理起来非常不便。因此，在实际应用中，IP 地址经常被写成十进制的形式，中间使用符号"."分开不同的字节。上面的 IP 地址可以表示为"10.0.0.1"。IP 地址的这种表示法叫做"点分十进制表示法"，这显然比 1 和 0 容易记忆得多。

（12）　域名。

域名（Domain Name）是企业、政府、非政府组织等机构或者个人在域名注册商处注册的用于标识 Internet 上某一台计算机或计算机组的名称，名字由点分隔组成，是互联网上企业或机构间相互联络的网络地址。目前，域名已经成为互联网的品牌、网上商标保护必备的产品之一。域名可以分为不同的级别，包括顶级域名、二级域名等。顶级域名又分为两类：国际顶级域名（如".com"表示商业组织、".net"表示网络服务商、".org"表示非营利组织等）和国家顶级域名（如".cn"代表中国、".uk"代表英国、".jp"代表日本等）。二级域名是指在顶级域名之下的域名，在国际顶级域名下的二级域名通常是指域名注册人的网上名称（如"sohu.com"），在国家顶级域名下的二级域名通常是指注册企业的类别符号（如".com.cn"".edu.cn"".gov.cn"等）。域名的形式通常是由若干个英文字母或数字组成，然后由"."分隔成几部分，如"163.com"。近年来，一些国家也纷纷开发使用采用本民族语言构成的域名，我国也开始使用中文域名。

（13）W3C。

W3C（World Wide Web Consortium，万维网联盟，又称 W3C 理事会）1994 年 10 月在拥有"世界理工大学之最"称号的美国麻省理工学院计算机科学实验室成立。建立者是万维网的发明者蒂姆·伯纳斯·李（Tim Berners-Lee）。W3C 组织是用于制定网络标准的一个非营利组织，像 HTML、XHTML、CSS、XML 的标准就是由 W3C 来制定的。W3C 会员包括生产技术产品及服务的厂商、内容供应商、团体用户、研究实验室、标准制定机构和政府部门，它们一起协同工作，致力在万维网发展方向上达成共识。

（14）ISP。

ISP（Internet Service Provider，互联网服务提供商）是向广大用户综合提供互联网接入业务、信息业务和增值业务的电信运营商。ISP 是经国家主管部门批准的正式运营企业，受国家法律保护。目前按照主营的业务划分，中国 ISP 主要有以下几类：搜索引擎 ISP、即时通信 ISP、移动互联网业务 ISP、门户 ISP 等。在邮件营销领域，ISP 主要指电子邮箱服务商。

（二）HTML 基础

HTML 使用标记标签来描述网页，HTML 标记标签被称为 HTML 标签，通常由尖括号包围，并且成对出现，如<html>和</html>。包含 HTML 标签和纯文本的文档称为 HTML 文档，可以使用记事本、写字板、Dreamweaver 等编辑工具来编写，其扩展名是".htm"或".html"，如"index.htm"或"index.html"，这种格式的文件也被称为静态网页文件。HTML 文档通常使用 Web 浏览器来读取，并以网页的形式显示出来。浏览器不会显示 HTML 标签，而是使用 HTML 标签来解释页面的内容。在因特网上，还会经常看到扩展名为".asp"".aspx"等格式的网页文件，如"index.asp""index.aspx"，在这些网页文件中除了含有 HTML 标签，还含有使用脚本语言编写的程序代码，这种格式的文件也被称为动态网页文件。

1. HTML 文档的基本结构

HTML 文档的基本结构，具体如下所示：

```
<html>
<head>
<title>2014 青岛世园会主题口号</title>
</head>
```

```
<body>
中文：让生活走进自然，英文：From the earth, for the Earth
</body>
</html>
```

其中包含了 3 对最基本的 HTML 标签。

● <html>…</html>

<html>标记符号出现在每个 HTML 文档的开头，</html>标记符号出现在每个 HTML 文档的结尾。通过对这一对标记符号的读取，浏览器可以判断目前正在打开的是网页文件而不是其他类型的文件。

● <head>…</head>

<head>…</head>构成 HTML 文档的开头部分，在<head>和</head>之间可以使用<title>…</title>、<script>…</script>等标记，这些标记都是用于描述 HTML 文档相关信息的，不会在浏览器中显示出来。其中，<title>…</title>标记是最常用的，在<title>和</title>标记之间的文本将显示在浏览器的标题栏中。

● <body>…</body>

<body>…</body>是 HTML 文档的主体部分，在此标记之间可包含<p>…</p>、
、<hr>、<img>、<table>…</table>等 HTML 标记，它们所定义的文本、水平线、图像、表格等将会在浏览器中显示出来。

2. HTML 标题

每篇文档都要有自己的标题，每篇文档的正文都要划分段落。为了突出正文标题的地位和它们之间的层次关系，HTML 设置了 6 级标题。HTML 标题是通过<h1> ~ <h6>等标签进行定义的。其中，数字越小，字号越大；数字越大，字号越小。格式如下：

```
<h1>标题文字</h1>
<h2>标题文字</h2>
…
<h6>标题文字</h6>
```

3. HTML 段落

HTML 语言使用<p>…</p>标签给网页正文分段，它将使标记后面的内容在浏览器窗口中另起一段。用户可以通过该标记中的 align 属性对段落的对齐方式进行控制。align 属性的值通常有 left、right、center 3 种，可分别使段落内的文本居左、居右、居中对齐。例如：

```
<P align="center">当我们失去的时候，<br>才知道自己曾经拥有。</P>
```

使用段落标记<p>…</p>与使用换行标记
是不同的，
标记只能起到另起一行的作用，不等于另起一段，换行仍然是发生在段落内的行为。

4. HTML 链接

HTML 使用超级链接与网络上的另一个文档相连，在所有的网页中几乎都有超级链接，单击超级链接可以从一个页面跳转到另一个页面。超级链接可以是一个字、一个词或者一组词，也可以是一幅图像或图像的某一部分，可以单击这些内容来跳转到新的文档或者当前文档中的某个部分。

HTML 语言通常使用<a>…</a>标签在文档中创建超级链接，例如：

```
<a href="http://www.sohu.com" target="_blank">搜狐主页</a>
```

其中，href 属性用来创建指向另一个网址的链接，使用 target 属性定义被链接的文档在何处显示，_blank 表示在新窗口中打开文档。

5. HTML 表格

在 HTML 中，表格使用<table>标签来定义，每个表格有若干行，行使用<tr>标签来定义，每行又分为若干单元格，单元格使用<td>标签来定义。如果表格有行标题或列标题，标题单元格使用<th>标签来定义。如果表格有标题，标题使用<caption>标签来定义。表格的宽度使用 width 属性进行定义，表格的边框粗细使用 border 属性进行定义。例如：

```
<table width="160" border="1">
<caption>名单</caption>
<tr>
<th>姓名</th>
<th>班级</th>
</tr>
<tr>
<td>王一康</td>
<td>一年级三班</td>
</tr>
<tr>
<td>王一建</td>
<td>一年级二班</td>
 </tr>
</table>
```

关于 HTML 的内容很多，以上的介绍仅仅起到抛砖引玉的作用，有兴趣的读者可以查阅更多资料，这里不再详述。

（三） CSS 基础

CSS 的主要作用是用于定义如何显示 HTML 元素。CSS 可以称得上是 Web 设计领域的一个突破，因为它允许一个外部样式表同时控制多个页面的样式和布局，也允许一个页面同时引用多个外部样式表。其优点是，如需进行网站样式全局更新，只需简单地改变样式表，网站中的所有元素就会自动更新。外部样式表文件通常以 ".css" 为扩展名。

1. CSS 的保存方式

CSS 允许使用多种方式设置样式信息，可以设置在单个的 HTML 元素中（称为内联样式），也可以设置在 HTML 文档的头元素<head>标签中（称为内部样式表），还可以保存在一个外部的 CSS 样式表文件中（称为外部样式表），如图 1-2 所示。在同一个 HTML 文档中可同时引用多个外部样式表。如果对 HTML 元素没有进行任何样式设置，浏览器会按照默认设置进行显示。如果同一个 HTML 元素被不止一个样式定义时，会按照内联样式、内部样式表、外部样式表和浏览器默认设置的优先顺序进行显示。

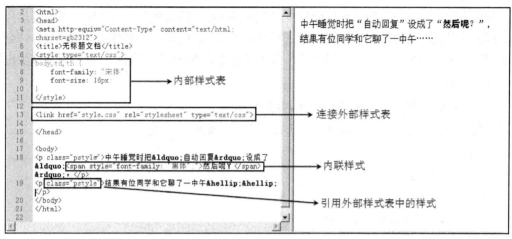

图1-2 CSS 的保存方式

2. CSS 的语法结构

CSS 规则由两个主要的部分构成：选择器和声明。

> 选择器 {声明 1；声明 2；... 声明 N}

选择器通常是需要改变样式的 HTML 元素，声明是一条也可以是多条，每条声明由一个属性和一个值组成。属性是需要设置的样式属性，属性和值用冒号分开。在 CSS 语法中，所使用的冒号等分隔符号均是英文状态下的符号。例如：

> h3 {color: red; font-size: 14px;}

上面代码的作用是将 h3 元素内的文本颜色定义为红色，字号大小设置为 14 像素。在这个例子中，h3 是选择器，它有两条声明："color: red" 和 "font-size: 14px"，其中 "color" 和 "font-size" 是属性，"red" 和 "14px" 是值。

在 CSS 中，值有不同的写法和单位。在上面的例子中，除了英文单词 "red"，还可以使用十六进制的颜色值 "#ff0000"，为了节约字节，还可以使用 CSS 的缩写形式 "#f00"，例如：

> p {color: #ff0000;}
>
> p {color: #f00; }

也可以通过两种方法使用 RGB 值，例如：

> p {color: rgb(255,0,0);}
>
> p {color: rgb(100%,0%,0%);}

当使用 RGB 百分比时，即使当值为 "0" 时也要写百分比符号。但是在其他情况下就不需要这么做了。例如，当尺寸为 "0" 像素时，"0" 之后不需要使用单位 "px"。

另外，如果值不是一个单词而是多个单词时，则要使用逗号分隔每个值，并给每个值加引号，例如：

> p {font-family: "sans", "serif";}

上面代码的作用是将 p 元素内的文本字体依次定义为 "sans" 和 "serif"，表示如果计算机中有第 1 种字体则使用第 1 种字体显示该段落内的文本，否则使用第 2 种字体显示该段落内的文本。

如果声明不止一个，则需要用分号将每个声明分开。通常最后一条声明是不需要加分号的，因为分号在英语中是一个分隔符号，不是结束符号。但是，大多数有经验的设计师会在每条声明的末尾都加上分号，其好处是，当从现有的规则中增减声明时，会尽可能减少出错的机会。例如：

```
p {text-align: center; color: red;}
```

为了增强样式定义的可读性，建议在每行只描述一个属性，例如：

```
p {
    text-align: center;
    color: black;
    font-family: arial;
}
```

大多数样式表包含的规则比较多，而大多数规则包含不止一个声明。因此，在声明中注意空格的使用会使得样式表更容易被编辑，包含空格不会影响 CSS 在浏览器中的显示效果。同时，CSS 对大小写不敏感，但是如果涉及与 HTML 文档一起工作，class 和 id 名称对大小写是敏感的。

3. CSS 的样式类型

CSS 规则主要由选择器和声明两个部分构成，那么常用的选择器类型有哪些呢？在 Dreamweaver CS6 中主要使用的选择器类型有 4 种：类选择器、ID 选择器、标签选择器和复合内容选择器。另外，对 HTML 标签内的局部文本可以使用内联样式进行定义。当然，也可以将这几种选择器分别称为类样式、ID 名称样式、标签样式、复合内容样式和内联样式。

（1）类样式。

类样式可应用于任何 HTML 元素，它以一个点号来定义，例如：

```
.pstyle {text-align: left}
```

上面代码的作用是将所有拥有 pstyle 类的 HTML 元素显示为居左对齐。在 HTML 文档中引用类 CSS 样式时，通常使用 class 属性，在属性值中不包含点号。在下面的 HTML 代码中，h1 和 p 元素中都有 pstyle 类，表示两者都将遵守 pstyle 选择器中的规则。

```
<h1 class="pstyle">2014 年网络流行语</h1>
<p class="pstyle">打开电脑我们如此接近，关上电脑我们那么遥远！</p>
```

（2）ID 名称样式。

ID 名称样式可以为标有特定 ID 名称的 HTML 元素指定特定的样式，它只能应用于同一个 HTML 文档中的一个 HTML 元素，ID 选择器以 "#" 来定义，例如：

```
#p1 {color: blue;}
#p2 {color: green;}
```

在下面的 HTML 代码中，ID 名称为 p1 的 p 元素内的文本显示为蓝色，而 ID 名称为 p2 的 p 元素内的文本显示为绿色。

```
<p id="p1">以克人之心克己，</p>
<p id="p2">以容己之心容人。</p>
```

（3） 标签样式。

最常见的 CSS 选择器是标签选择器。换句话说，文档的 HTML 标签就是最基本的选择器，例如：

table {color: blue;}

h2 {color: silver;}

p {color: gray;}

标签样式匹配 HTML 文档中标签类型的名称，也就是说，标签样式不需要使用特定的方式进行引用。一旦定义了标签样式，在 HTML 文档中凡是含有该标签的地方自动应用该样式。

（4） 复合内容样式。

复合内容样式主要是指标签组合、标签嵌套等形式的 CSS 样式。标签组合即同时为多个 HTML 标签定义相同的样式，例如：

```
h1,p{font-size: 12px}
```

标签嵌套即在某个 HTML 标签内出现另一个 HTML 标签，可以包含多个层次，例如，每当标签 h2 出现在表格单元格内时使用的选择器格式如下：

```
td h2{font-size: 18px}
```

复合内容选择器有时也会是多种形式的组合，例如：

```
#mytable a:link, #mytable a:visited{color: #000000}
```

上面代码中的样式只会应用于 ID 名称是 mytable 的标签内的超级链接。

（5） 内联样式。

内联样式设置在单个的 HTML 元素中，通常使用标签<span>进行定义，例如：

```
<p>广告就是<span style="color: #F00;">告诉你</span>，钱还可这么花。</p>
```

上面代码定义的内联样式将使文本"告诉你"以红色显示。

以上对 CSS 样式进行了最基本的介绍，其内容还有很多，有兴趣的读者可以查阅相关资料进行研究，这里不再详述。总之，通过使用 CSS 样式设置页面的格式，可将页面的内容与表现形式分离。将内容与表现形式分离，不仅使维护站点的外观更加容易，而且还使 HTML 文档代码更加简练，缩短了浏览器的加载时间，可谓一举两得。

任务二 认识网页制作工具

本任务主要介绍常用的网页制作工具以及可视化网页制作工具 Dreamweaver 的发展历程、基本功能和作用。

（一） 了解网页制作工具

按工作方式不同，通常可以将网页制作软件分为两类，一类是所见即所得式的网页编辑软件，如 Dreamweaver、Visual Studio 等，另一类是直接编写 HTML 源代码的软件，如 Hotdog、Editplus、HomeSite 等，也可以直接使用所熟悉的文字编辑器来编写源代码，如记事本、写字板等，但要保存成网页格式的文件。这两类软件在功能上各有千秋，也都有各自所适应的范围。由于网页元素的多样化，要想制作出精致美观、丰富生动的网页，单纯依靠一种软件是不行的，往往需要多种软件的互相配合，如网页制作软件 Dreamweaver，图像处理软件 Photoshop 或 Fireworks，动画创作软件 Flash 等。作为一般网页制作人员，掌握这 3 种类型的软件，就可以制作出精美的网页。

（二） 了解 Dreamweaver

Dreamweaver 是美国 Macromedia 公司（1984 年成立于美国芝加哥）于 1997 年发布的集网页制作和网站管理于一身的所见即所得式的网页编辑器。2002 年 5 月，Macromedia 公司发布的 Dreamweaver MX，功能更加强大，而且不需要编写代码，就可以在可视化环境下创建应用程序。2003 年 9 月，Macromedia 公司发布 Dreamweaver MX 2004，提供了对 CSS 的支持，促进了网页专业人员对 CSS 的普遍采用。2005 年 8 月，Macromedia 公司发布 Dreamweaver 8，加强了对 XML 和 CSS 的技术支持并简化了工作流程。2005 年底，Macromedia 公司被 Adobe 公司并购。2007 年 7 月，Adobe 公司发布了 Dreamweaver CS3，2008 年 9 月发布了 Dreamweaver CS4，2010 年 4 月发布了 Dreamweaver CS5，2011 年 4 月发布了 Dreamweaver CS5.5，约一年后又发布了 Dreamweaver CS6。

Dreamweaver 是著名的网站开发工具，它使用所见即所得的接口，也有 HTML 编辑的功能，可以让设计师轻而易举地制作出跨越平台和浏览器限制的充满动感的网页。Dreamweaver 与 Flash、Fireworks 一度被称为"网页三剑客"，但在 Macromedia 公司被 Adobe 公司并购后，Dreamweaver 与 Flash、Photoshop 有时也被称为"新网页三剑客"。

对于初学者来说，Dreamweaver 的可视化效果让用户比较容易入门，具体表现在两个方面：一是静态页面的编排，这和 Microsoft Office 等办公可视化软件是类似的；二是交互式网页的制作，利用 Dreamweaver 可以比较容易地制作交互式网页，很容易链接到 Access、SQL Server 等数据库。因此，Dreamweaver 在网页制作领域得到了广泛的应用。

任务三 制作"配角也能耀眼"网页

本任务将通过制作一个网页的实例，让读者认识 Dreamweaver CS6 的工作界面和工作过程。

（一） 定义站点

在 Dreamweaver 中，网页通常是在站点中制作的，因此首先需要定义一个站点。在定义站点之前，读者需要理解以下基本概念。

- 【Web 站点】：一组位于服务器上的供用户访问的资源和文件，这是从访问者的角度来看的，访问者使用 Web 浏览器可以对其进行浏览。
- 【远程站点】：服务器上组成 Web 站点的资源和文件，这是从网页制作者的角度来看的。在 Dreamweaver 中，该远程文件夹被称为远程站点。
- 【测试站点】：在使用 Dreamweaver CS6 开发应用程序之前，首先要定义一个可以用于开发和测试服务器技术的站点，这个站点通常被称为测试站点，在制作静态网页时不需要设置测试站点。
- 【本地站点】：与远程站点对应的本地计算机上的文件夹，制作者在本地计算机上编辑文件，然后将它们上传到远程站点。

【操作步骤】

STEP 1 首先在本地计算机硬盘上创建文件夹"mysite",然后运行 Dreamweaver CS6 中文版,如图 1-3 所示。

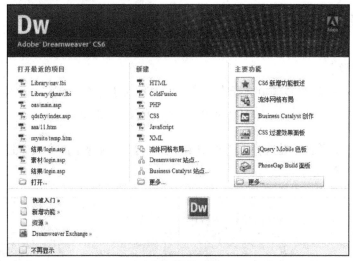

图1-3　欢迎屏幕

知识提示 欢迎屏幕有 3 项列表:【打开最近的项目】、【新建】和【主要功能】,前两项与菜单栏中的【文件】/【打开最近的文件】及【文件】/【新建】两个命令的作用是相同的。

STEP 2 在欢迎屏幕中选择【新建】/【Dreamweaver 站点】命令,打开设置站点信息的对话框,在【站点名称】文本框中输入站点的名称"mysite",然后单击【本地站点文件夹】文本框右侧的 按钮定义本地站点文件夹的位置,如图 1-4 所示。

知识提示 也可在菜单栏中选择【站点】/【新建站点】命令,打开设置站点信息的对话框,输入的站点名称不能与站点中已存在的站点名称重名。

STEP 3 单击 保存 按钮关闭对话框,创建本地站点的工作完成,如图 1-5 所示。

图1-4　设置站点信息

图1-5　【文件】面板

【知识链接】

在制作静态网页时,在【站点设置对象 mysite】对话框中通常仅需填写【站点】类别的【站点名称】和【本地站点文件夹】两个选项。此类别允许在其中存储所有站点文件的本地文件夹,本地文件夹可以位于本地计算机上,也可以位于网络服务器上。但在制作带有后台数据库的动态交互式网页时,需要将站点设置为动态站点,此时需要设置【站点设置对象 mysite】对话框的【服务器】类别中的相应选项。

在 Dreamweaver 中可以定义多个站点，在【文件】面板中单击 mysite 列表框可以在不同站点间进行切换，单击 本地视图 列表框可以选择是显示本地站点信息还是远程服务器或测试服务器信息。

（二）创建和保存文件

站点定义完成后，下面开始创建和保存文件。

【操作步骤】

STEP 1 在欢迎屏幕中选择【新建】/【HTML】命令，创建一个空白的 HTML 文档，如图 1-6 所示，在图中显示了 Dreamweaver CS6 窗口的组成。

也可以通过选择菜单栏中的【文件】/【新建】命令或通过【文件】面板来创建文件。

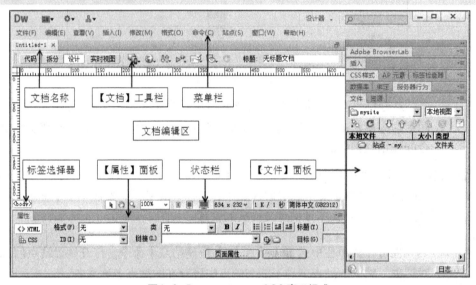

图1-6　Dreamweaver CS6 窗口组成

【知识链接】

在 Dreamweaver CS6 窗口右侧显示的是面板组。面板组，通常是指一个或几个放在一起显示的面板集合的统称。单击面板组右上角的 ▶▶ 按钮可以将所有面板向右侧折叠为图标，单击 ◀◀ 按钮可以向左侧展开面板。在展开面板的标题栏单击鼠标右键，在弹出的下拉菜单中选择【最小化】命令，可将面板最小化显示。在最小化后的面板标题栏单击鼠标右键，在弹出的下拉菜单中选择【展开标签组】命令，可将面板展开显示。

STEP 2 在菜单栏中选择【查看】/【工具栏】/【标准】命令，显示【标准】工具栏，如图 1-7 所示。

【标准】工具栏和【文档】工具栏也可通过是否选择菜单栏【查看】/【工具栏】中的相应命令来显示或隐藏。

STEP 3 在【标准】工具栏中单击 🖫 （保存）按钮，将新建文档保存在刚刚创建的站点中，文件名为 "index.htm"，如图 1-8 所示。

多学一招

也可选择菜单栏中的【文件】/【保存】命令或【另存为】命令来保存文件。

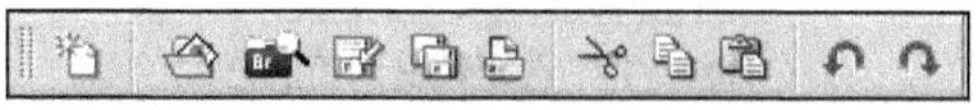

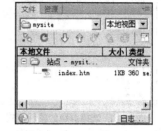

图1-7 【标准】工具栏

文件 资源
mysite
本地视图
本地文件 大小 类型
站点 - mysit...
文件夹
index.htm 1KB 360 se.
日志...

图1-8 【文件】面板

（三） 设置文本属性

文件已经创建完毕并进行了命名保存，下面添加一些文本并进行属性设置。

【操作步骤】

STEP 1 在文档中输入文本，每一段以按 Enter 键结束，如图 1-9 所示。

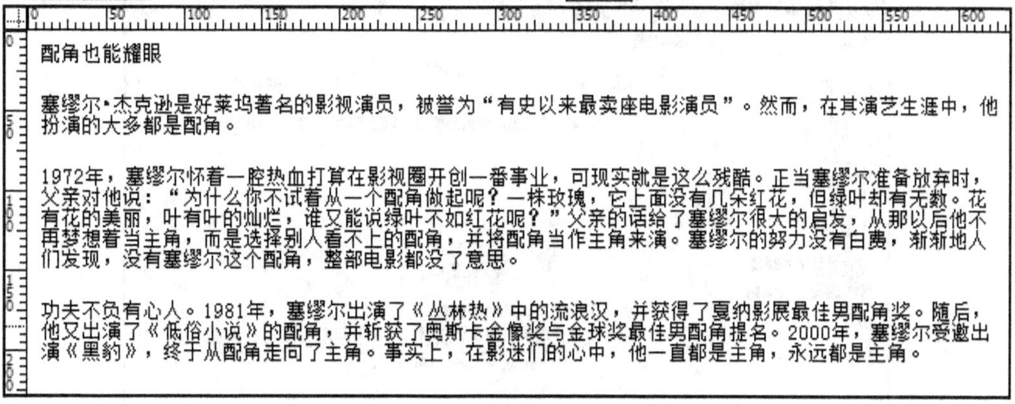
配角也能耀眼
塞缪尔·杰克逊是好莱坞著名的影视演员，被誉为“有史以来最卖座电影演员”。然而，在其演艺生涯中，他扮演的大多都是配角。
1972年，塞缪尔怀着一腔热血打算在影视圈开创一番事业，可现实就是这么残酷。正当塞缪尔准备放弃时，父亲对他说：“为什么你不试着从一个配角做起呢？一株玫瑰，它上面没有几朵红花，但绿叶却有无数。花有花的美丽，叶有叶的灿烂，谁又能说绿叶不如红花呢？”父亲的话给了塞缪尔很大的启发，从那以后他不再梦想着当主角，而是选择别人看不上的配角，并将配角当作主角来演。塞缪尔的努力没有白费，渐渐地人们发现，没有塞缪尔这个配角，整部电影都没了意思。
功夫不负有心人。1981年，塞缪尔出演了《丛林热》中的流浪汉，并获得了戛纳影展最佳男配角奖。随后，他又出演了《低俗小说》的配角，并斩获了奥斯卡金像奖与金球奖最佳男配角提名。2000年，塞缪尔受邀出演《黑豹》，终于从配角走向了主角。事实上，在影迷们的心中，他一直都是主角，永远都是主角。

图1-9 输入文本

STEP 2 在【文档】工具栏的【标题】文本框中输入“配角也能耀眼”，如图 1-10 所示。它将显示在浏览器的标题栏中。

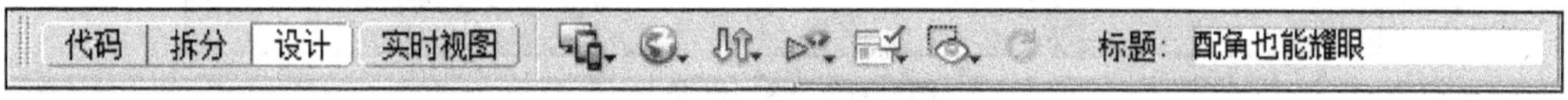
代码 拆分 设计 实时视图
标题: 配角也能耀眼

图1-10 设置浏览器标题

【知识链接】

在【文档】工具栏中，单击 代码 按钮可以显示代码视图，在其中可以编写或修改网页源代码。单击 拆分 按钮可以显示拆分视图，其中左侧为代码视图，右侧为设计视图。单击 设计 按钮可以显示设计视图，在其中可以对网页进行可视化编辑。在【标题】文本框中可以设置显示在浏览器的标题栏的标题。单击（多屏幕预览）按钮，在弹出的下拉菜单中选择相应的命令，可以预览页面在手机、平板电脑和台式机屏幕中的显示方式，如图 1-11 所示。单击（在浏览器中预览/调试）按钮，在弹出的下拉菜单中可以选择预览网页的方式，如图 1-12 所示。

图1-11 选择屏幕的显示方式　　　　　　　　图1-12 选择预览网页的方式

在图 1-12 所示下拉菜单中选择【编辑浏览器列表】命令，将打开【首选参数】对话框，可以在【在浏览器中预览】分类中添加其他浏览器，如图 1-13 所示。单击【浏览器】右侧的 + 按钮将打开【添加浏览器】对话框来添加已安装的其他浏览器；单击 - 按钮将删除在【浏览器】列表框中所选择的浏览器；单击 编辑(E)... 按钮将打开【编辑浏览器】对话框，对在【浏览器】列表框中所选择的浏览器进行编辑，还可以通过设置【默认】选项为"主浏览器"或"次浏览器"来设定所添加的浏览器是主浏览器还是次浏览器。

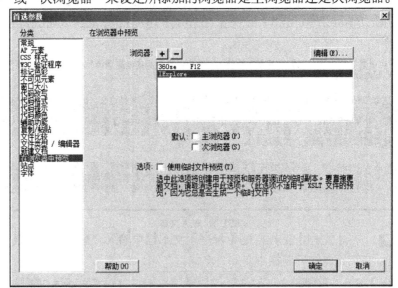

图1-13 添加浏览器

STEP 3　用鼠标选中文档标题"配角也能耀眼"，在【属性（HTML）】面板的【格式】下拉列表中选择"标题 1"，如图 1-14 所示。

 知识提示　如果没有显示【属性】面板，在菜单栏中选择【窗口】/【属性】命令即可显示。

图1-14 设置文档标题格式

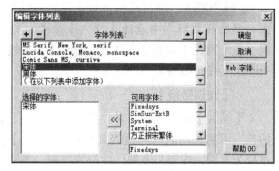

STEP 4 选择正文所有文本，然后在【属性（CSS）】面板的【字体】下拉列表中选择"宋体"。如果没有该选项，则在【字体】下拉列表中选择"编辑字体列表"，在打开的【编辑字体列表】对话框的【可用字体】下拉列表中选择"宋体"。单击《按钮进行字体添加，如图 1-15 所示，单击 确定 按钮，完成字体的添加。

图1-15 添加字体

STEP 5 接着打开【新建 CSS 规则】对话框，参数设置如图 1-16 所示。

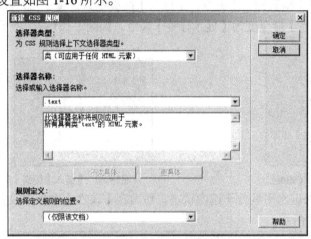

图1-16 【新建 CSS 规则】对话框

STEP 6 单击 确定 按钮关闭对话框，接着在【属性（CSS）】面板的【大小】下拉列表中选择"14 px"，如图 1-17 所示。

图1-17 设置正文文本格式

【知识链接】

【属性】面板通常显示在文档窗口的最下面，如果工作界面中没有显示【属性】面板，在菜单栏中选择【窗口】/【属性】命令即可显示。通过【属性】面板可以设置和修改所选对象的属性。选择的对象不同，【属性】面板显示的参数也不同。文本【属性】面板还提供了【HTML】和【CSS】两种类型的属性设置。在【属性（HTML）】面板中可以设置文本的标题和段落格式、对象的 ID 名称、列表格式、缩进和凸出、粗体和斜体以及超级链接、类样式的应用等，这些将采取 HTML 的形式进行设置。在【属性（CSS）】面板中可以设置文本的字体、大小、颜色和对齐方式等，这些将采用 CSS 样式的形式而不是 HTML 的形式进行设置。在【属性（CSS）】面板的【目标规则】列表框中，选择【<新 CSS 规则>】选项后，在设置文本的字体、大小、颜色、粗体或斜体以及对齐方式时，均将打开【新建 CSS 规则】对话框，让读者设置 CSS 样式的类型、名称和保存位置等内容。

STEP 7 将鼠标指针置于最后一行文本所在行的后面，然后在菜单栏中选择【插入】命令，打开【插入】面板，在【常用】类别中单击 水平线 （水平线）按钮，插入一条水平线，如图1-18所示。

【知识链接】

【插入】面板包含各种类型的对象按钮，通过单击这些按钮，可将相应的对象插入文档中。【插入】面板中的按钮被分为常用、布局、表单、数据等类别，如图 1-19 所示。单击相应的类别名，将在面板中显示相应类别的对象按钮。

图1-18 【插入】/【常用】面板

在图 1-19 中，选择【隐藏标签】命令，【插入】面板变为如图 1-20 左图所示格式。此时图 1-19 中的【隐藏标签】命令变为【显示标签】命令，如图 1-20 右图所示。

图1-19 按钮类别

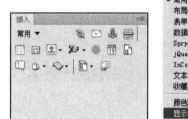

图1-20 【插入】面板【隐藏标签】格式

STEP 8 保证水平线处于选中状态，然后在【属性】面板中设置其高度为"3"，有"阴影"，如图 1-21 所示。

图1-21 设置水平线属性

STEP 9 最后在菜单栏中选择【文件】/【保存】命令，保存文件，效果如图 1-22 所示。

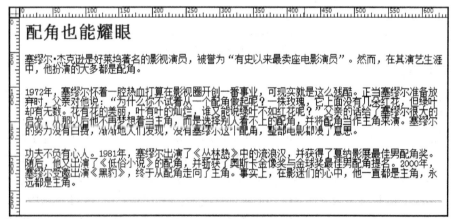

图1-22 设置文本属性后的效果

通过本任务的学习，读者对 Dreamweaver CS6 的窗口组成以及常用工具栏和面板的功能肯定有了一定的认识，这是以后学习的基础，希望读者课后多加练习。

项目实训 制作"经典摘要"网页

下面通过实训来增强读者对 Dreamweaver CS6 窗口的组成、工具栏和面板的功能及基本操作的感性认识。

要求：首先定义一个静态站点，然后创建和编排网页文档"shixun.htm"，如图1-23所示。

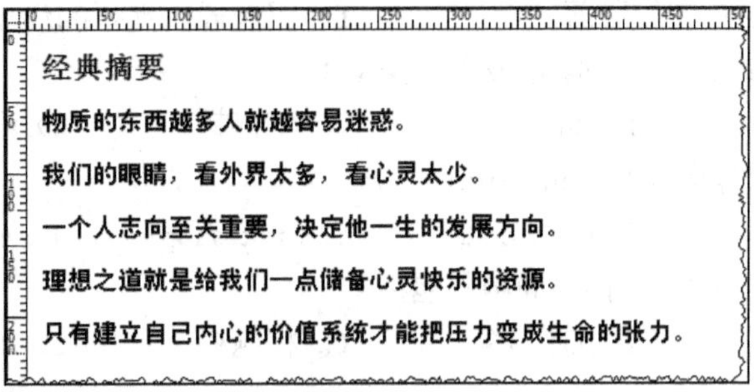

经典摘要

物质的东西越多人就越容易迷惑。

我们的眼睛，看外界太多，看心灵太少。

一个人志向至关重要，决定他一生的发展方向。

理想之道就是给我们一点储备心灵快乐的资源。

只有建立自己内心的价值系统才能把压力变成生命的张力。

图1-23 制作的网页

【操作步骤】

STEP 1 首先定义一个静态站点，名字为"shixun"。

STEP 2 在站点中新建一个网页文档并保存为"shixun.htm"。

STEP 3 在文档中输入所有文本，每行以按 Enter 键结束。

STEP 4 在【文档】工具栏的【标题】文本框中输入"经典摘要"。

STEP 5 在【属性（HTML）】面板【格式】下拉列表中设置文档标题"经典摘要"的格式为"标题2"。

STEP 6 选中所有正文文本，然后在【属性（CSS）】面板的【字体】下拉列表中选择"黑体"，在【大小】下拉列表中选择"18 px"，类样式名称为".ptext"。

STEP 7 最后保存文件。

项目小结

本项目在介绍了一些与网络和网页有关的基本概念和知识的基础上，详细介绍了常用网页制作工具以及 Dreamweaver 的发展历程、基本功能和作用。通过制作一个简单的网页介绍了 Dreamweaver CS6 的窗口组成、常用工具栏和面板等内容。通过本项目的学习，读者应该熟练掌握 Dreamweaver CS6 的窗口组成及其基本操作。

思考与练习

一、填空题

1. WWW 的内核部分是由3个标准构成的：HTTP、URL 和_____。

2. 用 HTML 编写的文档的扩展名是"_____"或".html"。

3. 2005 年 Macromedia 公司被_____公司并购。

4. 最初的网页三剑客是指_____、Flash 与 Fireworks。

5. 文本【属性】面板提供了【_____】和【CSS】两种类型的属性设置。

二、选择题

1. 目前 Internet 提供的主要服务不包括（　　）。
    A. WWW　　　　B. FTP　　　　　　C. E-mail　　　　　　　D. GSM

2. 在 HTML 中，语句 "<P　align="center">你好！</P>" 表示（　　）。
    A. 一个居中对齐的段落　　　　　B. 一个居左对齐的段落
    C. 一个居右对齐的段落　　　　　D. 仅起段中换行的作用

3. Macromedia 公司于 1984 年成立于美国（　　）。
    A. 芝加哥　　　　B. 纽约　　　　　C. 华盛顿　　　　D. 洛杉矶

4. 新网页三剑客是指 Dreamweaver、Flash 和（　　）。
    A. PaintShop　　　B. Fireworks　　　C. Photoshop　　　D. ACDSee

5. Dreamweaver CS6 工作界面中不包括（　　）。
    A. 菜单栏　　　　B. 地址栏　　　　C. 标题栏　　　　D. 面板组

三、问答题

1. 简要说明 HTML 文档的基本结构。
2. 简要说明 Dreamweaver 的优点和作用。

四、操作题

1. 将【属性】面板显示出来，然后再隐藏起来。
2. 创建一个静态站点，然后创建一个文件夹和文件。

PART 2

项目二
管理 Dreamweaver 站点

　　本项目主要介绍在 Dreamweaver CS6 中管理 Dreamweaver 站点的基本方法，如图 2-1 所示。首先介绍在 Dreamweaver CS6 中编辑、复制、删除、导出、导入站点的基本方法，然后介绍设置首选参数、创建文件夹和文件的基本方法等。

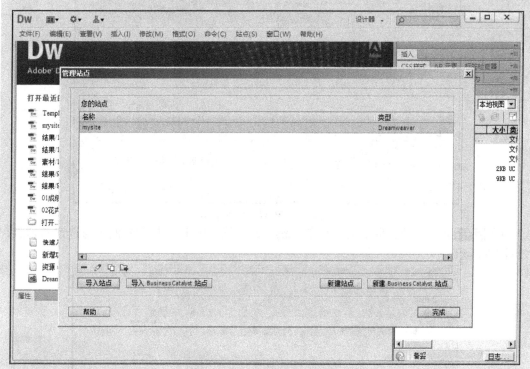

图2-1　管理 Dreamweaver 站点

学习目标

- 学会管理站点的基本方法。
- 了解设置首选参数的方法。
- 学会创建文件夹的基本方法。
- 学会创建文件的基本方法。

任务一 管理站点

本任务主要介绍通过【管理站点】对话框管理 Dreamweaver 站点的基本方法。

（一）复制和编辑站点

在 Dreamweaver CS6 中，根据实际需要可能会创建多个站点，但并不是所有的站点都必须把参数重新设置一遍。如果新建站点和已经存在的站点有许多参数设置是相同的，可以通过复制站点的方法进行复制，然后再进行编辑即可。

【操作步骤】

`STEP 1` 在菜单栏中选择【站点】/【管理站点】命令，打开【管理站点】对话框，如图 2-2 所示。

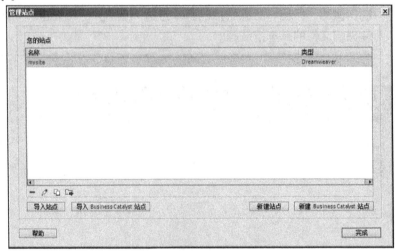

图2-2 【管理站点】对话框

`STEP 2` 在列表框中选中站点"mysite"，然后单击 按钮复制当前选定的站点，如图 2-3 所示。

图2-3 复制站点

`STEP 3` 接着单击 按钮打开【站点设置对象 mysite 复制】对话框，对当前选定的站点进行编辑，如图 2-4 所示。

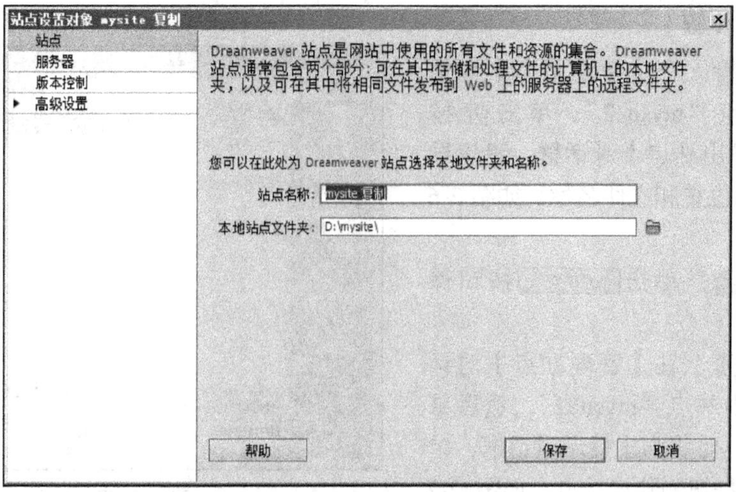

图2-4 【站点设置对象 mysite 复制】对话框

STEP 4 将【站点名称】修改为"mysite2",【本地站点文件夹】修改为 "E:\mysite2\",最后单击 保存 按钮返回【管理站点】对话框,如图 2-5 所示。

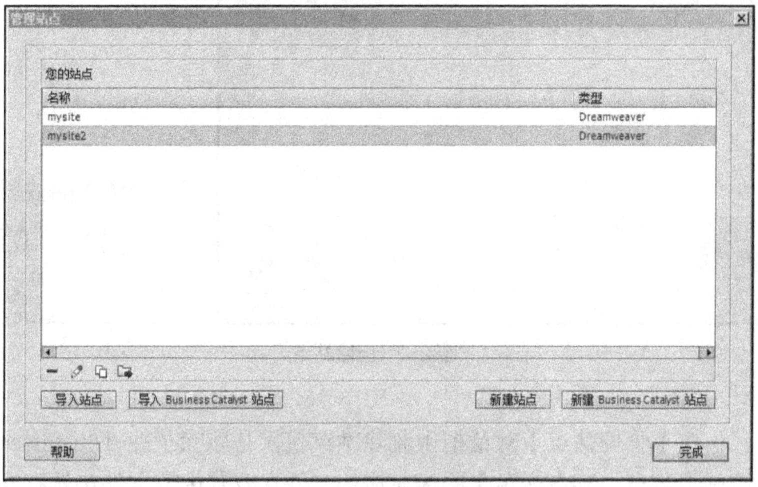

图2-5 【管理站点】对话框

在【管理站点】对话框中单击 新建站点 按钮,也可以打开站点定义对话框。其作用和菜单栏中的【站点】/【新建站点】命令是一样的。

通过复制编辑的方法创建站点的速度要比重新开始创建站点的速度快得多,尤其是在站点设置对象对话框的【服务器】、【版本控制】和【高级设置】类别中参数设置较多的情况下,当然前提是必须存在一个类似的站点。

(二) 导出、删除和导入站点

如果重新安装 Dreamweaver 系统,原有站点的设置信息就会丢失,这时就需要重新创建站点。如果在其他计算机上编辑同一个站点,也需要重新创建站点。但这样不仅增加了许多不必要的重复操作,而且也可能设置得不一致,因此需要寻找一个合理的解决办法。下面通过导出、删除和导入站点的操作来解决上面所说的问题。

【操作步骤】

STEP 1 在【管理站点】对话框中选中站点"mysite2",单击 📤 按钮,打开【导出站点】对话框,设置导出站点文件的位置和文件名称,如图 2-6 所示。

STEP 2 单击 保存(S) 按钮保存文件。

STEP 3 在【管理站点】对话框中仍然选中站点"mysite2",然后单击 ➖ 按钮,这时将弹出提示对话框,单击 是 按钮删除该站点,如图 2-7 所示。

图2-6 导出站点

图2-7 删除站点

> **知识提示** 在【管理站点】对话框中删除站点仅仅是删除了在 Dreamweaver 中定义的站点信息,存在磁盘上的相对应的文件夹及其中的文件仍然存在。

STEP 4 在【管理站点】对话框中单击 导入站点 按钮,打开【导入站点】对话框,选中要导入的站点文件,如图 2-8 所示。

图2-8 导入站点

STEP 5　　单击 打开(O) 按钮即可导入站点，如图 2-9 所示。

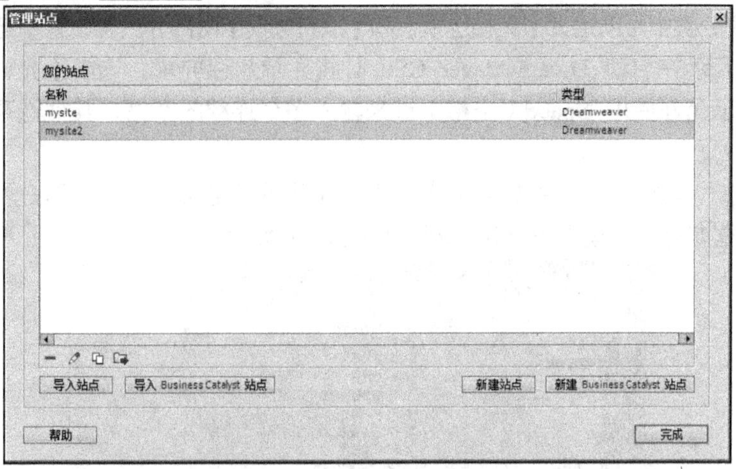

图2-9　【管理站点】对话框

STEP 6　　最后单击 完成 按钮，关闭【管理站点】对话框。

任务二　管理站点内容

本任务主要介绍通过设置 Dreamweaver【首选参数】来定义其使用规则，以及在【文件】面板中创建文件夹和文件的基本方法。

（一）　设置首选参数

通过 Dreamweaver 的【首选参数】对话框可以定义 Dreamweaver 新建文档默认的扩展名是什么，在文本处理中是否允许输入多个连续的空格，在定义文本或其他元素外观时是使用 CSS 还是 HTML 标签，不可见元素是否显示等。下面介绍设置的基本方法。

【操作步骤】

STEP 1　　在菜单栏中选择【编辑】/【首选参数】命令，打开【首选参数】对话框。

STEP 2　　在对话框左侧的【分类】列表框中选择【常规】分类，在右侧区域根据需要设置各项参数，如选中【允许多个连续的空格】复选框，如图 2-10 所示。

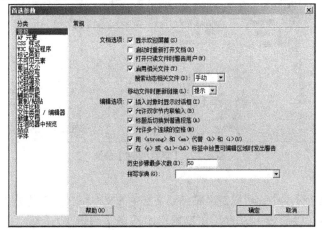

图2-10　【常规】分类

【知识链接】

在【常规】分类中可以定义【文档选项】和【编辑选项】两部分内容，其中选中【显示欢迎屏幕】复选框表示在启动 Dreamweaver CS6 时将显示欢迎屏幕，选中【允许多个连续的空格】复选框表示允许使用 Space （空格）键来输入多个连续的空格，其他选项可以根据需要进行设置。

STEP 3 切换到【不可见元素】分类，在此可以定义不可见元素是否显示，只需选中相应的复选框即可。这里建议全部选择，如图 2-11 所示。

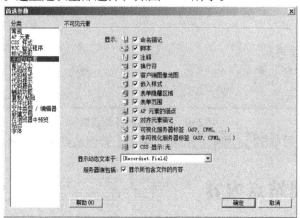

图2-11 【不可见元素】分类

【知识链接】

在【不可见元素】分类中可以定义不可见元素是否显示。在选择【不可见元素】分类后，还要确认菜单栏中的【查看】/【可视化助理】/【不可见元素】命令已经选中。在选择该命令后，包括换行符在内的不可见元素会在文档中显示出来，以帮助设计者确定它们的位置。

STEP 4 切换到【复制/粘贴】分类，在此可以定义粘贴到 Dreamweaver 设计视图中的文本格式，如图 2-12 所示。

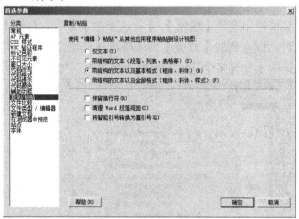

图2-12 【复制/粘贴】分类

【知识链接】

在【复制/粘贴】分类中，可以定义粘贴到文档中的文本格式。在此处设置了一种适合实际需要的粘贴方式后，以后就可以直接在菜单栏中选择【编辑】/【粘贴】命令来粘贴文本，而不必每次都选择【编辑】/【选择性粘贴】命令来设置粘贴方式。

STEP 5 切换到【新建文档】分类，在【默认文档】下拉列表中选择"HTML"，在【默认扩展名】文本框中输入扩展名格式，如".htm"或".html"等，在【默认文档类型】下拉列表中选择"HMTL 4.01 Transitional"，如图 2-13 所示。

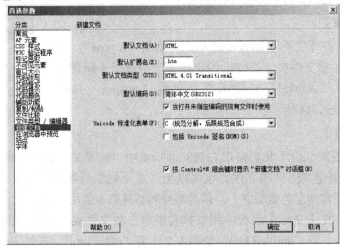

图2-13 【新建文档】分类

STEP 6 单击 确定 按钮完成设置。

【知识链接】

在【默认文档】下拉列表中可以设置默认文档的格式，其中比较常用的是"HTML""ASP VBScript"等。在此处设置了默认文档格式后，通过【文件】面板创建的文档默认格式将是此处设置的格式。例如，在【默认文档】下拉列表中设置的默认文档格式是"ASP VBScript"，那么通过【文件】面板创建的文档默认就是 ASP 文档。

如果在【默认文档】下拉列表中选择的是【HTML】选项，那么在【默认扩展名】文本框中可以设置默认文档的扩展名，通常输入".htm"或".html"，这也是 HTML 文档常用的两种扩展名。如果在【默认文档】下拉列表中选择的是【ASP VBScript】选项，【默认扩展名】文本框将处于灰色不可修改状态，但其中显示相应的扩展名".asp"。也就是说，如果在【默认文档】下拉列表中选择的文档格式有两个或多个扩展名，那么在【默认扩展名】文本框中允许自行设置扩展名格式，但如果在【默认文档】下拉列表中选择的文档格式只有一种扩展名，那么在【默认扩展名】文本框中将直接显示默认的扩展名并且不可修改。

在【默认文档类型】下拉列表中可以设置默认文档的类型，除了"无"外大体可分为 HTML 和 XHTML 两类。HTML 常用版本是 HTML4，目前最新版本是 HTML5。XHTML 是在 HTML 的基础上优化和改进的，目的是基于 XML 应用。XHTML 并不是向下兼容的，它有自己严格的约束和规范。在可视化环境中制作和编辑网页，读者并不需要关心 HTML 和 XHTML 二者实质性的区别，只要选择一种文档类型，编辑器就会相应生成一个标准的 HTML 或 XHTML 文档。

在【默认编码】下拉列表中可以设置默认文档的编码，包括 31 个选项，其中最常用的是"Unicode（UTF-8）"和"简体中文(GB2312)"。在制作以中文简体为主的网页时，基本上选择【简体中文(GB2312)】选项，也可以选择【简体中文(GB18030)】选项。另外，需要说明的是，在一个网站中，所有网页的编码最好统一，特别是在涉及含有后台数据库的交互式网页时更是如此，否则网页容易出现乱码。

（二） 创建文件夹和文件

在设置了首选参数规则后，就可以在这一规则下开始创建站点内容了。下面将进行文件夹和文件的创建。

【操作步骤】

STEP 1 在【文件】面板中将站点切换到"mysite"，然后用鼠标右键单击根文件夹，在弹出的快捷菜单中选择【新建文件夹】命令，在"untitled"处输入文件夹名"images"并按 Enter 键确认，如图 2-14 所示。

图2-14 创建文件夹

【知识链接】

【文件】面板默认位于文档窗口右侧的面板组中，它是站点管理器的缩略图。在【文件】面板中可以创建文件夹和文件，也可以上传或下载服务器端的文件。在网页制作中，【文件】面板是经常使用的面板之一，读者需要熟悉其基本使用方法。

STEP 2 在【文件】面板中用鼠标右键单击根文件夹，在弹出的快捷菜单中选择【新建文件】命令，在"untitled.htm"处输入文件名"index.htm"，并按 Enter 键确认，如图 2-15 所示。

STEP 3 在菜单栏中选择【文件】/【新建】命令，打开【新建文档】对话框，选择【空白页】/【HTML】/【无】选项，并单击 创建(R) 按钮创建文档，如图 2-16 所示。

图2-15 创建文件

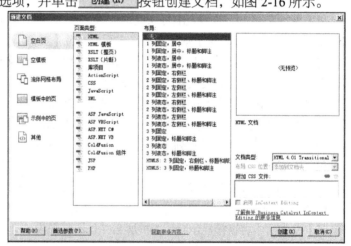

图2-16 【新建文档】对话框

【知识链接】

在 Dreamweaver CS6 中创建网页文件常用的方法有以下 3 种。

● 从欢迎屏幕的【新建】列表中选择相应的命令。

● 在【文件】面板中站点根文件夹的右键快捷菜单中选择【新建文件】命令，也可单击【文件】面板组标题栏右侧的 按钮，在弹出的菜单中选择【文件】/【新建文件】命令。

● 在菜单栏中选择【文件】/【新建】命令或按 Ctrl+N 组合键。

STEP 4 在菜单栏中选择【文件】/【另存为】命令，打开【另存为】对话框，把文件保存在站点中，文件名为"bumen.htm"，如图 2-17 所示。

STEP 5 运用相同的方法再创建一个网页文件，名为"jianjie"。

图2-17 【另存为】对话框

【知识链接】

一个站点中创建哪些文件夹，通常是根据网站内容的分类进行的。网站内每个分支的所有文件都被统一存放在单独的文件夹内，根据包含的文件多少，又可以细分到子文件夹。文件夹的命名最好遵循一定的规则，以便于理解和查找。

文件夹创建好以后就可在各自的文件夹里面创建文件。当然，首先要创建首页文件。一般首页文件名为"index.htm"或者"index.html"。如果页面是使用 ASP 语言编写的，那么文件名变为"index.asp"；如果是用 ASP.NET 语言编写的，则文件名为"index.aspx"。文件名的开头不能使用数字、运算符等符号，文件名最好也不要使用中文。文件的命名一般可采用以下 4 种方式。

● 汉语拼音：即根据每个页面的标题或主要内容，提取两三个概括字，将它们的汉语拼音作为文件名。例如，"公司简介"页面可提取"简介"这两个字的汉语拼音，文件名为"JianJie.htm"。

● 拼音缩写：即根据每个页面的标题或主要内容，提取每个汉字的第 1 个字母作为文件名。例如，"公司简介"页面的拼音是"GongSiJianJie"，那么文件名就是"gsjj.htm"。

● 英文缩写：一般适用于专有名词。例如，"Active Server Pages"这个专有名词一般用 ASP 来代替，因此文件名为"asp.htm"。

● 英文原义：这种方法比较实用、准确。例如，可以将"图书列表"页面命名为"BookList.htm"。

以上 4 种命名方式有时会与数字、符号组合使用，如"Book1.htm""Book_1.htm"。一个网站中最好不要使用不同的命名规则，以免造成维护上的麻烦。

项目实训　定义和管理站点

本项目主要介绍了创建和管理站点及其内容的基本方法。本实训主要通过【文件】面板对站点进行定义和管理。

要求：创建一个本地静态站点"shixun"，然后创建一个网页文件"index.htm"，并创建一个文件夹"pic"用于保存图像文件，创建一个文件夹"txt"用于保存文字文件。最后导出站点，保存名为"shixun"。

【操作步骤】

STEP 1 新建一个本地静态站点，并为站点起名为"shixun"。

STEP 2 在【文件】面板中，单击鼠标右键，在弹出的快捷菜单中选择【新建文件】命令，系统将自动创建新文件"untitled.htm"，输入新文件名"index.htm"。

STEP 3 在【文件】面板中，单击鼠标右键，在弹出的快捷菜单中选择【新建文件夹】命令，系统将自动创建新文件夹"untitled"，输入新文件夹名"pic"，按照相同的方法创建文件夹"txt"。

STEP 4 在【管理站点】对话框中选中站点"shixun"，单击 按钮，打开【导出站点】对话框，设置导出站点文件名为"shixun"。

项目小结

本项目主要介绍了管理 Dreamweaver 站点的基本知识，包括复制和编辑站点的方法、导入和导出站点的方法、删除站点的方法、设置首选参数的方法、创建文件夹和文件的方法等。希望读者通过本项目的学习，能够熟练掌握在 Dreamweaver CS6 中管理 Dreamweaver 站点的基本方法。

思考与练习

一、填空题

1. 在菜单栏中选择【站点】/_____命令，可以打开【管理站点】对话框。

2. 在 Dreamweaver 中，可以通过设置_____来定义 Dreamweaver 的使用规则。

3. 文档类型大体可分为_____和 XHTML 两类。

4. 在【_____】面板中可以创建文件夹和文件。

二、选择题

1. 【（   ）】面板是站点管理器的缩略图。

   A.文件　　　　　　B. 资源　　　　　　C. 代码片断　　　　　　D. 行为

2. 新建网页文档的快捷键是（   ）。

   A. Ctrl+C　　　　　B. Ctrl+N　　　　　C. Ctrl+V　　　　　D. Ctrl+O

3. 关于【首选参数】对话框的说法，错误的是（   ）。

   A 可以设置是否显示欢迎屏幕

   B. 可以设置是否允许输入多个连续的空格

   C. 可以设置是否使用 CSS 而不是 HTML 标签

   D. 可以设置默认文档名

三、问答题

举例说明通过【首选参数】对话框可以设置 Dreamweaver 的哪些使用规则。

四、操作题

在 Dreamweaver CS6 中定义一个名称为"MyBokee"的站点，文件位置为"X:\MyBokee"（X 为盘符），然后创建"images"文件夹和"index.htm"文件。

PART 3
项目三
文本——编排花艺园网页

在网页制作中，处理文本是非常重要的工作内容。本项目主要通过编排花艺园网页（见图 3-1），介绍在 Dreamweaver CS6 中对网页文本进行格式设置的基本方法。

花艺园

世园会花艺园：手工编花房 异香扑满鼻

水塘边生长百年的老榉垂下翠绿的新枝，芦苇荡里几只小野鸭悠哉地凫着水，路边茶园里几名茶农正在闲聊浇灌，不远处田园里的茄子、黄瓜、辣椒等蔬菜生机勃勃，连风中都混杂着花草的清新香气——这就是花艺园。

农那院商苹退芬隙

- 花艺园入口是一条用藤蔓编织的甬道，甬道之后的景色，将给你带来意想不到的惊喜。瑰密馥郁的花朵、青翠可人的蔬菜、连延舒展的茶园、起伏流畅的绿地，再加上一湾水波潋滟的天然水景，共同营造出一片天然质朴而又不乏精致细巧的花艺天地。这样一片充满自然闲适之趣的怀旧景观，仿佛刹那间让人回到自己遥远的童年，回到了记忆中的农家小院。

"花的房子" 手工织就

- 穿过甬道，步入花艺园，首先映入眼帘的就是一座隐现于树丛间的"花的房子"，这座花房长20多米、高约8米，完全是用竹篾手工编织而成。进入花房，路过花园铺簇的花圃，一方用廉钟提水的小井遗世独立，那里杜鹃开得正艳、芍药含苞待放。沿着小径继续向前，拱形支架爬满了藤蔓。蜂舞蝶飞、生机盎然，谁能想到曾经的这里是杂草丛生的荒凉地带？

老农中护蔬菜王国

- 走过"花的房子"，是一片老茶园，茶农们正优哉游哉的给茶树浇水。而茶园之后，则是孩子们的最爱——"快乐的田园"，这里种植着80多种蔬菜，84岁的老农每天在这里呵护着它们。"快乐的田园"里生长着尖椒、韭菜、蒜、莴苣等蔬菜，不用化肥农药、不用助力机械，除害灭虫全靠手工执行。

香料突放异香来源

- 花艺园中还种植着各种香料作物，薄荷、结香、香石竹、迷迭香，很多大家耳熟能详的香料，都可以在这里寻得"真身"。它们在阳光下尽情绽放，将来自花园的奇异异香送到每一名游客的鼻端心头。如果在夏日酷暑来游园，感觉头昏脑胀的游客可以摘下一片薄荷叶，揉碎后放在两侧太阳穴上，能够起到清凉解暑的作用。

更新日期：2014年9月24日

图3-1 花艺园网页

学习目标

- 学会设置页面属性的方法。
- 学会设置文本字体、大小和颜色的方法。
- 学会设置段落、换行和列表的方法。
- 学会设置文本样式和对齐方式的方法。
- 学会设置文本缩进和凸出的方法。
- 学会插入水平线和日期的方法。

设计思路

本项目设计的是花艺园网页，花艺园是青岛世园会的一个重要组成部分。在网页制作过程中，上方采用一张花艺园图片进行烘托，下方采用小标题和正文文本的方式进行内容介绍。通过对文字和图片的精心编排和设计，让读者在浏览中不知不觉领会到花艺园的美。

任务一 添加文本

本任务主要介绍添加文本的基本方式：直接输入、导入和复制粘贴。

【操作步骤】

STEP 1 把相关素材文件复制到站点文件夹下，然后新建一个网页文档并保存为"huayiyuan.htm"。

STEP 2 在文档中输入一段文本（请参照素材文件"花艺园 1.doc"中的内容），如图 3-2 所示。

水塘边生长百年的老柳垂下翠绿的新枝，芦苇荡里几只小野鸭悠哉地凫着水，路边茶园里几名茶农正在闲聊浇灌，不远处田园里的茄子、黄瓜、辣椒等蔬菜生机勃勃，连风中都混杂着花草的清新香气——这就是花艺园。

图3-2 输入文本

STEP 3 文本输入完后，按 Enter 键将鼠标光标移到下一段，在菜单栏中选择【文件】/【导入】/【Word 文档】命令，打开【导入 Word 文档】对话框，选择素材文件"花艺园 2.doc"，在【格式化】下拉列表中选择第 3 项，如图 3-3 所示。

图3-3 【导入 Word 文档】对话框

STEP 4 单击 打开(O) 按钮，把 Word 文档内容导入网页文档中，如图 3-4 所示。

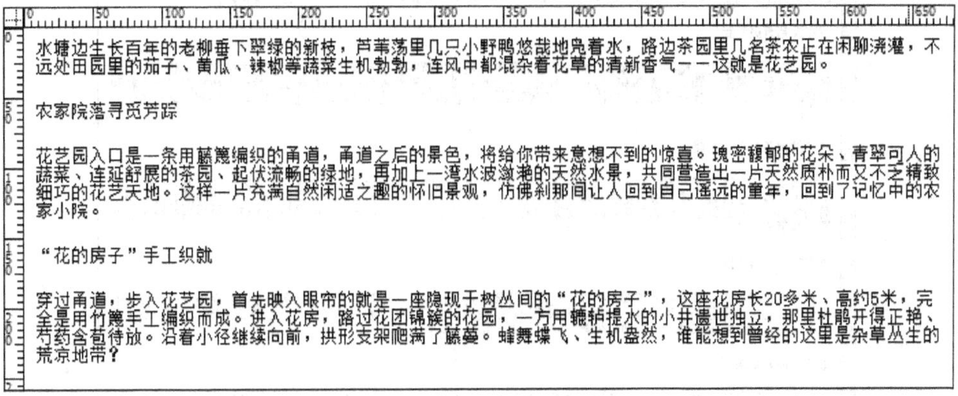

水塘边生长百年的老柳垂下翠绿的新枝，芦苇荡里几只小野鸭悠哉地凫着水，路边茶园里几名茶农正在闲聊浇灌，不远处田园里的茄子、黄瓜、辣椒等蔬菜生机勃勃，连风中都混杂着花草的清新香气——这就是花艺园。
农家院落寻觅芳踪
花艺园入口是一条用藤篱编织的甬道，甬道之后的景色，将给你带来意想不到的惊喜。瑰密馥郁的花朵、青翠可人的蔬菜、连延舒展的茶园、起伏流畅的绿地，再加上一湾水波潋滟的天然水景，共同营造出一片天然质朴而又不乏精致细巧的花艺天地。这样一片充满自然闲适之趣的怀旧景观，仿佛刹那间让人回到自己遥远的童年，回到了记忆中的农家小院。
“花的房子”手工织就
穿过甬道，步入花艺园，首先映入眼帘的就是一座隐现于树丛间的“花的房子”，这座花房长20多米、高约5米，完全是用竹篾手工编织而成。进入花房，路过花团锦簇的花园，一方用辘轳提水的小井遗世独立，那里杜鹃开得正艳、芍药含苞待放。沿着小径继续向前，拱形支架爬满了藤蔓。蜂舞蝶飞、生机盎然，谁能想到曾经的这里是杂草丛生的荒凉地带？

图3-4 导入 Word 文档

STEP 5 仍然把鼠标光标移到下一段，然后打开素材文件“花艺园 3.doc”，全选并复制所有文本，如图 3-5 所示。

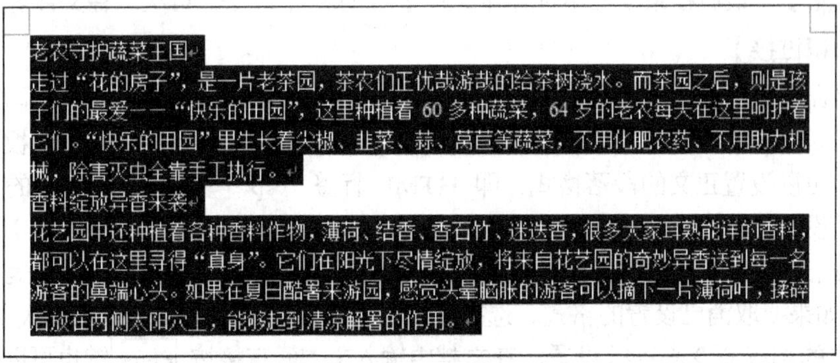

老农守护蔬菜王国
走过“花的房子”，是一片老茶园，茶农们正优哉游哉的给茶树浇水。而茶园之后，则是孩子们的最爱——“快乐的田园”，这里种植着 60 多种蔬菜，64 岁的老农每天在这里呵护着它们。“快乐的田园”里生长着尖椒、韭菜、蒜、莴苣等蔬菜，不用化肥农药、不用助力机械，除害灭虫全靠手工执行。
香料绽放异香来袭
花艺园中还种植着各种香料作物，薄荷、结香、香石竹、迷迭香，很多大家耳熟能详的香料，都可以在这里寻得“真身”。它们在阳光下尽情绽放，将来自花艺园的奇妙异香送到每一名游客的鼻端心头。如果在夏日酷暑来游园，感觉头晕脑胀的游客可以摘下一片薄荷叶，揉碎后放在两侧太阳穴上，能够起到清凉解暑的作用。

图3-5 全选并复制所有文本

STEP 6 在 Dreamweaver CS6 的菜单栏中选择【编辑】/【选择性粘贴】命令，打开【选择性粘贴】对话框，在【粘贴为】选项组中选中【带结构的文本以及基本格式（粗体、斜体）】单选按钮，取消选中【清理 Word 段落间距】复选框，如图 3-6 所示。

选择性粘贴
粘贴为：
仅文本(T)
带结构的文本（段落、列表、表格等）(S)
带结构的文本以及基本格式（粗体、斜体）(B)
带结构的文本以及全部格式（粗体、斜体、样式）(F)
保留换行符(K)
清理 Word 段落间距(L)
将智能引号转换为直引号(Q)
粘贴首选参数(P)...
确定(O)
取消(C)
帮助(H)

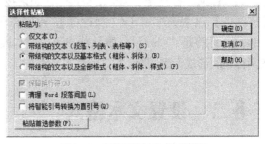

图3-6 【选择性粘贴】对话框

> **知识提示**
> 单击 粘贴首选参数(P)... 按钮，可打开【首选参数】对话框进行复制粘贴参数设置。在以后进行复制粘贴时，将以此设置作为默认参数设置。

STEP 7 单击 确定(O) 按钮，把复制的内容粘贴到 Dreamweaver CS6 文档中，如图 3-7 所示。

> **知识提示**
> 在【选择性粘贴】对话框中，选择不同的粘贴选项以及是否选中【清理 Word 段落间距】复选框，复制粘贴后的文本形式是有差别的，读者可通过实际练习加以体会。

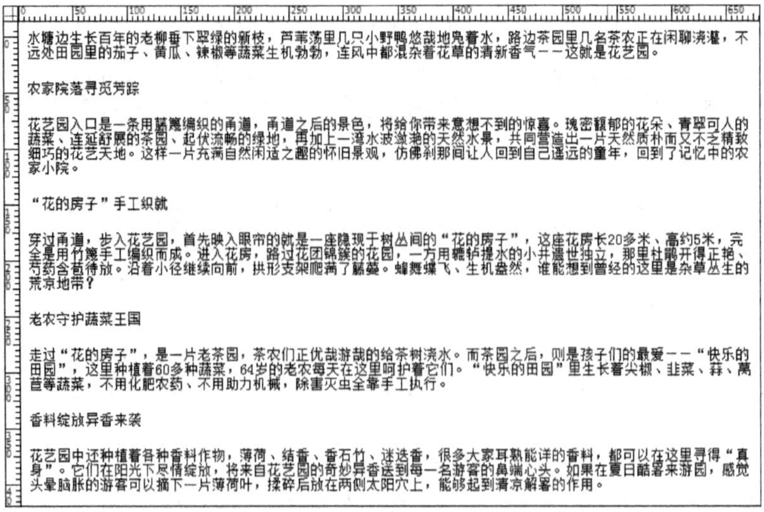

水塘边生长百年的老柳垂下翠绿的新枝，芦苇荡里几只小野鸭悠哉地兔着香水，路边茶园里几名茶农正在闲聊浇灌，不远处田园里的茄子、黄瓜、辣椒等蔬菜生机勃勃，连风中都混杂着花草的清新香气——这就是花艺园。

农家院落寻觅芳踪

花艺园入口是一条用藤蔓编织的甬道，甬道之后的景色，将给你带来意想不到的惊喜。瑰密馥郁的花朵、青翠可人的蔬菜、连延舒展的茶园、起伏流畅的绿地，再加上一潭水波澄澈的天然水景，共同营造出一片天然原朴而又不乏精致细巧的花艺天地。这样一片充满自然闲适之趣的怀旧景观，仿佛刹那间让人回到自己遥远的童年，回到了记忆中的农家小院。

"花的房子"手工织就

穿过甬道，步入花艺园，首先映入眼帘的就是一座隐现于树丛间的"花的房子"，这座花房长20多米、高约5米，完全是用竹篾手工编织而成。进入花房，路过花团锦簇的花园，一方用糯稻秸搭的小井悄悄地对立，那里杜鹃开得正艳、芍药含苞待放。沿着小径继续向前，拱形支架爬满了藤蔓。蝴蝶蝶飞、生机盎然，谁能想到曾经的这里是杂草丛生的荒凉地带。

老农守护蔬菜王国

走过"花的房子"，是一片老茶园，茶农们正优雅游弋的给茶树浇水。而茶园之后，则是孩子们的最爱——"快乐的田园"，这里种植着60多种蔬菜，64岁的老农每天在这里呵护着它们。"快乐的田园"里生长着尖椒、韭菜、蒜、莴苣等蔬菜，不用化肥农药、不用助力机械，除害灭虫全靠手工执行。

香料绽异香来袭

花艺园中还种植着各种香料作物，薄荷、结香、香石竹、迷迭香，很多大家耳熟能详的香料，都可以在这里寻得"真身"。它们在阳光下尽情绽放，将来自花艺园的奇妙异香送到每一名游客的鼻端心头。如果在夏日酷暑来游园，感觉头晕脑胀的游客可以摘下一片薄荷叶，揉碎后放在两侧太阳穴上，能够起到清凉解暑的作用。

图3-7 粘贴文本

STEP 8 最后在菜单栏中选择【文件】/【保存】命令，再次保存文件。

【知识链接】

在编辑窗口中输入文本的方式，与在记事本或 Word 中输入文本的方式相同，它的排列方式由左至右，遇到编辑窗口的边界时会自动换行。通过【属性（HTML）】面板的【格式】下拉列表，可以设置正文的段落格式，即 HTML 标签"<p>…</p>"所包含的文本为一个段落，可以设置文档的标题格式为"标题 1"～"标题 6"，还可以将某一段文本按照预先格式化的样式进行显示，即选择【预先格式化的】选项，其 HTML 标签是"<pre>…</pre>"，如果要取消已设置的格式，选择【无】选项即可，也可以选择【格式】/【段落格式】菜单中的相应命令来进行设置。在文档中输入文本时直接按 Enter 键也可以形成一个段落，其 HTML 标签是"<P>…</P>"，如果按 Shift+Enter 组合键或选择菜单命令【插入】/【HTML】/【特殊字符】/【换行符】，可以在段落中进行换行，其 HTML 标签是"
"，XHTML 标签是"
"。默认状态下，段与段之间是有间距的，而通过换行符进行换行不会在两行之间形成大的间距。

任务二　设置文本格式

本任务主要介绍编排文本格式的基本方法，包括字体格式、对齐方式、列表的应用、文本的凸出和缩进等。

（一）　设置文档标题

下面设置文档标题格式，首先通过【属性（HTML）】面板的【格式】下拉列表定义标题的格式，然后通过【页面属性】对话框的【标题】分类重新定义所选标题格式的样式。

【操作步骤】

STEP 1 在正文第 1 段前面增加一个段落，然后输入文本"世园会花艺园：手工编花房 异香扑满鼻"。

STEP 2 把鼠标光标置于该文本所在行，然后在【属性（HTML）】面板的【格式】下拉列表中选择"标题 2"，如图 3-8 所示。

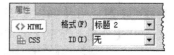

图3-8 设置标题格式

STEP 3 在【属性（HTML）】面板中单击 页面属性... 按钮，打开【页面属性】对话框，在【分类】列表中选择【标题（CSS）】分类，重新定义"标题 2"的大小和颜色，如图 3-9 所示，然后单击 确定 按钮关闭对话框。

图3-9 重新定义"标题 2"的大小和颜色

STEP 4 将鼠标光标置于文本"世园会花艺园：手工编花房 异香扑满鼻"所在行，然后在【属性（CSS）】面板中单击 ≡ （居中对齐）按钮，使标题居中显示，如图 3-10 所示。

图3-10 重新定义"标题 2"格式和居中对齐的效果

STEP 5 最后在菜单栏中选择【文件】/【保存】命令，再次保存文件。

【知识链接】

在设计网页时，一般都会加入一个或多个文档标题，用来对页面内容进行概括或分类。为了使文档标题醒目，Dreamweaver CS6 提供了 6 种标准的样式"标题 1"～"标题 6"，可以在【属性】面板的【格式】下拉列表中进行选择。当将标题设置成"标题 1"～"标题 6"中的某一种时，Dreamweaver CS6 会按其默认设置显示。当然也可以通过【页面属性】对话框的【标题】分类来重新设置"标题1"～"标题6"的字体、大小和颜色属性。

文本的对齐方式通常有 4 种：左对齐、居中对齐、右对齐和两端对齐。可以在【属性（CSS）】面板中分别单击 ≡ 按钮、≡ 按钮、≡ 按钮和 ≡ 按钮来进行设置，也可以通过【格式】/【对齐】菜单中的相应命令来实现。这两种方式的效果是一样的，但使用的代码不一样。前者使用 CSS 样式进行定义，后者使用 HTML 标签进行定义。如果同时设置多个段落的对齐方式，则需要先选中这些段落。

（二） 设置文档正文

下面开始设置正文文本的格式。

【操作步骤】

STEP 1 在【属性（HTML）】面板中单击 页面属性... 按钮，打开【页面属性】对话框，在【外观（CSS）】分类中定义页面文本的字体和大小，如图 3-11 所示。

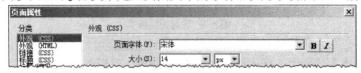

图3-11　定义页面文本的字体和大小

知识提示 在【页面属性】对话框中设置的字体、大小、颜色等，将对当前网页中所有的文本都起作用，除非通过【属性】面板或其他方式对当前网页中的某些文本的属性进行了单独定义。

STEP 2 单击 确定 按钮关闭对话框，这时文本的格式发生了变化，如图 3-12 所示。

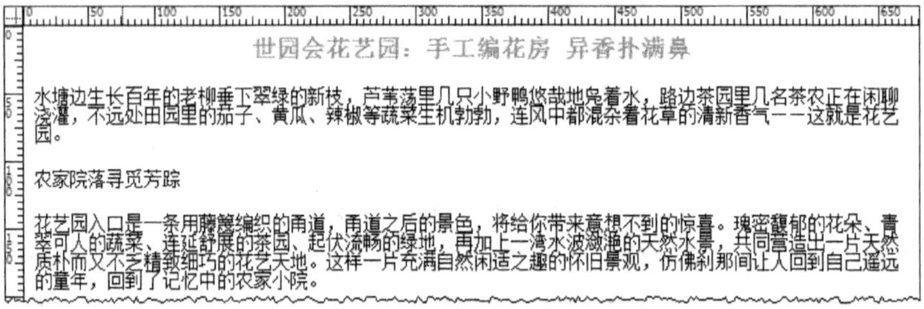

世园会花艺园：手工编花房 异香扑满鼻

水塘边生长百年的老柳垂下翠绿的新枝，芦苇荡里几只小野鸭悠哉地凫着水，路边茶园里几名茶农正在闲聊凑趣，不远处田园里的茄子、黄瓜、辣椒等蔬菜生机勃勃，连风中都混杂着花草的清新香气——这就是花艺园。

农家院落寻觅芳踪

花艺园入口是一条用藤蔓编织的甬道，甬道之后的景色，将给你带来意想不到的惊喜。瑰丽翠郁的花朵、青翠可人的蔬菜、连延舒展的藤蔓、起伏流畅的绿地，再加上一湾水波潋滟的天然水景，共同营造出一片天然质朴而又不乏精致细巧的花艺天地。这样一片充满自然闲逸之趣的怀旧景观，仿佛刹那间让人回到自己遥远的童年，回到了记忆中的农家小院。

图3-12　文本的格式发生了变化

STEP 3 选择文本"农家院落寻觅芳踪"，并在【属性（CSS）】面板的【字体】下拉列表中选择"仿宋"，如果没有该字体，则需要选择【编辑字体列表】选项添加字体，如图 3-13 所示。

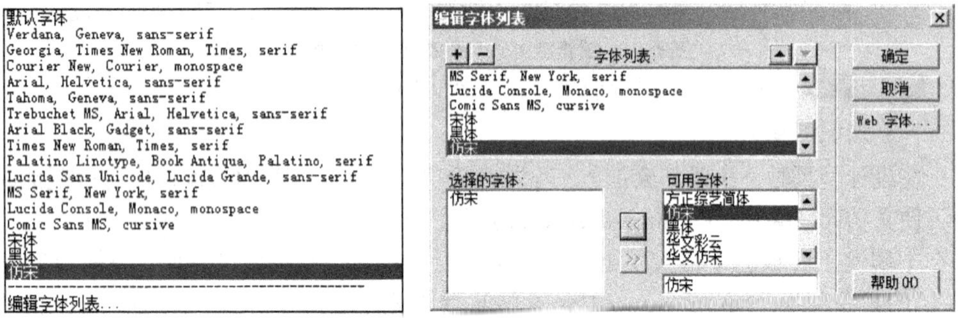

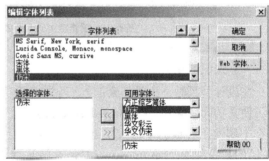

图3-13　【编辑字体列表】对话框

【知识链接】

通过【属性（CSS）】面板中的【字体】下拉列表，可以设置所选文本的字体类型；如果没有适合的字体列表，可以选择【编辑字体列表】选项，打开【编辑字体列表】对话框进行添加。在【字体列表】中，单击 ➕ 按钮可以添加字体列表，单击 ➖ 按钮可以删除选中的字体列表，单击 🔼 按钮可以上移选中的字体列表，单击 🔽 按钮可以下移选中的字体列表。在添加了一个新的字体列表或在【字体列表】中选择了一个字体列表后，单击 《 按钮可以将【可用字体】列表框中选择的字体添加到【选择的字体】列表框中，单击 》 按钮，可以将【选择的字体】列表框中选择的字体删除。一个字体列表可以添加多种字体类型，浏览器在显示网页时，将按照字体列表中字体的顺序确认使用的字体类型。如果计算机中没有第 1 种字体，将使用第 2 种字体，如果没有第 2 种字体将使用第 3 种字体，依此类推。如果一个网页没有设置字体，浏览器会使用浏览器本身设置的字体进行显示。

STEP 4　在接着打开的【新建 CSS 规则】对话框中输入选择器名称 ".text"，如图 3-14 所示。

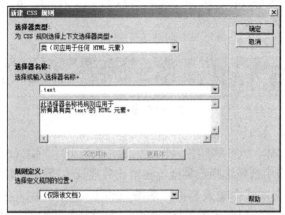

图3-14　【新建 CSS 规则】对话框

STEP 5　单击 **确定** 按钮关闭对话框，然后在【属性（CSS）】面板中单击 按钮，在打开的对话框中选择红色 "#F00"，如图 3-15 所示。

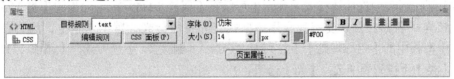

图3-15　设置文本属性

STEP 6　在【属性（CSS）】面板中单击 *I* 按钮给所选文本添加斜体效果。

【知识链接】

通过【属性（CSS）】面板的【大小】选项可以设置所选文本的大小。在【大小】下拉列表框中可以选择已预设的选项，也可以在文本框中直接输入数字，然后在后边的下拉列表框中选择单位。单位可分为 "相对值" 和 "绝对值" 两类。相对值单位是相对于另一长度属性的单位，其通用性好一些。绝对值单位会随显示界面的介质不同而不同，因此一般不是首选。除百分比以外，建议读者在制作网页时固定使用一种类型的单位，不要混用，否则会给网页的维护带来不必要的麻烦。

通过菜单命令【格式】/【颜色】或在【属性（CSS）】面板中单击 按钮，可以打开对话框设置所选文本的颜色。可以从常规颜色中选择，也可以单击 按钮打开【颜色】对话框进行自定义颜色。

通过【格式】/【样式】菜单中的相应命令或单击【属性】面板的 **B** 按钮或 *I* 按钮可以设置所选文本的粗体、斜体等样式。通过【属性】面板可以直接设置粗体和斜体两种样式，打开【插入】面板并切换到【文本】类别，可以设置粗体、斜体、加强和强调 4 种样式，而通过【格式】/【样式】菜单可以使用的样式命令相对多一些。

STEP 7　将鼠标光标依次置于其他小标题所在行，然后在【属性（HTML）】面板的【类】下拉列表中选择 "text"，效果如图 3-16 所示。

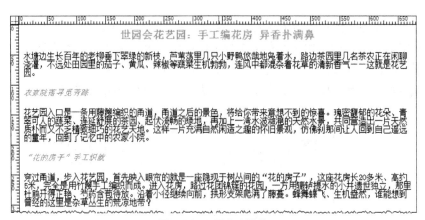

图3-16　设置文本样式

【知识链接】

在设置文本的字体、大小和颜色属性时，通常会打开【新建 CSS 规则】对话框。在【选择器类型】下拉列表中选择选择器类型（在本任务建议选择第 1 项，这也是默认项），然后在【选择器名称】文本框中输入名称。单击 **确定** 按钮后，在【属性（CSS）】面板的【目标规则】下拉列表中自动出现了样式名称，此时其他属性的定义都将在此 CSS 样式中进行，除非在【目标规则】下拉列表中选择了【<新 CSS 规则>】或【<新内联样式>】选项。如果要对其他文本应用该样式，可以先选中这些文本，然后在【属性（CSS）】面板中的【目标规则】下拉列表中选择该样式名称，也可以在【属性（HTML）】面板的【类】下拉列表中选择该样式名称。如果要取消应用该样式，先将鼠标光标置于文本上，然后在【属性（CSS）】面板中的【目标规则】下拉列表中选择【<删除类>】选项或在【属性（HTML）】面板的【类】下拉列表中选择【无】选项。

STEP 8 将鼠标光标置于文本"花艺园入口是一条用藤篾编织的甬道，甬道之后的景色，将给你带来意想不到的惊喜。"所在段，在【属性（HTML）】面板中单击 ▤（项目列表）按钮，使文本按照项目列表方式排列，然后运用同样的方法设置其他类似的文本，如图3-17所示。

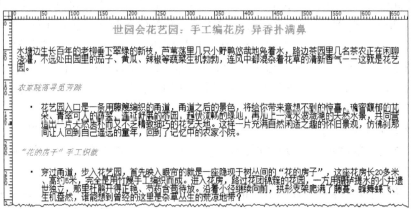

图3-17　设置项目列表

【知识链接】

列表的类型通常有编号列表、项目列表和定义列表等，最常用的是项目列表和编号列表。在 HTML【属性】面板中单击 ▤（项目列表）按钮或者选择菜单命令【格式】/【列表】/【项目列表】可以设置项目列表格式，在【属性】面板中单击 ⋮≡ （编号列表）按钮或者选择菜单命令【格式】/【列表】/【编号列表】可以设置编号列表格式。

可以根据需要设置列表属性，方法是将鼠标光标置于列表内，然后通过以下任意一种方法打开【列表属性】对话框进行设置即可，如图 3-18 所示。

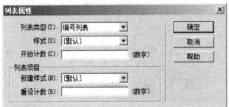

图3-18 【列表属性】对话框

● 选择菜单命令【格式】/【列表】/【属性】。
● 在鼠标右键快捷菜单中选择【列表】/【属性】命令。
● 在【属性】面板中单击 列表项目... 按钮。

列表可以嵌套，方法是首先设置 1 级列表，然后在 1 级列表中选择需要设置为 2 级列表的内容并使其缩进一次，最后根据需要重新设置缩进部分的列表类型。

STEP 9 选择正文第一段文本，然后在【属性（HTML）】面板中单击 ≝ （文本缩进）按钮，使文本向内缩进 1 次，如图 3-19 所示。

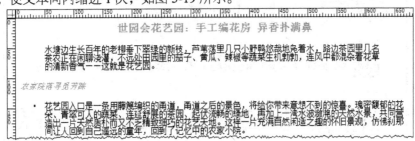

图3-19 文本缩进

STEP 10 在菜单栏中选择【文件】/【保存】命令，再次保存文件。

【知识链接】

在文档排版过程中，有时会遇到需要使某段文本整体向内缩进或向外凸出的情况。单击【属性】面板上的 ≝ 按钮（或 ≝ 按钮），或者选择菜单命令【格式】/【缩进】（或【凸出】），可以使段落整体向内缩进（或向外凸出）。如果同时设置多个段落的缩进和凸出，则需要先选中这些段落。

任务三 完善辅助功能

本任务继续对页面进行完善，主要包括设置网页背景、页边距、行距，同时插入水平线、更新日期，最后设置显示在浏览器标题栏的标题等。

【操作步骤】

STEP 1 在【属性（HTML）】面板中单击 页面属性... 按钮，打开【页面属性】对话框，在【外观（CSS）】分类中设置背景图像为"images/huayiyuan.jpg""no-repeat（不重复）"，上边距为"165 px"，如图 3-20 所示。

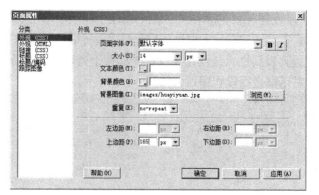

图3-20 设置背景图像和页边距

在【外观（CSS）】分类的【重复】下拉列表中有 4 个选项："no-repeat（不重复）""repeat（重复）""repeat-x（横向重复）"及"repeat-y（纵向重复）"，可以通过选择它们来定义背景图像的重复方式。

STEP 2 单击 确定 按钮，结果如图 3-21 所示。

图3-21 设置背景图像和页边距后的效果

STEP 3 将鼠标光标置于最后一段的后面，连续按两次 Enter 键另起一段，然后在菜单栏中选择【插入】/【HTML】/【水平线】命令，插入一条水平线，如图 3-22 所示。

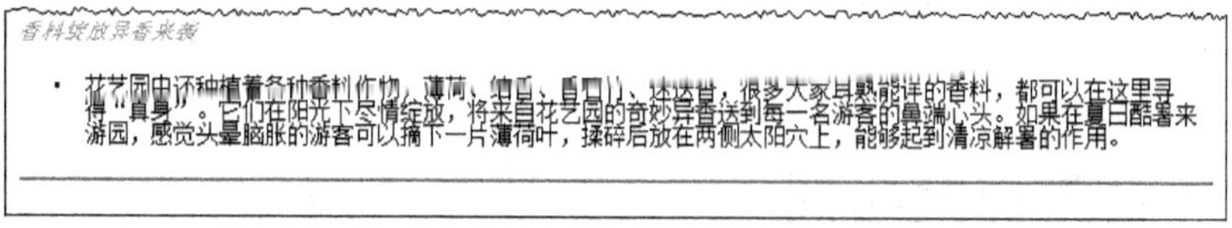

图3-22 插入水平线后的效果

STEP 4 将鼠标光标移动到水平线下方，输入文本"更新日期:"，然后在菜单栏中选择【插入】/【日期】命令，打开【插入日期】对话框。在【日期格式】中选择 "1974 年 3 月 7 日"，并选中【储存时自动更新】复选框，如图 3-23 所示。

只有在【插入日期】对话框中选择【储存时自动更新】选项的前提下，才能够做到单击日期显示日期编辑【属性】面板，否则插入的日期仅仅是一段文本而已。

STEP 5 设置完毕后，单击 确定 按钮加以确认，如图 3-24 所示。

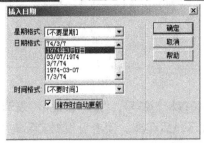

更新日期： 2014年9月23日

图3-23 【插入日期】对话框 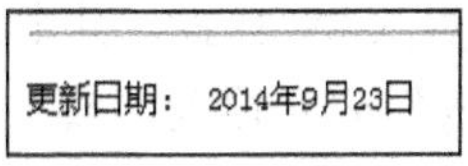　　　　　　图3-24 插入日期

STEP 6 在【属性】面板中单击 页面属性... 按钮，打开【页面属性】对话框，在【标题/编码】分类的【标题】文本框输入文本"花艺园"，然后单击 确定 按钮，关闭对话框，如图 3-25 所示。

图3-25 设置浏览器标题

STEP 7 在【文档】工具栏中单击 代码 按钮，在<head>与</head>之间添加 CSS 样式代码，使行距为"25 px"，如图 3-26 所示。

```
2  <html>
3  <head>
4  <meta http-equiv="Content-Type" content="text/html; charset=gb2312">
5  <title>花艺园</title>
6  <style type="text/css">
7  h2 {
8      font-size: 18px;
9      color: #090;
10     text-align: center;
11  }
12  body,td,th {
13     font-size: 14px;
14  }
15  .text {
16     color: #F00;
17     font-style: italic;
18  }
19  body {
20     background-image: url(images/huayiyuan.jpg);
21     background-repeat: no-repeat;
22     margin-top: 165px;
23     line-height: 25px;
24  }
25  </style>
26  </head>
```

图3-26 添加代码

STEP 8 最后在菜单栏中选择【文件】/【保存】命令，保存文件。

【知识链接】

在文档中输入文本时，通常行与行之间的距离非常小，而段与段之间的距离又非常大，显得很不美观。如果学习了 CSS 样式后，可以通过标签 CSS 样式和类 CSS 样式进行设置。在没学习如何设置 CSS 样式之前，读者不妨直接在网页文档源代码的<head>和</head>标签之间添加如下代码。

```
<style type="text/css">
p {
```

```
    line-height: 25px;
    margin-top: 5px;
    margin-bottom: 5px;
    }
    </style>
```

这是一段标签 CSS 样式，其中，"p"是 HTML 的段落标记符号，"line-height"表示行高，"margin-top"表示段前距离，"margin-bottom"表示段后距离。读者可根据实际需要，修改这些数字来调整行距和段落之间的距离。需要特别说明的是，段与段之间的距离等于上一个段落的段后距离加下一个段落的段前距离，再加行高。如果段前和段后距离均设置为"0"，那么段与段之间的距离就等于行距。

项目实训　制作"青岛世园会"网页

本项目主要介绍了编排文本的基本方法，本实训将使读者进一步巩固所学的基本知识。

要求：根据操作提示将素材文件内容复制粘贴或导入到网页文档中，然后进行文本格式设置，如图 3-27 所示。

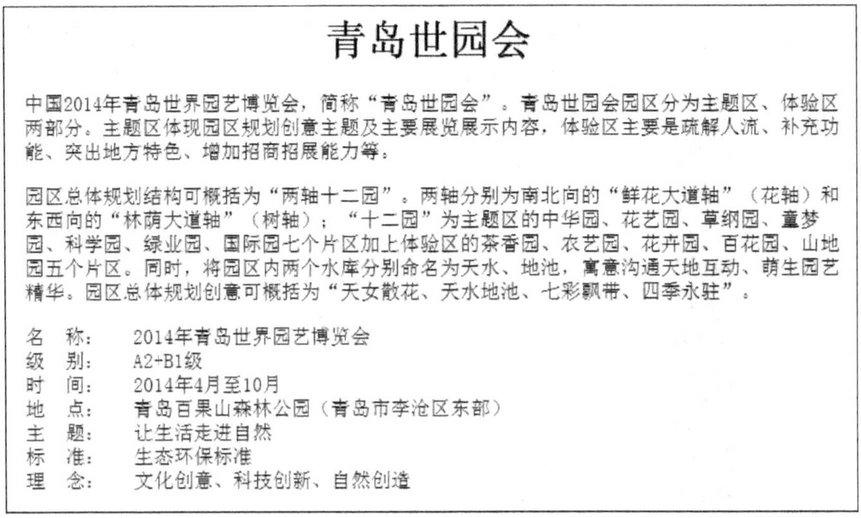

青岛世园会

中国2014年青岛世界园艺博览会，简称"青岛世园会"。青岛世园会园区分为主题区、体验区两部分。主题区体现园区规划创意主题及主要展览展示内容，体验区主要是疏解人流、补充功能、突出地方特色、增加招商招展能力等。

园区总体规划结构可概括为"两轴十二园"。两轴分别为南北向的"鲜花大道轴"（花轴）和东西向的"林荫大道轴"（树轴）；"十二园"为主题区的中华园、花艺园、草纲园、童梦园、科学园、绿业园、国际园七个片区加上体验区的茶香园、农艺园、花卉园、百花园、山地园五个片区。同时，将园区内两个水库分别命名为天水、地池，寓意沟通天地互动、萌生园艺精华。园区总体规划创意可概括为"天女散花、天水地池、七彩飘带、四季永驻"。

名　　称：　2014年青岛世界园艺博览会
级　　别：　A2+B1级
时　　间：　2014年4月至10月
地　　点：　青岛百果山森林公园（青岛市李沧区东部）
主　　题：　让生活走进自然
标　　准：　生态环保标准
理　　念：　文化创意、科技创新、自然创造

图3-27　设置"青岛世园会"文本格式

【操作步骤】

STEP 1　　新建网页文档"shixun.htm"，并输入文本"青岛世园会"，然后按 Enter 键将鼠标光标移到下一段。

STEP 2　　打开素材文件"青岛世园会.doc"，全选并复制所有文本。

STEP 3　　在 Dreamweaver CS6 中选择菜单栏中的【编辑】/【选择性粘贴】命令，把 Word 文档内容粘贴到网页文档中。在【选择性粘贴】对话框的【粘贴为】选项中选择第3项，并取消选中【清理 Word 段落间距】复选框。

STEP 4　　设置【页面属性】对话框，在【外观（CSS）】分类中设置页面字体为"宋体"，大小为"18 px"，页边距均为"10 px"，在【标题/编码】分类中设置显示在浏览器标题栏的标题为"青岛世园会"。

STEP 5 在【属性（HTML）】面板中设置文档标题"青岛世园会"的格式为"标题1"，并通过菜单命令【格式】/【对齐】/【居中对齐】使其居中显示。

STEP 6 在文档最后另起一段，然后在菜单栏中选择【文件】/【导入】/【Excel 文档】命令，打开【导入 Excel 文档】对话框，选择素材文件"青岛世园会基本情况.xls"导入 Excel 文档。

STEP 7 最后保存文件。

项目小结

本项目涉及的知识点概括起来主要有：① 添加文本的方式，包括直接输入、复制粘贴和导入；② 【页面属性】的设置，包括页面字体、文本大小、文本颜色、背景图像、页边距、文档标题格式的重新定义、浏览器标题等；③ 文本【属性】面板的使用，包括标题格式、文本字体、文本大小、文本颜色、对齐方式、文本样式、项目列表和编号列表、文本缩进和凸出等；④ 插入水平线和日期的方法。

总之，本项目介绍的内容是最基础的知识，希望读者多加练习，为后续的学习打下基础。

思考与练习

一、填空题

1. 在文档窗口中，每按一次_____键就会生成一个段落。
2. 文本的对齐方式通常有 4 种：【左对齐】、【居中对齐】、【右对齐】和_____。
3. 如果【字体】下拉列表中没有需要的字体，可以选择_____选项打开【编辑字体列表】对话框进行添加。
4. 通过【页面属性】对话框的_____分类，可以设置当前网页在浏览器标题栏显示的标题以及文档类型和编码。
5. 在菜单栏中选择【插入】/【HTML】/_____命令，可以在文档中插入一条水平线。

二、选择题

1. 按（　　　）组合键可在文档中插入换行符。
   A. Ctrl+Space   B. Shift+Space   C. Shift+Enter   D. Ctrl+Enter
2. 换行符的 HTML 标签是（　　　）。
   A. <p>   B.
    C. <B>   D. <I>
3. 通过【页面属性】对话框的（　　　）分类，可以设置背景图像的重复方式。
   A. 【外观（CSS）】   B. 【外观（HTML）】
   C. 【标题（CSS）】   D. 【标题/编码】
4. 列表是一种简单而实用的段落排列方式，最经常使用的两种列表是项目列表和（　　　）列表。
   A. 数字   B. 符号   C. 顺序   D. 编号
5. Dreamweaver CS6 提供的编号列表的样式不包括（　　　）。
   A. 数字   B. 字母   C. 罗马数字   D. 中文数字

三、问答题

1. 通过【页面属性】对话框和【属性】面板都可以设置文本的字体、大小和颜色，它们有何差异？

2. 常用的列表类型有哪些？

四、操作题

根据操作提示编排"第 84 届奥斯卡花絮"网页，如图 3-28 所示。

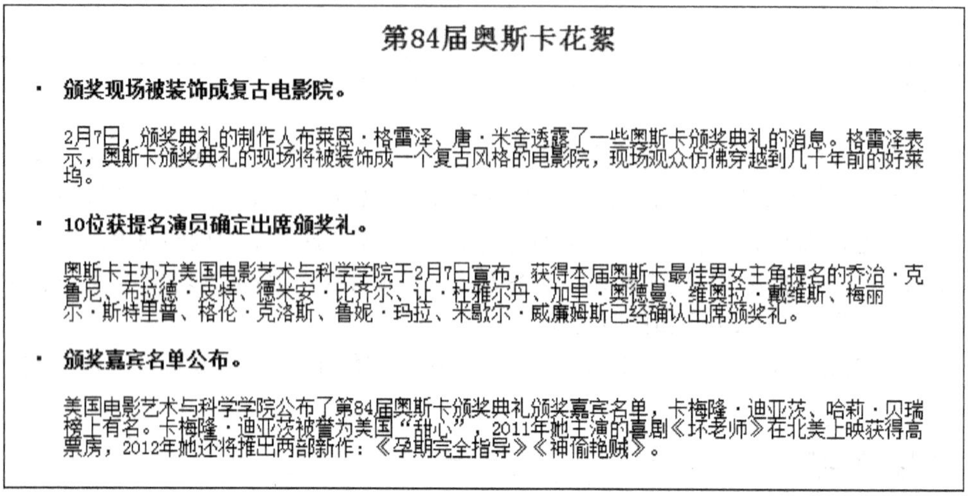

第84届奥斯卡花絮

- **颁奖现场被装饰成复古电影院。**

  2月7日，颁奖典礼的制作人布莱恩·格雷泽、唐·米舍透露了一些奥斯卡颁奖典礼的消息。格雷泽表示，奥斯卡颁奖典礼的现场将被装饰成一个复古风格的电影院，现场观众仿佛穿越到几十年前的好莱坞。

- **10位获提名演员确定出席颁奖礼。**

  奥斯卡主办方美国电影艺术与科学学院于2月7日宣布，获得本届奥斯卡最佳男女主角提名的乔治·克鲁尼、布拉德·皮特、德米安·比齐尔、让·杜雅尔丹、加里·奥德曼、维奥拉·戴维斯、梅丽尔·斯特里普、格伦·克洛斯、鲁妮·玛拉、米歇尔·威廉姆斯已经确认出席颁奖礼。

- **颁奖嘉宾名单公布。**

  美国电影艺术与科学学院公布了第84届奥斯卡颁奖典礼颁奖嘉宾名单，卡梅隆·迪亚茨、哈莉·贝瑞榜上有名。卡梅隆·迪亚茨被誉为美国"甜心"，2011年她主演的喜剧《坏老师》在北美上映获得高票房，2012年她还将推出两部新作：《孕期完全指导》《神偷艳贼》。

图3-28　编排文本网页

【操作提示】

STEP 1　新建一个文档"lianxi.htm"，然后将"课后习题\素材"文件夹下的"第 84 届奥斯卡花絮.doc"文档内容复制或导入到文档中，要求保留带结构的文本及基本格式，不要清理 Word 段落间距。

STEP 2　设置页面属性：页边距全部为"20 px"，文本字体为"宋体"，大小为"14 px"，浏览器标题栏显示的标题为"第 84 届奥斯卡花絮"。

STEP 3　将文档标题"第 84 届奥斯卡花絮"设置为"标题 2"并居中显示。

STEP 4　在每段正文文本的首句后面分别按 Enter 键进行分段，并将这 3 个小标题进行项目排列和加粗显示。

STEP 5　依次将 3 个小标题下面的文本各缩进一次。

STEP 6　保存文档。

PART 4

项目四
图像和媒体
——编排九寨沟网页

在网页中，文本是传递信息的主要形式，但图像和媒体的作用也不可小视。本项目以编排九寨沟网页为例（见图 4-1），介绍使用 Photoshop CS6 处理图像，使用 Flash CS6 制作 SWF 动画，以及在网页中插入图像、SWF 动画、FLV 视频和 ActiveX 视频的方法。

九寨沟是一条纵深40余公里的山沟谷地，因周围有9个藏族村寨而得名，总面积约620平方公里，大约有52%的面积被茂密的原始森林所覆盖。

九寨沟地僻人稀、景物特异，富于原始自然风貌。林中夹生的箭竹和奇花异草，使大熊猫、金丝猴、白唇鹿等珍稀动物乐于栖息于此。九寨沟有长海、剑岩、诺日朗、树正、扎如、黑海六大景区，以翠海、叠瀑、彩林、雪峰、藏情这五绝而驰名中外。九寨沟蓝天、白云、雪山、森林尽融于瀑、河、滩，缀成一串串如从天而降的珍珠；篝火、烤羊、锅庄和古老而美丽的传说，展现出藏羌人热情强悍的民族风情。

九寨沟，一个五彩斑斓、绚丽奇绝的瑶池玉盆，一个原始古朴、神奇梦幻的人间仙境，一个不见纤尘、自然纯净的"童话世界"！她以神妙奇幻的翠海、飞瀑、彩林、雪峰等无法尽览的自然与人文景观，成为全国拥有"世界自然遗产"和"世界生物圈保护区"两顶桂冠的圣地。

九寨沟以原始的生态环境、一尘不染的清新空气以及雪山、森林、湖泊组合成神妙、奇幻、幽美的自然风光，显现"自然的美，美的自然"。九寨沟因其独有的原始景观、丰富的动植物资源被誉为"人间仙境"。

图4-1 九寨沟网页

学习目标

- 学会使用 Photoshop CS6 处理图像的方法。
- 学会使用 Flash CS6 制作简单动画的方法。
- 学会在网页中插入和设置图像的方法。
- 学会在网页中插入 SWF 动画的方法。
- 学会在网页中插入 FLV 等视频的方法。

设计思路

本项目设计的是一个景点介绍的网页，在设计风格上符合景物介绍图文并茂的基本要求。在网页制作过程中，上方采用一张图片式标题揭示网页的主题内容，下方采用图文混排的方式进行内容介绍，包括图片、媒体等。通过对文字、图片、媒体的精心编排和设计，不仅使景物介绍声情并茂，而且也给人一种清新自然的感觉。

任务一 在网页中使用图像

网页中图像的作用基本上可分为两种：一种起装饰作用，如背景图像、网页中起划分区域作用的边框或线条等；另一种起传递信息作用，如网页中插入的诸如新闻图片、旅游图片等，它和文本的作用是一样的。目前，网页中经常使用的图像格式是 GIF 和 JPG。GIF 格式文件小、支持透明色、下载时具有从模糊到清晰的效果，是网页中经常使用的图像格式。JPG 格式为摄影提供了一种标准的有损耗压缩方案，比较适合处理照片一类的图像。本任务主要介绍在 Photoshop CS6 中处理图像，在 Dreamweaver CS6 中向网页插入图像并设置图像属性的基本方法。

（一） 处理图像

下面首先使用 Photoshop CS6 制作图像文件"logo.gif"，然后修改图像文件"huang.jpg"的大小，使其适合在网页中使用。

【操作步骤】

STEP 1 首先将素材文件中的字体文件"简启体.TTF"安装到计算机中，然后将其他相关素材文件复制到站点文件夹下。

STEP 2 启动 Photoshop CS6，进入其操作界面，然后在菜单栏中选择【文件】/【新建】命令，打开【新建】对话框，参数设置如图 4-2 所示。

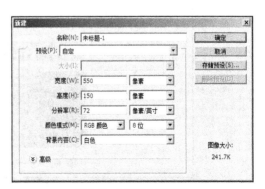

图4-2 【新建】对话框

【知识链接】

对【新建】对话框中的参数简要说明如下。

● 【名称】：用于设置新建文件的名称。

● 【预设】：在其下拉列表中有【剪贴板】、【默认 Photoshop 大小】、【美国标准纸张】、【国际标准纸张】、【照片】、【Web】、【移动设备】、【胶片和视频】和【自定】9 个选项，可以根据实际需要进行选择，当自行设置尺寸时，其选项将自动变为【自定】选项。

● 【大小】：用于设置新建文档的预设类型的大小，当在【预设】下拉列表中选择【剪贴板】、【默认 Photoshop 大小】和【自定】选项时，【大小】选项均不可用，当在【预设】下拉列表中选择其他选项时，【大小】下拉列表将根据所选择的预设选项的不同提供相应的选项。

● 【宽度】和【高度】：用于设置新建文件的宽度和高度尺寸，单位有"像素""英寸""厘米""毫米""点""派卡""列"7 种。

● 【分辨率】：用于设置新建文件的分辨率，分辨率是指单位面积内图像所包含像素的数目，通常用"像素/英寸"和"像素/厘米"表示。一般情况下，如果图像仅用于显示，可将分辨率设置为"72 像素/英寸"或"96 像素/英寸"，如果图像用于印刷输出，则应将其分辨率设置为"300 像素/英寸"或更高。

● 【颜色模式】：用于设置新建文件的颜色模式。颜色模式是图像设计的最基本知识，它决定了如何描述和重现图像的色彩，同一种文件格式可以支持一种或多种颜色模式。

● 【背景内容】：用于设置新建文件的背景颜色。

STEP 3　　单击 ▢　确定　▢ 按钮创建一个空白图像文件，如图 4-3 所示。

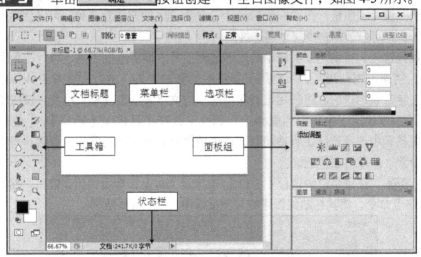

图4-3　Photoshop CS6 的操作界面

STEP 4　　在菜单栏中选择【文件】/【打开】命令，打开图像文件"jzg.jpg"。

STEP 5　　在工具箱中单击 ▢（矩形选框工具）按钮，然后在选项栏的【羽化】文本框中输入"20 像素"，在【样式】下拉列表中选择"固定大小"，在宽度和高度文本框中分别输入"500 像素"和"130 像素"，如图 4-4 所示。

图4-4　设置选项栏

单击工具箱顶部的双向箭头,可将工具箱在单排和双排效果间切换。将鼠标指针置于工具箱顶部标有 "Ps" 的标题栏上按下鼠标左键并拖动,可以将其移至工作界面中的任何位置。

STEP 6 接着在图像窗口中适当位置单击鼠标左键,选择相应的区域,如图 4-5 所示。

图4-5 选择区域

如果要选择整幅图像,可以在菜单栏中选择【选择】/【全部】命令,要取消选择可以选择【选择】/【取消选择】命令或直接用鼠标单击图像,要再次选择已经取消的选择,可以选择【选择】/【重新选择】命令,如果在图像中选择了部分区域,此时要将所选择区域以外的区域选择,可以选择【选择】/【反向】命令。

在 Photoshop 中,大部分的选择是针对图像的局部区域而不是整幅图像,此时就必须创建区。简单地讲,创建选区就是为图像的局部区域筑起一道封闭的"墙"。当用户只对图像中的某个区域进行复制、删除、填充等操作时,可以先创建该区域的选区,然后再编辑,这样只会改变选区内的图像,而选区外的图像不会受到影响。由此可见,选区的创建质量将直接影响到图像处理质量。在 Photoshop 中,创建选区的方法有多种,可以使用选区工具直接创建选区,也可以使用命令来创建选区。

创建规则选区,可使用工具箱中的矩形选框工具、椭圆选框工具、单行选框工具和单列选框工具。创建不规则选区,可使用工具箱中的套索工具、多边形套索工具和磁性套索工具。创建文字形状的选区,可使用工具箱中的横排文字蒙版工具和直排文字蒙版工具。按颜色创建选区,可使用工具箱中的魔棒工具和快速选择工具以及【选择】/【色彩范围】命令。当在工具箱中选择选区工具按钮时,在选项栏会显示该工具的属性参数,可以根据实际需要进行设置,然后再创建选区。

STEP 7 在菜单栏中选择【编辑】/【拷贝】命令,然后关闭该窗口。接着选择【编辑】/【粘贴】命令,将其粘贴到新建的文档窗口中,如图 4-6 所示。

图4-6 粘贴图像

【知识链接】

羽化通过建立选区和选区周围像素之间的转换边界来模糊边缘，羽化在处理图像中应用广泛。在设置羽化值后，选区的虚线框会缩小并且拐角处变得平滑，填充的颜色不再局限于选区的虚线框内，而是扩展到了选区之外并且呈现逐渐淡化的效果。

设置羽化值的方法通常有两种，一种是在选区工具选项栏中的【羽化】文本框中输入数值，另一种是使用【羽化选区】对话框。如果在创建选区前已经在选项栏中的【羽化】文本框中输入了合适的数值，此处就不需要再使用【羽化选区】对话框进行设置。

STEP 8 在菜单栏中选择【图像】/【画布大小】命令，打开【画布大小】对话框，调整画布大小，如图4-7所示。

STEP 9 单击 确定 按钮关闭对话框，然后在工具箱中单击 ⊕ （移动工具）按钮，并保证在【图层】面板中图像所在的"图层1"处于选中状态，如图4-8所示。

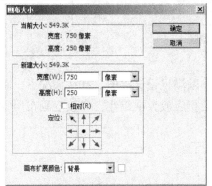

图4-7 【画布大小】对话框

图4-8 【画布大小】对话框

【知识链接】

图层是利用 Photoshop CS6 进行图形绘制和图像处理的最基础也是最重要的功能，可以说，每一幅图像的处理都离不开图层的应用。引入图层，可以将图像中各个元素分层处理和保存，从而使图像的编辑处理具有很大的弹性和操作空间。每个图层相当于一个独立的图像文件，几乎所有的命令都能对某个图层进行独立的编辑操作。可以将图层想象成是一张张叠起来的透明画纸，如果图层上没有图像，就可以一直看到底下的背景图层。

对图层的操作主要通过【图层】面板进行。【图层】面板是一个相当重要的控制面板。它的主要功能是显示当前图像的所有图层、图层样式、图层混合模式及【不透明度】等参数的设置，以方便设计者对图像进行调整修改。

在【图层】面板底部有 7 个按钮，下面分别进行介绍。

● 【链接图层】按钮 ⊖ ：通过链接两个或多个图层，可以一起移动链接图层中的内容，也可以对链接图层执行对齐与分布以及合并图层等操作。

● 【添加图层样式】按钮 *fx.* ：可以对当前图层中的图像添加各种样式效果。

● 【添加矢量蒙版】按钮 □ ：可以给当前图层添加矢量蒙版，如果先在图像中创建适当的选区再单击此按钮，可以根据选区范围在当前图层上建立适当的图层蒙版。

● 【创建新的填充或调整图层】按钮 *●.* ：可在当前图层上添加一个调整图层，对当前图层下边的图层进行色调、明暗等颜色效果调整。

● 【创建新组】按钮 □ ：可以在【图层】面板中创建一个新的序列，序列类似于文件夹，以便于对图层进行管理和查询。

- 【创建新图层】按钮 ▭ ：可在当前图层上创建新图层。
- 【删除图层】按钮 🗑 ：可将当前图层删除。

STEP 10 在文档窗口中按住鼠标左键不放，将图像拖动到适当的位置，如图 4-9 所示。

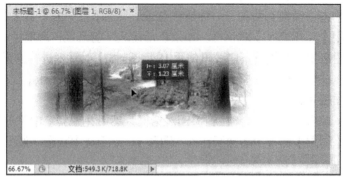

图4-9 调整图像位置

【知识链接】

画布是图像的可编辑区域，可以调整画布的大小以满足设计需要。默认情况下，画布大小与图像大小是相等的。当调整图像尺寸时，图像会相应放大或缩小。当改变画布尺寸时，只会裁切或扩展画布，而图像本身不会被缩放。

下面对【画布大小】对话框中的相关参数说明如下。

- 【当前大小】：显示当前画布尺寸。
- 【新建大小】中的【宽度】和【高度】：用于设置新画布的尺寸。
- 【相对】：选择该复选框后，可在【宽度】和【高度】文本框中输入数值来控制画布的增减量，值为正数时，画布将扩大，值为负数时，画布将进行裁切。
- 【定位】：用于设置图像裁切或延伸的方向。默认情况下，图像裁切或扩展是以图像为中心的。如果单击其他方块，则裁切或扩展将改变。
- 【画布扩展颜色】：用于设置图像扩展区域的颜色（针对背景图层）。

STEP 11 在工具箱中单击 T. （横排文字工具）按钮，在选项栏的【字体】列表框中选择"迷你简启体"，在【大小】列表框中选择"36 点"。然后单击 ■ （颜色）按钮，打开【选择文本颜色】对话框，在"#"后面的文本框中输入"3399cc"，如图 4-10 所示。

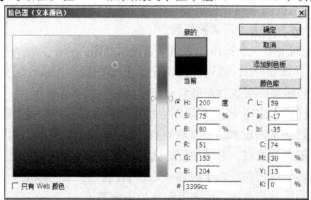

图4-10 设置颜色

STEP 12 单击 _____ 确定 _____ 按钮，文字工具属性设置如图 4-11 所示。

图4-11 设置文字工具属性

【知识链接】

Photoshop CS6 的工具箱默认位于工作界面的左侧，包含各种图形绘制和图像处理工具。将鼠标指针放置在工具箱上方的黑色区域内，按下鼠标左键并拖曳即可移动工具箱的位置。单击工具箱中最上方的 ◀◀ 按钮或 ▶▶ 按钮，可以将工具箱转换为单列或双列显示。

将鼠标指针移动到工具箱中的任一按钮上时，该按钮将凸出显示。如果鼠标指针在工具按钮上停留一段时间，鼠标指针的右下角会显示该工具的名称。单击工具箱中的任一工具按钮可将其选择。绝大多数工具按钮的右下角带有黑色小三角形，表示该工具还隐藏有其他同类工具。将鼠标指针放置在这样的按钮上，按下鼠标左键不放或单击鼠标右键，即可将隐藏的工具显示出来。将鼠标指针移动到弹出的工具组中的任意一个工具上单击，可将该工具选择。

选项栏位于菜单栏的下方，显示工具箱中当前选择工具的参数和选项设置。在工具箱中选择不同的工具时，选项栏中显示的选项和参数也各不相同。例如，单击工具箱中的【横排文字】工具 T 后，选项栏中就只显示与文本有关的选项及参数，在画面中输入文字后，单击【移动】工具 ⊹ 来调整文字的位置，选项栏中将更新为与【移动】工具有关的选项。将鼠标指针放置在选项栏最左侧的灰色区域，按下鼠标左键并拖曳，可以将选项栏拖曳至界面的任意位置。

STEP 13 用鼠标左键在文档窗口中单击并输入文字"九寨沟"，如图 4-12 所示。

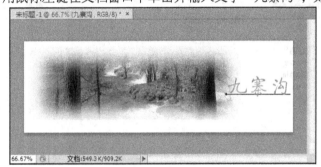

图4-12 输入文字

【知识链接】

文字在图像中往往起着画龙点睛的作用，一件完整的作品都需要有文字内容来说明主题或通过特殊编排的文字来衬托整个画面。在 Photoshop CS6 中，可利用工具箱中的 T （横排文字工具）、 IT （直排文字工具）输入横排或直排文字。

在确认输入操作前，如果要移动文字的位置，需要将鼠标指针放在文字的下方，当鼠标指针呈现 ⊹ 形状时，按下鼠标左键并拖曳即可，或按住 Ctrl 键，将鼠标指针放在文字上，然后按下鼠标左键并拖曳也可移动文字。如果要在确认操作后移动文字，需要在工具箱中选择 ⊹ 工具，然后在【图层】面板中选中文字图层，在窗口中用鼠标左键拖曳文字即可。

除了可通过文字工具的选项栏设置文字属性外，还可以利用【字符】和【段落】面板来设置更多的文字属性。如果是对图层中所有文字应用相同的属性，只需将文字所在的图层置为当前图层，然后在文字工具的选项栏中单击 ▤ 按钮，或在菜单栏中选择【窗口】/【字符】或【段落】命令，打开【字符】和【段落】面板进行设置即可。如果要设置部分文字的属性，需要先选中这些文字。

STEP 14 在菜单栏中选择【图层】/【图层样式】/【描边】命令，打开【图层样式】对话框，单击 ■■（颜色）按钮，打开【拾色器（描边颜色）】对话框，在 "#" 后面的文本框中输入 "ffffff"，如图 4-13 所示。

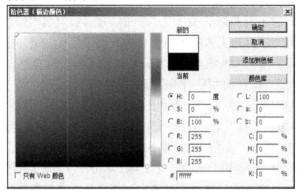

图4-13 【拾色器（描边颜色）】对话框

STEP 15 单击 确定 按钮关闭对话框，描边参数设置如图 4-14 所示。

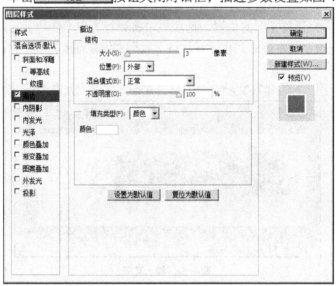

图4-14 设置描边参数

STEP 16 在【图层样式】对话框中选中【投影】选项，单击 确定 按钮，文字效果如图 4-15 所示。

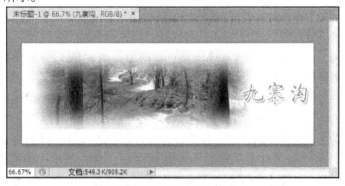

图4-15 设置图层样式后的效果

【知识链接】

图层样式主要包括投影、阴影、发光、斜面和浮雕以及描边等。利用图层样式可以对图层中的图像快速应用效果，通过【图层样式】面板还可以查看各种预设的图层样式，并且仅通过单击鼠标即可在图像中应用样式，也可以通过对图层中的图像应用多种效果创建自定样式。对图层恰当地应用图层样式，会取得比较好的效果。

STEP 17 在菜单栏中选择【文件】/【存储】命令将文件保存为"logo.psd"。

STEP 18 接着在菜单栏中选择【文件】/【存储为 Web 所用格式】命令，打开【存储为 Web 所用格式】对话框，在【预设】下拉列表中选择"JPEG 高"，如图 4-16 所示。

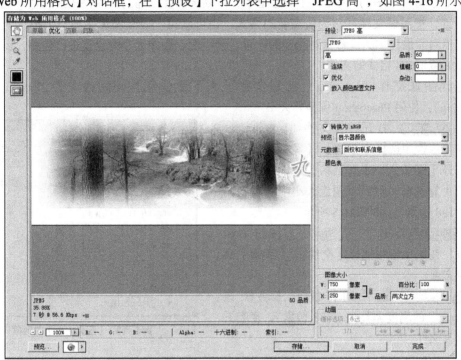

图4-16 【存储为 Web 所用格式】对话框

STEP 19 单击 存储... 按钮，将文件保存为"logo.jpg"，如图 4-17 所示。

图4-17 保存成适合 Web 用的格式

知识提示 保存成扩展名为 ".psd" 格式的文件，方便以后在 Photoshop 中修改该文件。保存成扩展名为 ".jpg" 或 ".gif" 格式的文件，方便以后在网页中应用该文件。

【知识链接】

PSD 格式是 Photoshop 的专用格式，该格式的文件通常需要保存为 Web 所用格式，才更适合在网页中使用。使用【存储为 Web 所用格式】命令可以将图像文件保存为 Web 所用格式。在【存储为 Web 所用格式】对话框中，可以选择要压缩的文件格式或调整其他的图像优化设置，把图像文件存储为所需要的格式。也可以将一幅图像优化为一个指定大小的文件，使用当前最优化的设置来对图像的色彩、透明度、图像大小等设置进行调整，以便得到一个 GIF 或 JPEG 格式的文件。

这样图像文件 "logo.jpg" 就制作完了，下面分别打开图像文件 "jzg3.jpg" 和 "jzg4.jpg"，使用 Photoshop 调整其大小。

STEP 20 打开图像文件 "jzg3.jpg"，然后在菜单栏中选择【图像】/【图像大小】命令，打开【图像大小】对话框，取消选中【约束比例】复选框，然后将图像大小中的高度调整为 "188 像素"，如图 4-18 所示。

STEP 21 单击 确定 按钮关闭对话框，在菜单栏中选择【文件】/【存储】命令保存文件。

STEP 22 运用同样的方法将图像 "jzg4.jpg" 的高度调整为 "188 像素"，宽度不变并保存文件。

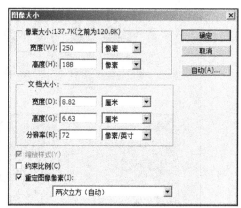

图4-18 【图像大小】对话框

【知识链接】

调整图像大小是图像编辑的基本操作，对于特别大的图像经常需要进行缩小操作，对于特别小的图像有时需要放大操作。在改变图像文件的大小时，如果图像由大变小，其印刷质量不会降低；如果图像由小变大，其印刷品质将会下降。

修改【宽度】和【高度】参数后，从【图像大小】对话框的【像素大小】组名后面可以看到修改后图像大小为 "137.7K"，括号内的 "120.8K" 表示图像的原来大小。

下面对【图像大小】对话框中的相关参数说明如下。

- 【像素大小】栏：包括【宽度】和【高度】两个选项，用于定义图像显示时的宽度和高度，它决定了图像在屏幕上的显示尺寸。
- 【文档大小】栏：包括【宽度】、【高度】和【分辨率】3 个选项，用于定义图像输出打印时的实际尺寸和分辨率大小。
- 【缩放样式】：当选中【约束比例】复选框后该选项才被激活，选中该复选框可以保持图像中的样式按比例进行改变。
- 【约束比例】：选中该复选框后，在【宽度】和【高度】选项后将出现 图标，表示改变其中一项设置时，另一项也按相同比例改变。

- 【重定图像像素】：选中该复选框表示在改变图像显示尺寸时，系统将自动调整打印尺寸，此时图像的分辨率将保持不变。如果取消选中该复选框，则改变图像的分辨率时，图像的打印尺寸将相应改变。

（二）插入图像

下面在 Dreamweaver CS6 中开始插入并设置网页中的图像。

【操作步骤】

STEP 1　　启动 Dreamweaver CS6，在【文件】面板的列表框中双击打开网页文件"jzg.htm"，如图 4-19 所示。

【图像】

九寨沟是一条纵深40余公里的山沟谷地，因周围有9个藏族村寨而得名，总面积约620平方公里，大约有52%的面积被茂密的原始森林所覆盖。

图4-19　打开网页

STEP 2　　将文本"【图像】"选中并删除，然后在菜单栏中选择【插入】/【图像】命令，打开【选择图像源文件】对话框，选中图像文件"images/logo.jpg"，如图 4-20 所示。

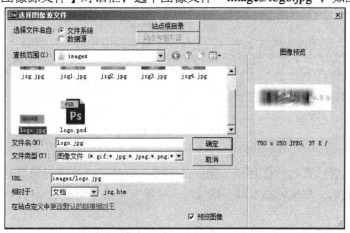

图4-20　【选择图像源文件】对话框

知识提示　　在【相对于】下拉列表中选择【文档】选项，【URL】将使用文档相对路径"images/logo.jpg"，选择【站点根目录】选项，【URL】将使用站点根目录相对路径"/images/logo.jpg"。如果选中【预览图像】复选框，选定图像的预览图会显示在对话框的右侧。

【知识链接】

在网页中，插入图像的方法通常有以下几种。

- 在菜单栏中选择【插入】/【图像】命令来插入图像。
- 在【文件】面板中选中图像并拖动到文档中要插入图像的位置。
- 在【插入】面板的【常用】类别中单击 ▣ ▾图像（图像）按钮或将其直接拖动到文档中。

- 在【资源】面板中单击 图标切换到【图像】类别，选中图像并单击 插入 按钮或者直接将图像文件拖动到文档中。

从【选择图像源文件】对话框右侧预览图下面的提示文字，可以查看所插入图像的幅面大小，如果图像幅面比较大，需要将其缩小。缩小图像的方法通常有两种，一是直接使用图像处理软件如 Photoshop 缩小图像，二是在 Dreamweaver CS6 图像【属性】面板中通过设置图像的宽度和高度来缩小图像。这两种方法是有差别的，前一种方法改变了图像的物理尺寸，后一种方法只是改变了图像的显示大小，并没有改变图像的物理尺寸。

STEP 3 单击 确定 按钮将图像插入文档中，如图 4-21 所示。

图4-21 插入图像

STEP 4 在图像【属性】面板的【替换】文本框中输入"九寨沟"，如图 4-22 所示。

图4-22 设置图像属性

知识提示 替换文本的作用是，当图像不能正常显示时可以显示替换文本。在预览结果时，当鼠标指针移至图像时，替换文本会立即显示出来。

STEP 5 在菜单栏中选择【文件】/【保存】命令保存文件。

【知识链接】

在【属性】面板的【源文件】文本框中显示的是图像的地址，可以单击【源文件】文本框后面的 按钮，打开【选择图像源文件】对话框，或将文本框后面的 图标拖曳到【文件】面板中需要的图像文件上释放鼠标来重新定义源文件。

在图像【属性】面板中，可以使用【编辑】后面的几个工具按钮，对图像进行简单处理。不过，图像通常是在图像处理软件如 Photoshop 中提前处理好再使用，因此此处的工具按钮很少使用。

在 Dreamweaver CS6 中将图像插入网页文档时，HTML 源代码中会生成对该图像文件的引用。为了确保此引用的正确性，该图像文件必须位于当前站点中，如果图像文件不在当前站点中，会提示是否要将此文件复制到当前站点。在网页中还可以插入动态图像，动态图像指那些经常变化的图像。插入图像后，可以设置图像标签辅助功能属性，屏幕阅读器能为有视觉障碍的用户朗读这些属性。

在网页制作的过程中，如果某处需要放置图像，而此时又没有这个图像，可以使用图像占位符临时代替图像，以便于网页的排版和布局。插入图像占位符的方法是，在菜单栏中选择【插入】/【图像对象】/【图像占位符】命令，打开【图像占位符】对话框，然后设置图像占位符的名称、宽度和高度、颜色、替换文本等。在插入图像占位符后，通过【属性】面板还可以修改图像占位符的名称、宽度和高度、颜色、替换文本以及对齐方式。在有了合适的图像后，使用图像替换图像占位符即可，如图 4-23 所示。

图4-23 图像占位符

任务二 在网页中使用媒体

在 Dreamweaver CS6 中，媒体的类型包括 SWF、FLV、Shockwave、Applet、ActiveX 和插件等。本任务主要介绍使用 Flash CS6 制作 SWF 动画，在 Dreamweaver CS6 中向网页插入 SWF 动画、FLV 视频和 ActiveX 视频的基本方法。

（一） 制作 SWF 动画

下面首先使用 Flash CS6 制作 SWF 动画文件"jzg.fla"，并将其输出为"jzg.swf"，以方便在网页中使用。

【操作步骤】

STEP 1 启动 Flash CS6，弹出欢迎屏幕，如图 4-24 所示。

图4-24 Flash CS6 欢迎屏幕

【知识链接】

Flash CS6 的欢迎屏幕提供了 3 种操作方式，这与 Dreamweaver CS6 的欢迎屏幕类似。如果不希望 Flash 启动时显示欢迎屏幕，可以选中欢迎屏幕左下角的【不再显示】复选框。如果以后希望 Flash CS6 启动时再显示欢迎屏幕，可以在菜单栏中选择【编辑】/【首选参数】命令，打开【首选参数】对话框，在【常规】分类的【启动时】下拉列表中选择【欢迎屏幕】选项即可，如图 4-25 所示。

STEP 2 在菜单栏右侧的工作区布局下拉菜单中选择【传统】选项，如图 4-26 所示。

图4-25 【首选参数】对话框 　　　　　　　　图4-26 选择【传统】选项

STEP 3 在【欢迎屏幕】中选择【新建】/【ActionScript3.0】命令，创建一个 Flash 文档，如图 4-27 所示。

图4-27 创建 Flash 文档

【知识链接】

在菜单栏中选择【文件】/【新建】命令，打开【新建文档】对话框也可以创建文档，如图 4-28 所示。在【类型】列表框中，列出了【ActionScript 3.0】、【ActionScript 2.0】等选项，选择任何一个选项都将创建相应的 Flash 文件并进入编辑窗口。还可以切换到【模板】选项卡，根据现有模板创建 Flash 动画文件。

在 Flash CS6 中，工作区包括舞台和舞台周围的灰色区域，该区域是制作动画的区域，用户可以将动画素材放置在工作区的任何位置。但是只有白色区域（舞台）是动画显示的实际区域，而在舞台之外的灰色区域，在播放动画时则不会显示。舞台是设计者进行动画绘制和编辑的区域，也是最终导出影片的实际显示区域，放置在舞台中的对象包括矢量对象、文本对象、位图对象、元件实例对象等。在设计动画时，往往要利用舞台之外的区域做一些辅助性的工作，但主要对象都要在舞台中实现。

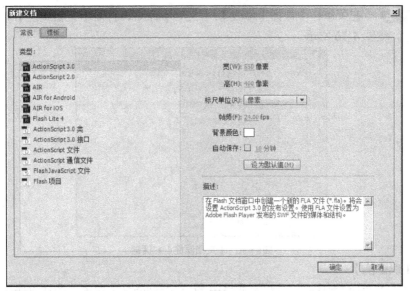

图4-28 【新建文档】对话框

STEP 4 　在菜单栏中选择【文件】/【保存】命令将文件保存为"jzg.fla"，如图 4-29 所示。

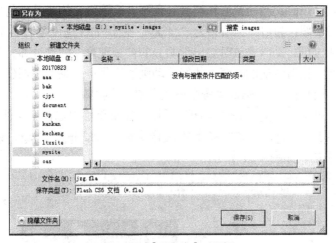

图4-29 【另存为】对话框

【知识链接】

下面简要说明 FLA、SWF 和 FLV 文件类型之间的关系。

- FLA 文件：扩展名为".fla"，是使用 Flash 软件创建的项目的源文件，此类型的文件只能在 Flash 中打开。因此，在网页中使用时通常在 Flash 中将它发布为 SWF 文件，这样才能在浏览器中播放。

- SWF 文件：扩展名为".swf"，是 FLA 文件的编译版本，已进行优化，可以在网页上查看。此文件可以在浏览器中播放并且可以在 Dreamweaver 中进行预览，但不能在 Flash 中编辑此文件。

- FLV 文件：扩展名为".flv"，是一种视频文件，它包含经过编码的音频和视频数据，用于通过 Flash Player 进行传送。例如，如果有 QuickTime 或 Windows Media 视频文件，则可以使用编码器（如 Flash CS6 Video Encoder）将视频文件转换为 FLV 文件。

STEP 5 在菜单栏中选择【修改】/【文档】命令，打开【文档属性】对话框，设置文档的尺寸，如图 4-30 所示。

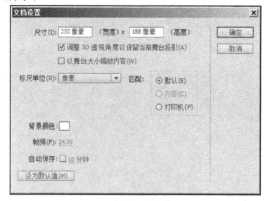

图4-30 【文档属性】对话框

【知识链接】

在创建一个 Flash 文档时，首先需要设置 Flash 文档的基本属性，包括尺寸大小、背景颜色和帧频等。Flash 文档的尺寸也就是 Flash 文档的宽度和高度，要根据实际需要进行设置。特别是在网页设计中，要考虑到页面放置 Flash 动画位置的宽度和高度。根据网页中所留的位置大小，来设置 Flash 文档的宽度和高度。也可以设置舞台的背景颜色和帧频 FPS。默认情况下，舞台的背景颜色为白色，帧频为"24.00"。帧频 FPS 是设置 Flash 动画播放速度快慢的关键所在。帧频过低，动画播放时会出现明显的停顿现象，帧频过高，动画播放时会使动画一闪而过。因此，设置合适的帧频，才能使动画达到最佳效果。在创建 Flash 动画时应该首先设置好帧频，而且在一个 Flash 动画中只能设置一个帧频。

STEP 6 单击 确定 按钮关闭对话框，在菜单栏中选择【文件】/【导入】/【导入到库】命令，将"images"文件夹下的图像文件"jzg1.jpg""jzg2.jpg""jzg3.jpg"和"jzg4.jpg"全部选中，如图 4-31 所示。

图4-31 导入素材到【库】面板

按住 Shift 键不放，单击第 1 个图像文件，然后再单击最后一个图像文件，可将它们连续选中。也可以按住 Ctrl 键不放，依次单击需要选择的文件将它们全部选中。

STEP 7 单击 打开(O) 按钮，将图像文件导入到 Flash 库中，然后在菜单栏中选择【窗口】/【库】命令，打开【库】面板，可以看到导入的图像文件，如图4-32所示。

【知识链接】

【库】不仅用于存储和组织导入的文件，包括位图形、声音文件和视频剪辑等，还用于存储和组织在 Flash 中创建的各种元件。【库】面板将显示所有导入的图像以及它们的文件名和缩略预览图，导入后就可以在 Flash 文档中使用这些图像了。【库】面板包括工具栏、预览窗口、库文件列表以及一些相关的库文件管理工具等。其中，【库】面板底部的工具栏中有 4 个按钮，它们分别是新建元件按钮、新建文件夹按钮、文件属性按钮和文件删除按钮。

图4-32 将图像文件导入到库

STEP 8 将【库】面板中的图像"jzg1.jpg"拖到舞台上，然后在菜单栏中选择【窗口】/【对齐】命令，打开【对齐】面板。

STEP 9 在【对齐】面板中，选中【与舞台对齐】复选框，然后依次单击【对齐】下面的 品 按钮和 按钮，使图像在舞台上居中显示，如图4-33所示。

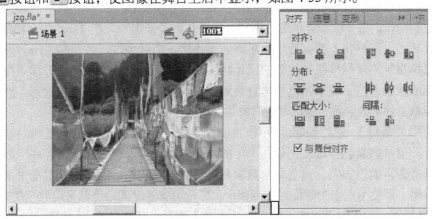

图4-33 使图像居中显示

【知识链接】

【对齐】面板是对选中的对象按一定规律进行对齐、分布、相似度和留空的操作。在面板中，选中【与舞台对齐】复选框表示所选定的对象相对于舞台对齐分布，否则表示的是两个以上对象之间的相互对齐和分布。

STEP 10 在工具箱中单击 （选择工具）按钮，然后单击选中舞台上的图像对象（如果图像已处于选中状态可跳过此步）。

STEP 11 在菜单栏中选择【修改】/【转换为元件】命令，打开【转换为元件】对话框，在【名称】文本框中输入新的名称"jzg1"，在【类型】下拉列表中选择"图形"，如图4-34所示，然后单击 确定 按钮将图像转换为图形元件。

图4-34 【转换为元件】对话框

【知识链接】

元件是 Flash 动画中的重要元素，是指创建一次即可以多次重复使用的图形、按钮或影片剪辑。将舞台上已有的对象转换为元件是比较经常的操作，当然也可以直接新建元件。对已经创建的元件还可以进行编辑、重命名、移动、复制等操作。

在【转换为元件】对话框的类型下拉列表中有 3 个选项：【图形】、【按钮】和【影片剪辑】，这表明元件有 3 种类型。

- 【图形】：图形元件可以用于静态图像，也可以用到其他类型的元件当中。它与主时间轴同步进行，但不具有交互性，也不可以为其添加声音，它是 3 种类型的元件中最基本的类型。

- 【按钮】：按钮元件是 Flash 中一种特殊的元件，它不同于图形元件，因为按钮元件在影片播放过程中的默认状态是静止的，可以根据鼠标的移动或单击等操作激发相应的动作，每个帧都可以通过图形、元件和声音来定义。在 Flash 中，按钮元件有 4 种状态，每种状态都有特定的名称，即弹起、指针经过、按下和点击。弹起表示当鼠标指针不接触按钮时按钮的原始状态，指针经过表示当鼠标指针移到按钮上时按钮的状态，按下表示当鼠标指针移到按钮上并按下鼠标时按钮的状态，点击表示鼠标单击的有效区域，该区域的对象在最终的 SWF 文件中不被显示。

- 【影片剪辑】：影片剪辑元件是 Flash 中最具有交互性、用途最多和功能最强的部分。影片剪辑元件基本上是一个小的独立电影，可以包含交互式控件、声音，甚至其他影片剪辑实例。由于影片剪辑具有独立的时间轴，因此如果主场景中存在影片剪辑，即使主电影的时间轴已经停止，影片剪辑的时间轴仍然可以继续播放。

在【转换为元件】对话框中，有一个【对齐】选项。其意义就是设置转换为元件的图形对齐点，其中有 9 个对齐点位置可供选择。如选择左上角的对齐点，则转换为元件后的图形其对齐点在元件的左上角，与中心点不重合。如选择中心的对齐点，则转换为元件后的图形其对齐点在元件的中心点，对齐点与中心点重合。

【转换为元件】对话框中的【文件夹】选项主要用来设置转换的元件的存放位置，默认为"库根目录"，也可以通过单击打开【移至文件夹】对话框重新定义要保存的位置。

除了转换元件外，还可以通过菜单命令或在【库】面板中创建元件。

STEP 12 在菜单栏中选择【插入】/【新建元件】命令，打开【创建新元件】对话框，在【名称】文本框中输入名称"jzg2"，在【类型】下拉列表中选择"图形"，如图4-35所示。

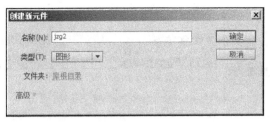

图4-35 【创建新元件】对话框

STEP 13 单击 确定 按钮进入元件编辑状态,将【库】面板中的图像
"jzg2.jpg"拖曳到元件编辑区中,如图 4-36 所示,然后在工作区中单击【场景 1】退出元
件编辑模式,此时【库】中已经有了元件"jzg2"。

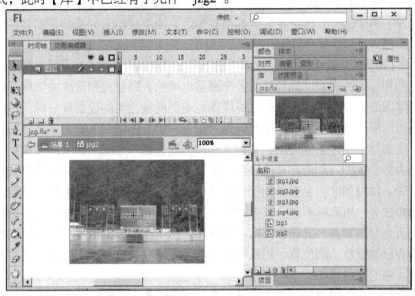

图4-36 创建元件

STEP 14 在【库】面板中,单击底部的 ⎁(新建元件)按钮,打开【创建新元件】
对话框,在【名称】文本框中输入名称"jzg3",在【类型】下拉列表中选择"图形",单击
确定 按钮进入元件编辑状态,将【库】中的图像"jzg3.jpg"拖曳到元件编辑区中,然
后在工作区中单击【场景 1】退出元件编辑模式。

STEP 15 在【库】面板中单击右上角的 ▾≣
按钮,在弹出的菜单中选择【新建元件】命令,打
开【创建新元件】对话框,在【名称】文本框中输
入名称"jzg4",在【类型】下拉列表中选择"图
形",单击 确定 按钮进入元件编辑状态,将
【库】中的图像"jzg4.jpg"拖曳到元件编辑区中,
然后在工作区中单击【场景 1】退出元件编辑模式,
【库】面板如图 4-37 所示。

STEP 16 在时间轴的第 30 帧处单击鼠标
右键,在弹出的快捷菜单中选择【插入关键帧】命
令插入一个关键帧,如图 4-38 所示。

图4-37 【库】面板

图4-38　插入关键帧

【知识链接】

　　时间轴是创作 Flash 动画的关键部分，是操作图层和帧的地方，主要作用是组织和控制动画在一定时间内播放的图层数和帧数，并可以对图层和帧进行编辑。【时间轴】面板基本上可以分为左右两个部分：图层控制区和帧控制区。图层控制区的底部是工具栏，帧控制区的底部是状态栏。

　　【时间轴】面板的主要组件是图层、帧和播放头，还包括一些信息指示器。图层在动画中起着很重要的作用，因为很多动画都是由多个图层组成的。图层控制区的主要作用就是进行插入图层、删除图层、更改图层叠放次序等操作。图层就像透明的投影片一样，一层层地向上叠加。图层可以帮助用户组织文档中的内容，在某一层上绘制和编辑对象不会影响其他图层上的对象。当创建了一个新的 Flash 文档之后，它就包含一个图层。可以添加更多的图层，以便在文档中组织插图、动画和其他元素。帧是动画最基本的单位，大量的帧结合在一起就构成了时间轴。帧控制区的主要作用就是控制动画的播放和对帧进行编辑。时间轴中的红色滑块被称为播放头，用来指示当前所在的帧。在舞台中按 Enter 键，即可在编辑状态下运行动画，播放头也会随着动画的播放而向右侧移动，指示出播放的位置。在编辑帧的过程中，可以根据需要移动播放头的位置，用鼠标拖动红色的播放头方块标识即可，播放头只能在定义过帧的时间轴范围内移动。

STEP 17　　在图层控制区单击左下角的 □（新建图层）按钮，在【图层 1】上面再插入一个图层，如图 4-39 所示。

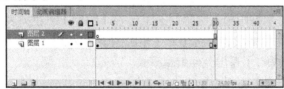

图4-39　插入图层

STEP 18　　在时间轴的第 31 帧处单击鼠标右键，在弹出的快捷菜单中选择【插入空白关键帧】命令插入一个空白关键帧，然后将【库】面板中的元件"jzg2"拖到舞台上，并使其居中显示，最后在时间轴的第 60 帧处插入一个关键帧，如图 4-40 所示。

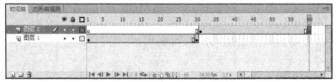

图4-40　插入关键帧

STEP 19　　在图层控制区单击左下角的 □（新建图层）按钮，在【图层 2】上面再插入一个图层，然后在时间轴的第 61 帧处插入一个空白关键帧，并将【库】面板中的元件"jzg3"拖到舞台上，并使其居中显示，最后在时间轴的第 90 帧处插入一个关键帧。

STEP 20 在图层控制区单击左下角的 █（新建图层）按钮，在【图层 3】上面再插入一个图层，然后在时间轴的第 91 帧处插入一个空白关键帧，并将【库】面板中的元件"jzg4"拖到舞台上，并使其居中显示，最后在时间轴的第 120 帧处插入一个关键帧，如图 4-41 所示。

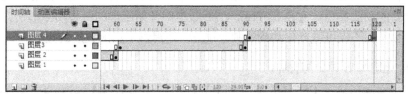

图4-41 插入关键帧

【知识链接】

将元件从【库】面板中拖放到舞台上，舞台上的元件被称为实例。一个元件可以在多个地方被引用，因此一个元件可以创建多个实例。对舞台中的实例进行属性设置，仅影响当前实例，对【库】中元件不会产生影响。而对【库】中的元件进行调整，则舞台中所有该元件的实例都将相应地进行更新。

STEP 21 在菜单栏中选择【控制】/【测试影片】/【测试】命令测试动画的播放效果，然后在菜单栏中选择【文件】/【保存】命令保存文件。

STEP 22 在菜单栏中选择【文件】/【导出】/【导出影片】命令，打开【导出影片】对话框，设置文件名称为"jzg.swf"。

STEP 23 单击 保存(S) 按钮，作品将被导出为一个独立的 SWF 动画文件。

【知识链接】

使用 Flash CS6 可以创建逐帧动画、补间形状动画、补间动画和传统补间动画等几种类型的动画，复杂的动画通常是多种基本类型动画的组合。

逐帧动画是传统的动画形式，由一个帧一个帧制作而成，每一个帧里都是单独的画面，每个帧都互不干涉并且都是关键帧。整个动画过程就是通过这些关键帧连续变换而形成的。逐帧动画一帧连着一帧播放，对于对象的运动和变形过程可以进行精确的控制。制作逐帧动画的基本思想是把一系列相差甚微的图像或文字放置在一系列的关键帧中，动画的播放看起来就像是一系列连续变化的动画。

补间形状动画，又称形状渐变动画，用于创建矢量图之间变形的动画效果，使一个形状变成另一个形状，同时可以设置图形形状的位置、大小和颜色的变化。例如，一个圆形变成一个方形，或者字母 A 变成字母 B，这种补间形状动画改变了图形的本身性质。创建补间形状动画，首先要创建起始帧和结束帧两个关键帧中的对象，其他过渡帧可通过 Flash 自动制作出来。在起始帧和结束帧两个关键帧中的对象必须是可编辑的矢量图形，如果是其他类型的图像或文字，必须通过【修改】/【分离】命令将其打散变成矢量图才能操作形状。有时需要经过多次分离操作，才能使关键帧中的对象完全成为形状。

传统补间动画，又称动作补间动画，是 Flash 中常见的基础动画类型，使用它可以制作出对象的位移、变形、旋转、透明度、滤镜及色彩变化的动画效果。创建传统补间动画时，只要将两个关键帧中的对象制作出来即可，但这两个关键帧中的对象必须是同一个对象，并且这两个对象必须有一些变化，否则制作的动画将没有动作变化的效果。传统补间动画两个关键帧之间的过渡，由 Flash 自动创建。传统补间动画与补间形状动画之间的不同之处在于，补间形状动画是起始点和结束点对象的形状不同，而传统补间动画则是起始点和结束点对象的属性不同。

传统补间动画是一种基于关键帧的运动渐变动画，而新功能的补间动画是基于对象的动画，不再是作用于关键帧，而是作用于动画元件本身，从而使动画制作更加专业化。补间动画是一种全新的动画类型，它是在 Flash CS4 版本中开始出现的一种动画形式，补间动画强大并且易于创建，不仅可以简化动画的制作过程，还提供了更大程度的控制。

（二） 插入 SWF 动画

下面在 Dreamweaver CS6 的网页文档中插入上面刚刚创建的 SWF 动画。

【操作步骤】

STEP 1 打开网页文档"jzg.htm"，将文本"【Flash 动画】"删除，然后在菜单栏中选择【插入】/【媒体】/【SWF】命令，打开【选择 SWF】对话框，在对话框中选择要插入的 SWF 动画文件"images/jzg.swf"，如图 4-42 所示。

【知识链接】

插入 Flash 动画的方法通常有以下 3 种。

● 在菜单栏中选择【插入】/【媒体】/【SWF】命令。

● 在【插入】/【常用】/【媒体】面板中单击 ◎ 图标。

● 在【文件】面板选中文件，然后将其拖到文档中。

STEP 2 单击 确定 按钮，弹出如图 4-43 所示【对象标签辅助功能属性】对话框，单击对话框中的提示文本【请更改"辅助功能"首选参数】链接，打开【首选参数】中的【辅助功能】属性对话框，取消选中【媒体】复选框，可使以后不再弹出【对象标签辅助功能属性】对话框。

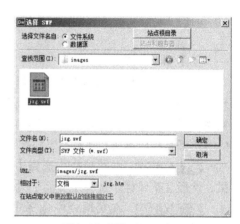

图4-42 插入 SWF 动画

图4-43 【对象标签辅助功能属性】对话框

STEP 3 这里【对象标签辅助功能属性】对话框中不做任何设置，单击 取消 按钮关闭对话框，此时将 SWF 动画直接插入文档中，如图 4-44 所示。

图4-44 插入 SWF 动画

STEP 4 在【属性】面板中保证选中【循环】和【自动播放】两个复选框，如图 4-45 所示。

图4-45 SWF 动画【属性】面板

STEP 5 在【属性】面板中单击 播放 按钮，可以在页面中预览 SWF 动画效果，此时 播放 按钮变为 停止 按钮。

【知识链接】

下面对 SWF 动画【属性】面板中的相关选项简要说明如下。

- 【FlashID】：用于为 SWF 文件指定唯一的 ID 名称。
- 【宽】和【高】：以像素为单位指定动画的宽度和高度。
- 【文件】：用于设置 SWF 动画文件的路径。
- 【源文件】：用于设置源文档 FLA 文件的路径（如果计算机上同时安装了 Dreamweaver 和 Flash）。若要在 Dreamweaver 直接打开 Flash 编辑 SWF 文件，需要首先更新动画的源文档。
- 【背景颜色】：用于设置动画区域的背景颜色，在不播放动画时（在加载时和在播放后）也显示此颜色。
- 【循环】：选择该复选框，动画将循环播放，否则将播放一次然后停止。
- 【自动播放】：选择该复选框，SWF 动画文档在被浏览器载入时将自动播放。
- 【垂直边距】和【水平边距】：用于设置 SWF 动画上、下、左、右空白的像素数。
- 【品质】：用来设定 SWF 动画在浏览器中的播放质量，品质在动画播放期间控制抗失真。"高品质"设置可改善动画的外观，但高品质设置的动画需要较快的处理器才能在屏幕上正确呈现。"低品质"设置会首先照顾到显示速度，然后才考虑外观，而高品质设置首先照顾到外观，然后才考虑显示速度。"自动低品质"会首先照顾到显示速度，但会在可能的情况下改善外观。"自动高品质"开始时会同时照顾显示速度和外观，但以后可能会根据需要牺牲外观以确保速度。
- 【比例】：用来设置 SWF 动画如何适应在【宽度】和【高度】文本框中设置的尺寸，"默认"设置为显示整个影片。
- 【对齐】：设置 SWF 动画与周围内容的对齐方式。
- 【Wmode】：用于为 SWF 文件设置 Wmode 参数以避免与 DHTML 元素（如 Spry 构件）相冲突。默认值是"不透明"，这样在浏览器中 DHTML 元素就可以显示在 SWF 文件的上面。如果 SWF 文件包括透明度，并且希望 DHTML 元素显示在它们的后面，应选择"透明"选项。选择【窗口】选项可从代码中删除 Wmode 参数并允许 SWF 文件显示在其他 DHTML 元素的上面。
- 编辑(E)：单击该按钮，将在 Flash 软件中处理源文件（当然首先要确保有源文件".fla"的存在），如果没有安装 Flash 软件，该按钮将不起作用。
- 播放：单击该按钮，将在设计视图中播放 SWF 动画。
- 参数…：单击该按钮，将打开【参数】对话框，可在其中输入传递给动画的附加参数。动画必须已设计好，并可以接收这些附加参数。

如果文档中包含两个以上的 Flash 动画，按下 Ctrl+Alt+Shift+P 组合键，所有的 Flash 动画都将进行播放。

STEP 6　保存文档，弹出如图 4-46 所示【复制相关文件】对话框，单击 确定 按钮即可。

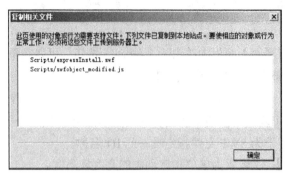

图4-46 【复制相关文件】对话框

　　Dreamweaver CS6 将两个相关文件 "expressInstall.swf" 和 "swfobject_modified.js" 保存到站点中的 "Scripts" 文件夹。在将 SWF 文件上传到 Web 服务器时，必须上传这些文件，否则浏览器无法正确显示 SWF 文件。

（三） 插入 FLV 视频

　　下面在 Dreamweaver CS6 的网页文档中插入 FLV 视频。

【操作步骤】

STEP 1　在网页文档 "jzg.htm" 中，将文本 "【FLV 视频】" 删除，然后在菜单栏中选择【插入】/【媒体】/【FLV】命令，打开【插入 FLV】对话框。

STEP 2　在【视频类型】下拉列表中选择 "累进式下载视频"。

STEP 3　在【URL】文本框中设置 FLV 文件的路径 "images/jzg.flv"。

STEP 4　在【外观】下拉列表中选择 "Halo Skin 3"。

STEP 5　单击 检测大小 按钮来检测 FLV 文件的幅面大小并自动填充到【宽度】和【高度】文本框中。

STEP 6　取消选中【自动播放】和【自动重新播放】复选框，如图 4-47 所示。

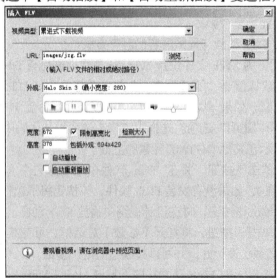

图4-47 【插入 FLV】对话框

【知识链接】

Dreamweaver CS6 提供了两种方式用于将 FLV 视频传送给站点访问者。

● **【累进式下载视频】**：将 FLV 文件下载到站点访问者的硬盘上，然后进行播放。但是，与传统的"下载并播放"视频传送方法不同，累进式下载允许在下载完成之前就开始播放视频文件。

● **【流视频】**：对视频内容进行流式处理，并在一段可确保流畅播放的很短的缓冲时间后在网页上播放该内容。若要在网页上启用流视频，你必须具有访问 Adobe® Flash® Media Server 的权限。

如果 FLV 文件位于当前站点内，可单击 浏览… 按钮来选定该文件。如果 FLV 文件位于其他站点内，可在文本框内输入该文件的 URL 地址，如 "http://www.jzg.cn/jzg.flv"。

【外观】 选项用来指定视频组件的外观，所选外观的预览会显示在【外观】下拉列表框的下方。

【宽度】 和 **【高度】** 选项以像素为单位指定 FLV 文件的宽度和高度。若要知道 FLV 文件的准确宽度和高度，需单击 检测大小 按钮，如果无法确定宽度和高度，必须输入宽度和高度值。**【限制高宽比】** 用于保持视频组件的宽度和高度之间的比例不变，默认情况下会选择此选项。**【包括外观】** 是 FLV 文件的宽度和高度与所选外观的宽度和高度相加得出的和。

【自动播放】 用于设置在 Web 页面打开时是否播放视频。**【自动重新播放】** 用于设置播放控件在视频播放完之后是否返回起始位置。

STEP 7　单击 确定 按钮将 FLV 视频添加到网页上，可以根据需要在【属性】面板中继续修改相关参数，如将宽度【W】修改为 "267"，并限制高宽比，如图 4-48 所示。

图4-48　FLV 视频【属性】面板

【知识链接】

插入 FLV 视频后将生成一个视频播放器 SWF 文件和一个外观 SWF 文件，它们用于在网页上显示视频内容。这些文件与视频内容所添加到的网页文件在同一文件夹中。当上传包含 FLV 文件的网页时，需要同时将相关文件上传。

STEP 8　保存文档并在浏览器中预览播放 FLV 视频效果，如图 4-49 所示。

图4-49　播放 FLV 视频

【知识链接】

如果在【插入 FLV】对话框的【视频类型】下拉列表中选择的是"流视频",那么【插入 FLV】对话框将变为如图 4-50 所示格式。下面对相关选项简要说明如下。

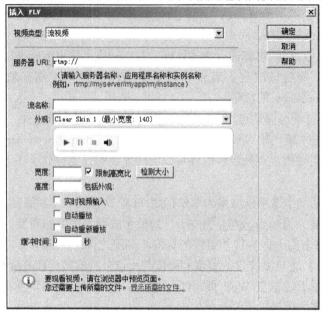

图4-50 【插入 FLV】对话框

- 【服务器 URI】: 以 "rtmp://www.example.com/app_name/instance_name" 的格式设置服务器、应用程序和实例名称。
- 【流名称】: 用于设置要播放的 FLV 文件的名称, 如 "myvideo.flv", 扩展名 ".flv" 是可选的。
- 【实时视频输入】: 用于设置视频内容是否是实时的。如果选择了该项, 则 Flash Player 将播放从 Flash® Media Server 流入的实时视频流, 实时视频输入的名称是在【流名称】文本框中指定的名称。同时, 组件的外观上只会显示音量控件, 因为用户无法操纵实时视频, 而且【自动播放】和【自动重新播放】选项也不起作用。
- 【缓冲时间】: 用于设置在视频开始播放之前进行缓冲处理所需的时间, 以秒为单位。默认的缓冲时间设置为 "0" 秒, 这样在播放视频时会立即开始播放。如果选中【自动播放】复选框, 则在建立与服务器的连接后视频立即开始播放。 如果要发送的视频的比特率高于站点访问者的连接速度, 或者 Internet 通信可能会导致带宽或连接问题, 则可能需要设置缓冲时间。例如, 如果要在网页播放视频之前将 15 秒的视频发送到网页, 则需要将缓冲时间设置为 "15"。

插入流视频格式的 FLV 后除了生成一个视频播放器 SWF 文件和一个外观 SWF 文件外, 还会生成一个 "main.asc" 文件, 必须将该文件上传到 Flash Media Server。这些文件与视频内容所添加到的网页文件存储在同一文件夹中。上传包含 FLV 文件的网页时, 必须将 SWF 文件上传到 Web 服务器, 将 "main.asc" 文件上传到 Flash Media Server。如果服务器上已有 "main.asc" 文件, 在上传 "main.asc" 文件之前需要与服务器管理员进行核实。

如果需要删除 FLV 组件, 可在 Dreamweaver CS6 的文档窗口中选择 FLV 组件占位符, 然后按 Delete 键即可。

（四）　插入 ActiveX 视频

下面在 Dreamweaver CS6 的网页文档中插入 ActiveX 控件。

【操作步骤】

STEP 1　在网页文档"jzg.htm"中，将文本"【ActiveX 视频】"删除，然后在菜单栏中选择【插入】/【媒体】/【ActiveX】命令，系统自动在文档中插入一个 ActiveX 占位符。

STEP 2　在【属性】面板的【ClassID】文本框中添加"CLSID:22D6f312-b0f6-11d0-94ab-0080c74c7e95"，然后按 Enter 键。

　由于在 ActiveX【属性】面板的【ClassID】选项下拉列表中没有关于 Media Player 的设置，因此需要通过手动来添加【ClassID】。

STEP 3　选择【嵌入】选项，然后在【属性】面板中单击 **参数...** 按钮，打开【参数】对话框，根据素材文件"WMV.txt"中的提示添加参数，如图 4-51 所示。

STEP 4　参数添加完毕后，单击 **确定** 按钮关闭【参数】对话框，然后在 ActiveX【属性】面板中设置【宽】和【高】，如图 4-52 所示。

图4-51　添加参数

图4-52　设置属性参数

【知识链接】

ActiveX 控件（以前称作 OLE 控件）是功能类似于浏览器插件的可重复使用的组件，类似于微型的应用程序，主要作用是扩展浏览器的能力。如果浏览器载入了一个网页，而这个网页中有浏览器不支持的 ActiveX 控件，浏览器会自动安装所需控件。WMV 和 RM 是网络常见的视频格式，其中，WMV 影片是 Windows 的视频格式，使用的播放器是 Microsoft Media Player。下面对相关选项简要说明如下。

● 【ActiveX】：用来设置 ActiveX 对象的名称，在文本框中输入名称即可。

● 【宽】和【高】：用来设置对象的宽度和高度，以"像素"为单位。

● 【ClassID】：用于输入一个值或从弹出菜单中选择一个值，以便为浏览器标识 ActiveX 控件。在加载页面时，浏览器使用其 ID 来确定与该页面关联的 ActiveX 控件所需的 ActiveX 控件的位置。如果浏览器未找到指定的 ActiveX 控件，则它将尝试从【基址】中设置的位置下载它。

● 【嵌入】：为该 ActiveX 控件在 object 标签内添加 embed 标签。

● **参数...**：打开一个用于输入要传递给 ActiveX 对象的其他参数的对话框，许多 ActiveX 控件都受特殊参数的控制。

- 【源文件】：用于设置在启用了【嵌入】选项时用于 Netscape Navigator 插件的数据文件。如果没有输入值，则 Dreamweaver CS6 将尝试根据已输入的 ActiveX 属性确定该值。
- 【垂直边距】和【水平边距】：以像素为单位设置对象在上、下、左、右 4 个方向的空白量。
- 【基址】：用于设置包含该 ActiveX 控件的 URL。如果在访问者的系统中尚未安装该 ActiveX 控件，则 Internet Explorer 将从该位置下载它。如果没有设置【基址】参数并且访问者尚未安装相应的 ActiveX 控件，则浏览器无法显示 ActiveX 对象。
- 【替换图像】：用于设置在浏览器不支持 object 标签的情况下要显示的图像，只有在取消选中【嵌入】选项后此选项才可用。
- 【数据】：为要加载的 ActiveX 控件指定数据文件，许多 ActiveX 控件（如 Shockwave 和 RealPlayer）不使用此参数。

STEP 5 　最后保存文件并在浏览器中预览，效果如图 4-53 所示。

图4-53　WMV 视频播放效果

【知识链接】

在针对 WMV 视频的 ActiveX【属性】面板中，有许多参数没有设置，因此无法正常播放 WMV 格式的视频。这时需要做两项工作：一是添加"ClassID"，二是添加控制播放参数。对于控制播放参数，可以根据需要有选择地添加，如下所示：

```
<!-- 播放完自动回至开始位置 -->
<param name="AutoRewind" value="true">
<!-- 设置视频文件 -->
<param name="FileName" value="images/shipin.wmv">
<!-- 显示控制条 -->
<param name="ShowControls" value="true">
<!-- 显示前进/后退控制 -->
<param name="ShowPositionControls" value="true">
<!-- 显示音频调节 -->
<param name="ShowAudioControls" value="false">
<!-- 显示播放条 -->
<param name="ShowTracker" value="true">
<!-- 显示播放列表 -->
<param name="ShowDisplay" value="false">
<!-- 显示状态栏 -->
<param name="ShowStatusBar" value="false">
<!-- 显示字幕 -->
```

```
<param name="ShowCaptioning" value="false">
<!-- 自动播放 -->
<param name="AutoStart" value="true">
<!-- 视频音量 -->
<param name="Volume" value="0">
<!-- 允许改变显示尺寸 -->
<param name="AllowChangeDisplaySize" value="true">
<!-- 允许显示右键单击菜单 -->
<param name="EnableContextMenu" value="true">
<!-- 禁止双击鼠标切换至全屏方式 -->
<param name="WindowlessVideo" value="false">
```

每个参数都有两种状态："true"或"false"。它们决定当前功能为"真"或"假"，也可以使用"1"或"0"来代替"true"或"false"。

```
<param name="FileName" value="images/shipin.wmv">
```

上句代码中"value"用来设置影片的路径，如果影片在其他的远程服务器上，可以使用其绝对路径，如下所示：

```
value="mms://www.laohu.net/images/shipin.wmv"
```

mms 协议取代 http 协议，专门用来播放流媒体，也可以设置如下：

```
value="http://www.laohu.net/images/shipin.wmv"
```

除了当前的 WMV 视频，此种方式还可以播放 MPG、ASF 等格式的视频，但不能播放 RM、RMVB 格式的视频。播放 RM 格式的视频不能使用 Microsoft Media Player 播放器，必须使用 RealPlayer 播放器。设置方法：在【属性】面板的【ClassID】选项中选择 "RealPlayer/clsid:CFCDAA03-8BE4-11cf-B84B-0020AFBBCCFA"，选中【嵌入】选项，然后在【属性】面板中单击 参数... 按钮，打开【参数】对话框，根据"项目素材 \RM.txt"中的提示添加参数，最后设置【宽】和【高】为固定尺寸。

其中，参数代码简要说明如下：

```
<!-- 设置自动播放 -->
<param name="AUTOSTART" value="true">
<!-- 设置视频文件 -->
<param name="SRC" value="shipin.rm">
<!-- 设置视频窗口，控制条，状态条的显示状态 -->
<param                                            name="CONTROLS"
value="Imagewindow,ControlPanel,StatusBar">
<!-- 设置循环播放 -->
<param name="LOOP" value="true">
<!-- 设置循环次数 -->
<param name="NUMLOOP" value="2">
<!-- 设置居中 -->
<param name="CENTER" value="true">
<!-- 设置保持原始尺寸 -->
<param name="MAINTAINASPECT" value="false">
<!-- 设置背景颜色 -->
<param name="BACKGROUNDCOLOR" value="#000000">
```

作为 RM 格式的视频，如果使用绝对路径，格式稍有不同，下面是几种可用的形式：

```
<param name="FileName" value="rtsp://www.laohu.net/shipin.rm">
<param name="FileName" value="http://www.laohu.net/shipin.rm">
src="rtsp://www.laohu.net/shipin.rm"
src="http://www.laohu.net/shipin.rm"
```

在播放 WMV 格式的视频时，可以不设置具体的尺寸，但是对于 RM 格式的视频却不行，必须要设置一个具体的尺寸。当然这个尺寸可能不是影片的原始比例尺寸，可以通过将参数"MAINTAINASPECT"设置为"true"来恢复影片的原始比例尺寸。

项目实训　设置"火焰山"网页

本项目主要介绍了处理图像、制作 SWF 动画以及在网页中插入图像和媒体的基本方法，本实训将使读者进一步巩固所学的基本知识。

要求：把素材文件复制到站点根文件夹下，然后根据操作提示设置图像和 SWF 动画，如图 4-54 所示。

火焰山

火焰山位于吐鲁番盆地北缘，古书称赤石山，维吾尔语称"克孜勒塔格"，意即"红山"。火焰山脉东起鄯善县兰干流沙河，西止吐鲁番桃儿沟，长100公里，最宽处达10公里。 火焰山童山秀岭，寸草不生。每当盛夏，红日当空，地气蒸腾，焰云缭绕，形如飞腾的火龙，十分壮观。

著名神话小说《西游记》，以唐僧师徒四人西天取经的故事而脍炙人口。第59和60回，写唐三藏路阻火焰山，孙行者三调芭蕉扇的故 事，更给火焰山罩上一层神秘的面纱。书中写道："西方路上有个斯哈哩国，乃日落之处，俗呼'天尽头'"，这里有座"火焰山，无春无秋，四季皆热。"火焰山"有八百里火焰，四周围寸草不生。若过得山，就是铜脑壳、铁身躯，也要化成汁哩！"这段描写显系夸张，但高热这一基本特征与火焰山是完全符合的。《西游记》中说当年美猴王齐天大圣孙悟空大闹天宫，仓卒之间，一脚蹬倒了太上老君炼丹的八卦炉，有几块火炭从天而降，恰好落在吐鲁番，就形成了火焰山。山本来是烈火熊熊，孙悟空用芭蕉扇，三下扇灭了大火，冷却后才成了今天这般模样。其实，火焰山是由侏罗纪、白垩纪及第三纪砂砾岩和红岩泥构成的，年龄距今有两万万岁了。

维吾尔族民间传说天山深处有一只恶龙，专吃童男童女。当地最高统治者沙托克布喀拉汗为除害安民，特派哈拉和卓去降伏恶龙。经过一番惊心动魄的激战，恶龙在吐鲁番东北的七角井被哈拉和卓所杀，鲜血染红了整座山。因此，维吾尔人把这座山叫做红山，也就是我们现在所说的火焰山。

拴马桩和蹄脚石在吐鲁番市胜金乡西南10公里处，从312国道西北望去，峰峰的火焰山顶上有一石柱，巍然矗立，形同木桩，人称"拴马桩"。据说当年唐僧西天取经路过此处，曾把白龙马拴在石柱上，拴马桩由此而得名。 在拴马桩不远处，有一巨石，相传是唐僧上马时用的蹄脚石。 拴马桩维吾尔人称之为"阿特巴格拉霍加木"。 据说穆罕默德时代，有个圣人名叫艾力，来到火焰山，曾把马拴在石柱上，以后人们就把这根石柱叫"阿特巴格拉霍加木"（意为拴马桩）以示纪念。

由木头沟进入火焰山腹地西洲天圣园，就能看见唐僧师徒四人西天取经的群型。只见孙悟空腾云驾雾，肩扛芭蕉扇在前开路，唐僧气宇轩昂带着猪八戒和沙和尚，牵着白龙马，慢步徐行。群型形态生动，表情生动逼真。

图4-54　"火焰山"网页

【操作步骤】

STEP 1 使用 Photoshop CS6 打开图像"logo.jpg",然后在图像上添加文本"火焰山",字体设置为"黑体",大小为"36 点",颜色为黑色,并将文字设置图层样式:描边颜色为白色,有投影效果,最后保存为"logo.psd",同时保存为 Web 所用格式,名称为"logo2.jpg"。

STEP 2 使用 Flash CS6 将图像"hys01.jpg""hys02.jpg""hys03.jpg""hys04.jpg""hys05.jpg"制作成 Flash 动画,要求每幅图像的播放时间长度为 30 帧,然后将动画保存为"hys.fla",并将动画导出,名称为"hys.swf"。

STEP 3 在 Dreamweaver CS6 中打开网页文档"shixun.htm",在"【图像 1】"处插入图像"images/logo2.jpg",接着在"【图像 2】"处插入图像"images/hys.jpg",其替换文本为"火焰山"。

STEP 4 在"【SWF 动画】"处插入 SWF 动画"images/hys.swf",水平边距为"15",与周围文本的对齐方式为"左对齐"。

STEP 5 最后保存文档。

项目小结

本项目主要介绍了图像和媒体在网页中的应用和设置方法,概括起来主要有以下几点。

● 使用 Photoshop CS6 处理图像的方法。

● 使用 Flash CS6 制作简单 SWF 动画的方法。

● 在网页中插入图像和设置图像属性的方法。

● 在网页中插入 SWF 动画、FLV 视频和 ActiveX 视频的方法。

通过对这些内容的学习,希望读者能够掌握图像和媒体在网页中的具体应用及其属性设置的基本方法。

思考与练习

一、填空题

1. 在 GIF 和 JPG 两种格式图像中,_____格式更适合处理照片一类的图像。

2. 在 Photoshop 中,将文件保存成扩展名为_____的格式可方便以后修改。

3. 可以使用_____临时代替没有的图像,以便于网页的排版和布局。

4. 在 Flash CS6 中,工作区包括_____及其周围的灰色区域。

5. 在 Flash 中,将文件保存成扩展名为_____的格式可方便以后修改。

6. 在网页中经常使用的 SWF 动画源文件的扩展名是_____。

二、选择题

1. 在网页中使用的最为普遍的图像格式主要是( )。

   A. GIF 和 JPG   B. GIF 和 BMP   C. BMP 和 JPG   D. BMP 和 PSD

2. 文件小、支持透明色、下载时具有从模糊到清晰效果的图像格式的是( )。

   A. JPG   B. BMP   C. GIF   D. PSD

3. 下列方式中不可直接用来插入图像的是（　　　）。

    A. 在菜单栏中选择【插入】/【图像】命令

    B. 在【插入】面板的【常用】类别中单击 🖼·图像 按钮

    C. 在【文件】面板中选中文件，然后拖到文档中

    D. 在菜单栏中选择【插入】/【图像对象】/【图像占位符】命令

4. 下列选项中属于文档相对路径的是（　　　）。

    A. images/logo.jpg   B. /images/logo.jpg

    C. /logo.jpg   D. /images /images/logo.jpg

5. 通过图像【属性】面板不能完成的任务是（　　　）。

    A. 设置图像的大小   B. 设置图像的边距

    C. 设置图像的边框   D. 设置图像的第 2 幅替换图像

三、问答题

1. 简要说明网页中图像的基本作用和常用格式。

2. 简要说明 FLA、SWF 和 FLV 文件类型之间的关系。

四、操作题

把"课后习题\素材"文件夹下的内容复制到站点根文件夹下，然后根据操作提示在网页中插入图像和 SWF 动画，如图 4-55 所示。

秋天的九寨沟

秋天的九寨沟色彩最为丰富，可以说这里就是色彩的天下。一到秋天就会由绿变黄、由黄变红的树种在这里比比皆是。更奇的当然还有这里的水，为数众多的大小湖、潭、瀑无时不在演绎着赤、橙、黄、绿、青、蓝、紫的梦幻组合，令人几乎不敢相信眼前的现实。

图4-55 秋天的九寨沟

【操作提示】

STEP 1 　在"【图像】"处插入图像"images/jiuzhaigou.jpg"。

STEP 2 　设置图像高度为"200px"，宽度按比例变化，替换文本为"九寨沟"。

STEP 3 　在"【SWF 动画】"处插入 SWF 动画"fengjing.swf"。

STEP 4 　设置 SWF 动画的宽度和高度分别为"300"和"200"，在网页加载时自动循环播放。

PART 5

项目五
超级链接
——设置全球通网页

　　在 Internet 中，每个网页之间都似乎维系着一条看不见的线，无论天涯海角都能在刹那间联系起来，这条看不见的线正是"超级链接"功能的体现。本项目以设置全球通网页为例（见图 5-1），介绍在网页中设置超级链接的方法。

全球通　　　　　看一个主页　知整个世界

AUSTRALIA
GREAT OCEAN RD
澳洲大洋路／上

| 百度 | 新浪 | 网易 | 搜狐 | 凤凰 | 淘宝 |
| 163邮箱 | 126邮箱 | QQ邮箱 | 搜狐邮箱 | 新浪邮箱 | 阿里云 |

蓝天白云、椰林树影、水清沙幼，座落于印度洋的世外桃源——马尔代夫

社会：　　我对儒学认识的心路历程

历史：　　为什么说宋代已经迈入近代化的门槛？

科技：　　Windows 10：开始菜单回归 平台统一化

招聘：　　创造属于你的互联网梦想

版权所有：全球通 信息反馈：fk2018@163.com

图5-1　全球通网页

学习目标

- 了解超级链接的概念和分类。
- 学会设置文本和锚记超级链接的方法。
- 学会设置电子邮件超级链接的方法。
- 学会设置图像和图像热点超级链接的方法。

任务一　设置文本超级链接

本任务主要介绍创建文本超级链接以及设置文本超级链接状态的基本方法。

（一）　创建文本超级链接

用文本做链接载体，这就是通常意义上的文本超级链接，它是最常见的超级链接类型。下面创建网页中的文本超级链接。

【操作步骤】

STEP 1　把相关素材文件复制到站点文件夹下，然后打开网页文档"qqt.htm"。

STEP 2　选择文本"还原猝死小白马今生:一直单身 死前休息两月"，然后在菜单栏中选择【插入】/【超级链接】命令，打开【超级链接】对话框。

由于已经选中了超级链接文本，在打开【超级链接】对话框后，其【文本】文本框中自动出现了要作为超级链接载体的文本。

STEP 3　单击【链接】文本列表框右边的按钮，打开【选择文件】对话框，选择要链接的网页文件"shehui01.htm"，在【相对于】下拉列表中选择"文档"选项，如图 5-2 所示，然后单击 确定 按钮关闭对话框。

【知识链接】

在【选择文件】对话框的【相对于】下拉列表中有"文档"和"站点根目录"两个选项。选择"文档"选项，将使用文档相对路径来链接，省略与当前文档 URL 相同的部分。文档相对路径的链接标志是以"../"开头或者直接是文档名称、文件夹名称，参照物为当前使用的文档。如果在还没有命名保存的新文档中使用文档相

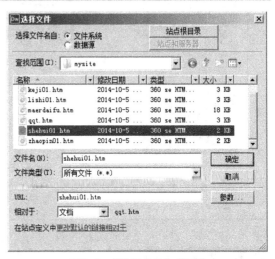

图5-2　【选择文件】对话框

对路径，那么 Dreamweaver 将临时使用一个以"file://"开头的绝对路径。通常，当网页不包含应用程序的静态网页，且文档中不包含多重参照路径时，建议选择文档相对路径。因为这些网页可能在光盘或者不同的计算机中直接被浏览，文档之间需要保持紧密的联系，只有文档相对路径能做到这一点。

选择"站点根目录"选项，那么此时将使用站点根目录相对路径来链接，即从站点根文件夹到文档所经过的路径。站点根目录相对路径的链接标志是首字符为"/"，它以站点的根目录为参照物，与当前的文档无关。通常当网页包含应用程序，文档中包含复杂链接及使用多重的路径参照时，需要使用站点根目录相对路径。

STEP 4 在【超级链接】对话框的【目标】下拉列表中选择"_blank"，如图 5-3 所示。

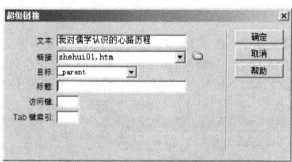

图5-3 【超级链接】对话框

【知识链接】

在【超级链接】对话框中，【文本】文本框用于设置超级链接文本，【链接】列表文本框用于设置指向所链接的文档的路径，【标题】文本框用于为超级链接设置文本提示信息，【目标】下拉列表用于设置文档的打开位置，【访问键】文本框用于设置在浏览器中选择该链接的等效键盘键（一个字母），也就是按下 Alt + 26 个字母键其中的 1 个，将焦点切换至该文本链接，还可以在【Tab 键索引】文本框中设置 Tab 键切换顺序。

STEP 5 单击 确定 按钮关闭对话框，效果如图 5-4 所示。

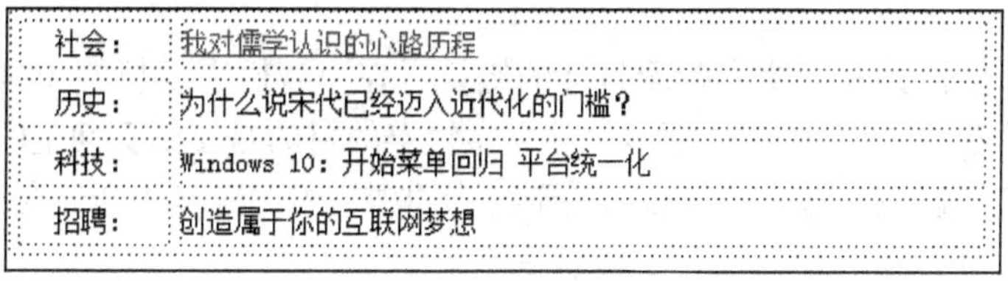

社会：	我对儒学认识的心路历程
历史：	为什么说宋代已经迈入近代化的门槛？
科技：	Windows 10: 开始菜单回归 平台统一化
招聘：	创造属于你的互联网梦想

图5-4 设置超级链接

知识提示 如果链接目标是网站内的某个文件，可以将【链接】文本框右侧的 ⊕ 图标拖曳到【文件】面板中的该文件上，即可建立到该文件的链接。

STEP 6 选择文本"为什么说宋代已经迈入近代化的门槛？"，在【属性（HTML）】面板的【链接】下拉列表框中设置链接地址"lishi01.htm"，在【目标】下拉列表中选择"_blank"，如图 5-5 所示。

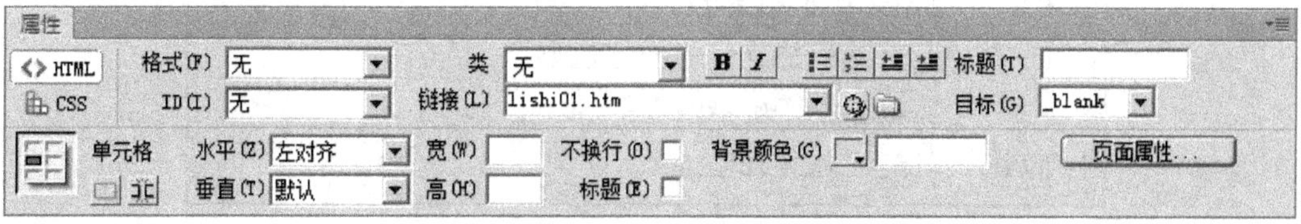

图5-5 通过【属性】面板设置超级链接

【目标】下拉列表中共有 5 个选项："_blank"表示打开一个新的浏览器窗口，"new"表示将链接的文档载入到同一个刚创建的窗口中，"_parent"表示回到上一级的浏览器窗口，"_self"表示在当前的浏览器窗口，"_top"表示回到最顶端的浏览器窗口。

STEP 7 选择文本"Windows 10：开始菜单回归 平台统一化"，在【属性（HTML）】面板的【链接】下拉列表框中设置链接地址"keji01.htm"，在【目标】下拉列表中选择"_blank"。

STEP 8 选择文本"创造属于你的互联网梦想"，在【属性（HTML）】面板的【链接】下拉列表框中设置链接地址"zhaopin01.htm"，在【目标】下拉列表中选择"_blank"。

STEP 9 选择文本"百度"，在【属性（HTML）】面板的【链接】下拉列表框中输入"http://www.baidu.com"，在【目标】下拉列表中选择"_blank"，如图5-6所示。

图5-6 设置空链接

STEP 10 选择文本"新浪"，在【属性（HTML）】面板的【链接】下拉列表框中输入"#"，如图5-7所示，然后用相同的方法为余下的其他文本添加空链接。

图5-7 设置空链接

空链接是一个未指派目标的链接，在【属性】面板的【链接】下拉列表框中输入"#"即可。通常，建立空链接的目的是激活页面上的对象或文本，使其可以应用行为。在后面关于行为的项目中，读者将会体会到这一点。

STEP 11 保存文档，效果如图5-8所示。

图5-8 文本超级链接

【知识链接】

超级链接是指从一个网页指向一个目标的连接关系，这个目标可以是另一个网页，也可以是相同网页上的不同位置，还可以是一个图像、一个电子邮件地址、一个文件，甚至是一个应用程序。而在一个网页内用来连接的对象，可以是一段文本或者是一个图像。当浏览者单击已经链接的文字或图像后，链接目标将显示在浏览器上，并且根据目标的类型来打开或运行。超级链接在本质上属于网页的一部分，它是一种允许同其他网页或站点进行连接的元素。各个网页通过超级链接相连后，才能构成一个网站。

按照使用对象的不同，网页中的超级链接可以分为文本超级链接、图像超级链接、电子邮件超级链接、锚记超级链接、空链接等。按照链接地址的形式，网页中的超级链接一般又可分为 3 种。第 1 种是绝对 URL 的超级链接，简单地讲就是网络上的一个站点或一个网页的完整路径，如 "http://www.163.com/"；第 2 种是相对 URL 的超级链接，如将自己网页上的某一段文本或某标题链接到同一网站的其他网页上去；第 3 种是同一网页的超级链接，这种超级链接又叫锚记超级链接。

（二） 设置超级链接状态

下面设置网页中文本超级链接的状态。

STEP 1　在菜单栏中选择【修改】/【页面属性】命令（或在【属性（HTML）】面板中单击 页面属性... 按钮），打开【页面属性】对话框。

STEP 2　选择【链接（CSS）】分类并根据需要设置各个选项，包括字体、大小、颜色及下画线等，如图 5-9 所示，设置完成后单击 确定 按钮关闭对话框。

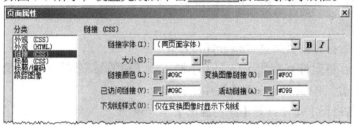

图5-9 设置文本超级链接状态

STEP 3　设置完成后单击 确定 按钮关闭对话框。

STEP 4　保存文档，在浏览器中的效果如图 5-10 所示。

图5-10 在浏览器中的效果

【知识链接】

在网页中，默认的链接文字的颜色为蓝色，浏览过的文字常常是紫红色，如果想要改变这些颜色，可以通过【页面属性】对话框的【链接（CSS）】分类对文本超级链接状态进行设置。但通过这种方式设置的文本超级链接状态，将对当前文档中的所有文本超级链接起作用。如果要对同一文档中不同部分的文本超级链接设置不同的状态，应该使用 CSS 样式进行单独定义，这将在后续的项目中进行介绍。

下面对【链接（CSS）】分类对话框中的相关选项简要说明如下。

- 【链接字体】：设置链接文本的字体，另外，还可以对链接的字体进行加粗和斜体的设置。
- 【大小】：设置链接文本的大小。
- 【链接颜色】：设置链接没有被单击时的静态文本颜色。
- 【已访问链接】：设置已被单击过的链接文本颜色。
- 【变换图像链接】：设置将鼠标指针移到链接上时文本的颜色。
- 【活动链接】：设置对链接文本进行单击时的颜色。
- 【下画线样式】：共有 4 种下画线样式，如果不希望链接中有下画线，可以选择"始终无下画线"选项。

任务二　设置锚记超级链接

本任务主要介绍设置锚记超级链接的基本方法。

【操作步骤】

STEP 1　打开网页文档"maerdaifu.htm"。

STEP 2　将鼠标光标置于正文中小标题"马尔代夫简介"的后面，在菜单栏中选择【插入】/【命名锚记】命令打开【命名锚记】对话框，在【锚记名称】文本框中输入"a"，如图 5-11 所示。

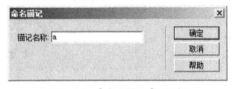

图5-11　【命名锚记】对话框

STEP 3　单击　确定　按钮，在鼠标光标位置插入一个锚记，如图 5-12 所示。

马尔代夫旅游知识介绍

内容导航	马尔代夫简介　马尔代夫在哪里　马尔代夫哪个岛最好　马尔代夫自助游　马尔代夫天气
	马尔代夫美食　马尔代夫购物　马尔代夫出行·交通　历史文化宗教风俗

马尔代夫简介

国名	马尔代夫共和国	简称	马尔代夫
语言	为迪维希语，上层社会通用英语	国庆	7月26日（1965年）

图5-12　添加锚记

知识提示　如果要修改锚记名称，首先选取该命名锚记，然后在【属性】面板中修改即可。如果要删除命名锚记，在选取该命名锚记后按 Delete 键即可。

STEP 4　按照相同的方法依次为其他小标题添加命名锚记。

STEP 5　选中"内容导航"后面的文本"马尔代夫简介"，然后在【属性（HTML）】面板的【链接】列表文本框中输入锚记名称"#a"，如图5-13所示。

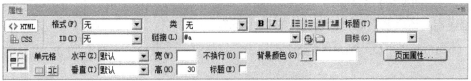

图5-13　设置锚记超级链接

STEP 6　选中"内容导航"后面的文本"马尔代夫在哪里"，然后在菜单栏中选择【插入】/【超级链接】命令，打开【超级链接】对话框，在【链接】下拉列表框中设置锚记名称"#b"，如图5-14所示。

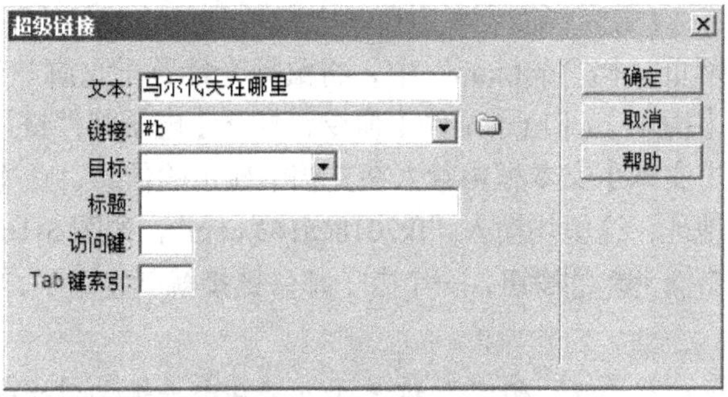

图5-14　【超级链接】对话框

STEP 7　按照相同的方法依次为其他文本创建锚记超级链接。

STEP 8　保存文档，如图5-15所示。

图5-15　锚记超级链接

【知识链接】

当一个网页有不同分类的内容且页面较长时，将给阅读带来不便。要解决这个问题，可以使用锚记超级链接。在使用锚记超级链接后，当单击链接文本时，可以将鼠标光标定位到相应的内容处。设置锚记超级链接首先需要创建命名锚记，然后再链接命名锚记。命名锚记就是用户在文档中设置标记（这些标记通常放在文档的特定主题处或顶部），然后创建这些命名锚记的超级链接，这些链接可以快速将浏览者带到指定位置。

命名锚记和指向该命名锚记的超级链接文本可以在同一文档内，也可以位于不同文档内。当位于同一文档内时，在创建指向该命名锚记的超级链接时，在【属性】面板的【链接】下拉列表框中只输入锚记名称即可，如"#a"；当位于同一站点不同文档内时，在创建指向该命名锚记的超级链接时，在【属性】面板的【链接】下拉列表框中要先输入文档的路径，然后再输入锚记名称，如"zixun/dafu.htm#a"；当位于不同站点文档内时，在创建指向该命名锚记的超级链接时，在【属性】面板的【链接】下拉列表框中要先输入文档的完整路径，然后再输入锚记名称，如"http://www.188.com/zixun/dafu.htm#a"。

在文档的源代码中，创建命名锚记的 HTML 标签：

```
<a name="a"></a>
```

创建指向该命名锚记的超级链接 HTML 标签：

```
<a href="#a">马尔代夫简介</a>。
```

任务三 设置电子邮件超级链接

本任务主要介绍设置网页中的电子邮件超级链接的基本方法。

【操作步骤】

STEP 1　　在网页文档"qqt.htm"中，将鼠标光标置于页脚"信息反馈："的后面，然后在菜单栏中选择【插入】/【电子邮件】命令，打开【电子邮件链接】对话框。

STEP 2　　在【文本】文本框中输入在文档中显示的信息，在【电子邮件】文本框中输入电子邮箱的完整地址，这里均输入"fk2018@163.com"，如图 5-16 所示。

STEP 3　　单击 确定 按钮，一个电子邮件链接就创建好了，如图 5-17 所示。

知识提示　　"mailto:""@"和"."这 3 个元素在电子邮件链接中是必不可少的。有了它们，才能构成一个正确的电子邮件链接。

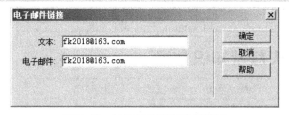

图5-16　【电子邮件链接】对话框

图5-17　电子邮件超级链接

【知识链接】

电子邮件超级链接与一般的文本和图像链接不同，因为电子邮件链接要将浏览者的本地电子邮件管理软件（如 Outlook Express、Foxmail 等）打开，而不是向服务器发出请求。

如果要修改已经设置的电子邮件链接的 E-mail，可以通过【属性（HTML）】面板进行重新设置。同时，通过【属性（HTML）】面板也可以看出，"mailto:""@"和"."这 3 个元素在电子邮件链接中是必不可少的。有了它们，才能构成一个正确的电子邮件链接。在创建电子邮件超级链接时，为了更快捷，可以先选中需要添加链接的文本或图像，然后在【属性（HTML）】面板的【链接】下拉列表框中直接输入电子邮件地址，并在其前面加一个前缀"mailto:"，最后按 Enter 键确认即可。

任务四　设置图像和图像热点超级链接

本任务主要介绍设置网页中的图像超级链接和图像热点超级链接的基本方法。

【操作步骤】

STEP 1　在文档右侧，选择图像文件"images/ma.jpg"，如图 5-18 所示。

图5-18　选择图像

STEP 2　在【属性】面板的【替换】文本框中输入替换文本"马尔代夫"，在【链接】文本框中设置图像的链接目标文件"maerdaifu.htm"，在【目标】下拉列表中选择"_blank"，如图 5-19 所示。

图5-19　设置图像超级链接

STEP 3　选择网页左侧的图像"images/dayang.jpg"，然后在【属性】面板中单击【地图】下面的□（矩形热点工具）按钮，并将鼠标指针移到图像上，按住鼠标左键绘制一个矩形区域，如图 5-20 所示。

图5-20　绘制矩形区域

知识提示
　　图像地图的形状共有 3 种形式：矩形、圆形和多边形，分别对应【属性】面板的□、○和∨ 3 个按钮。

STEP 4　在【属性】面板的【链接】文本框中输入链接地址"http://guide.qunar.com/great_ocean_rd1.htm"，在【目标】下拉列表中选择"_blank"，在【替换】文本框中输入"澳洲大洋路 上"，如图 5-21 所示。

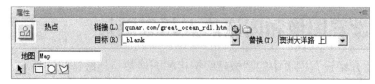

图5-21 设置图像热点的属性参数

STEP 5 运用相同的方法继续创建热点超级链接，在【属性】面板的【链接】文本框中输入链接地址"http://guide.qunar.com/great_ocean_rd2.htm"，在【目标】下拉列表中选择"_blank"，在【替换】文本框中输入"澳洲大洋路 下"。

STEP 6 保存文件，效果如图 5-22 所示。

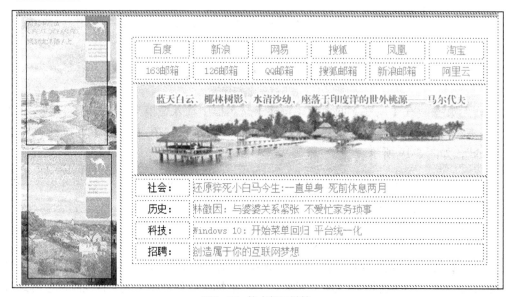

图5-22 热点超级链接

【知识链接】

除了文本有链接的功能之外，图像也能进行超级链接。它能够使网页更美观、更生动。图像超级链接又分为两种情况，一种是一幅图像指向一个目标的链接，另一种是使用图像地图（也称热点）技术在一幅图像中划分出几个不同的区域，分别指向不同目标的链接，当然也可以是一幅图像中的单个区域。在实际应用中，习惯把一幅图像指向一个目标的链接称为图像超级链接，而把通过使用图像热点技术形成的超级链接称为图像热点超级链接。

要编辑图像地图，可以单击【属性】面板中的▶（指针热点工具）按钮。该工具可以对已经创建好的图像地图进行移动、调整大小或层之间的向上、向下、向左、向右移动等操作；还可以将含有地图的图像从一个文档复制到其他文档或者复制图像中的一个或几个地图，然后将其粘贴到其他图像上，这样就将与该图像关联的地图也复制到了新文档中。

选择【插入】/【图像对象】/【鼠标经过图像】命令也可以创建超级链接，它们是基于图像的比较特殊的链接形式，属于图像对象的范畴。

鼠标经过图像是指在网页中，当鼠标经过或者单击按钮时，按钮的形状、颜色等属性会随之发生变化，如发光、变形或者出现阴影，使网页变得生动有趣。图 5-23 所示为【插入鼠标经过图像】对话框。鼠标经过图像有以下两种状态。

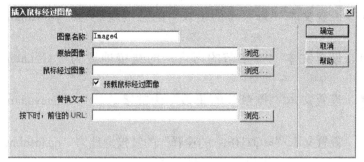

图5-23 【插入鼠标经过图像】对话框

- 原始状态：在网页中的正常显示状态。
- 变换图像：当鼠标经过或者单击按钮时显示的变化图像。

项目实训　设置"望儿山"网页

本项目主要介绍了在网页中设置超级链接的基本方法，本实训将使读者进一步巩固所学的基本知识。

要求：把素材文件复制到站点根文件夹下，然后根据操作提示设置网页中的超级链接，如图 5-24 所示。

望儿山

母亲节的由来　母亲节的习俗　母亲节的花语　MOTHER的诠释

在辽宁南部平原上，有一座2000多年，名叫鲅鱼圈熊岳城。在熊岳城东那片碧绿如海的果林中，有一座山，孤峰突起。山顶有一青砖古塔，远远望去，宛如一位慈母，眺望远方，盼儿早早归来。这座山就叫望儿山，它有着一个催人泪下的传说。

相传很久很久以前，熊岳城郊是一片海滩。海边有一户贫苦人家，只有母子二人，相依为命。母亲十分疼爱儿子，一心盼望儿子勤奋读书，将来学业有成。为了供儿子读书，她白天下地耕种，晚上纺纱织布，辛苦劳作。儿子也很听母亲的话，决心苦学成才。母子苦熬了十几年。这年，朝廷举行大考，选拔人才，儿子决定进京赶考。临行前，母亲对儿子说："孩子，你安心去考吧，考上考不上，都要早早回来，别让娘担心啊！"儿子说："娘，放心吧，我一定好好地考，一考完就回来，您就等着我的喜讯吧。"

儿子乘海船赴京赶考去了。母亲昼耕夜织，等待儿子归来。但是，一直没有儿子的音讯。母亲着急了，就天天到海边眺望。南飞的大雁秋天去了，春天又回了。母亲的头发都花白了，却不见儿子的身影。夏天的烈日火辣辣，冬天的寒风呼呼吹，母亲的脸上布满了皱纹，可她每天望见的仍然是烟波浩淼的大海，来去匆匆的船帆。可怜的母亲，一次又一次地对着大海呼唤："孩子呀，回来吧！娘想你，想你呀！"三十多年过去了，年迈的母亲倒下了，化成了一尊石像，也没有盼到儿子归来。原来，他的儿子早在赴京赶考的途中，不幸翻船落海身亡了。上天被伟大的母爱感动了，在母亲伫立盼儿的地方，兀地蓦立起一座高山；大地被伟大的母爱感动了，让母亲洒下的泪珠，化作了一股股地下温泉，滋润出无数红艳艳的苹果；乡亲们被伟大的母爱感动了，把那拔地而起的独秀峰叫做"望儿山"，在山顶建了慈母塔，在山下修了慈母馆，好让子孙后代缅怀母亲的平凡而伟大的恩情。

至今，鲅鱼圈人民还保留着敬母爱母的古风。在每年五月"母亲节"这天，都要开展各种敬母爱母活动。不少人还在慈母馆内为自己的母亲立碑铭志，以表达对母亲的崇敬。

母亲节感恩交流：j1@126.com

图5-24 望儿山网页

【操作步骤】

STEP 1 打开网页文档"shixun.htm"。

STEP 2 设置文本"母亲节的由来"的链接地址为"youlai.htm",【目标】为
"_blank"。

STEP 3 设置文本"母亲节的习俗"的链接地址为"xisu.htm",【目标】为
"_blank"。

STEP 4 设置文本"母亲节的花语"的链接地址为"huayu.htm",【目标】为
"_blank"。

STEP 5 设置文本"MOTHER 的诠释"的链接地址为"quanshi.htm",【目标】为
"_blank"。

STEP 6 设置图像"images/wangyoucao.jpg"的链接地址为"images/wangyou
cao2.jpg",【目标】为"_blank"。

STEP 7 在文本"母亲节感恩交流:"后面设置电子邮件超级链接,文本和电子邮
件地址均为"jl@126.com"。

STEP 8 设置超级链接状态:链接字体同页面字体,但加粗显示,链接颜色和已访
问链接颜色均为"#006600",变换图像链接和活动链接颜色均为"#FF0000",仅在变换图像
时显示下画线。

项目小结

本项目主要介绍了在网页中设置超级链接的方法,概括起来主要有以下几点。

● 超级链接的概念和分类。

● 设置文本、图像等普通超级链接的基本方法。

● 创建鼠标经过图像的基本方法,它们属于图像对象的范畴。

通过对这些内容的学习,希望读者能够掌握在网页中设置超级链接的基本方法。

思考与练习

一、填空题

1. 各个网页通过_____相连后,才能构成一个完整的网站。

2. 空链接是一个未指派目标的链接,在【属性(HTML)】面板的【链接】下拉列表框中
输入_____即可。

3. "mailto:""@"和"."这3个元素在_____中是必不可少的。

4. 使用_____技术可以将一幅图像划分为多个区域,并创建相应的超级链接。

5. 使用_____超级链接可以跳转到当前网页中的指定位置。

二、选择题

1. 表示打开一个新的浏览器窗口的是(   )。

    A.【_blank】   B.【_parent】   C.【_self】   D.【_top】

2. 下列属于绝对 URL 超级链接的是(   )。

    A. http://www.wangjx.com/wjx/index.htm

    B. wjx/index.htm

C. ../wjx/index.htm

D. /index.htm

3. 在【链接】下拉列表框中输入（　　　）可创建空链接。

A. @ 　　　　　　 B. % 　　　　　　 C. # 　　　　　　 D. &

4. 如果要实现在一张图像上创建多个超级链接，可使用（　　　）技术。

A. 图像热点 　　 B. 锚记 　　　　 C. 电子邮件 　　 D. 表单

5. 下列属于锚记超级链接的是（　　　）。

A. http://www.yixiang.com/index.asp

B. mailto:edunav@163.com

C. bbs/index.htm

D. http://www.yixiang.com/index.htm#a

6. 要实现从页面的一个位置跳转到同页面的另一个位置，可以使用（　　　）链接。

A. 锚记 　　　　　 B. 电子邮件 　　 C. 表单 　　　　 D. 外部

7. 下列命令不能够直接创建超级链接的是（　　　）。

A. 【插入】/【图像对象】/【鼠标经过图像】命令

B. 【插入】/【命名锚记】命令

C. 【插入】/【超级链接】命令

D. 【插入】/【电子邮件链接】命令

三、问答题

1. 按照使用对象和链接地址的形式，超级链接分别可分为哪几种？

2. 设置锚记超级链接的基本过程是什么？

四、操作题

把"课后习题\素材"文件夹下的内容复制到站点根文件夹下，然后根据操作提示在网页中设置超级链接，如图 5-25 所示。

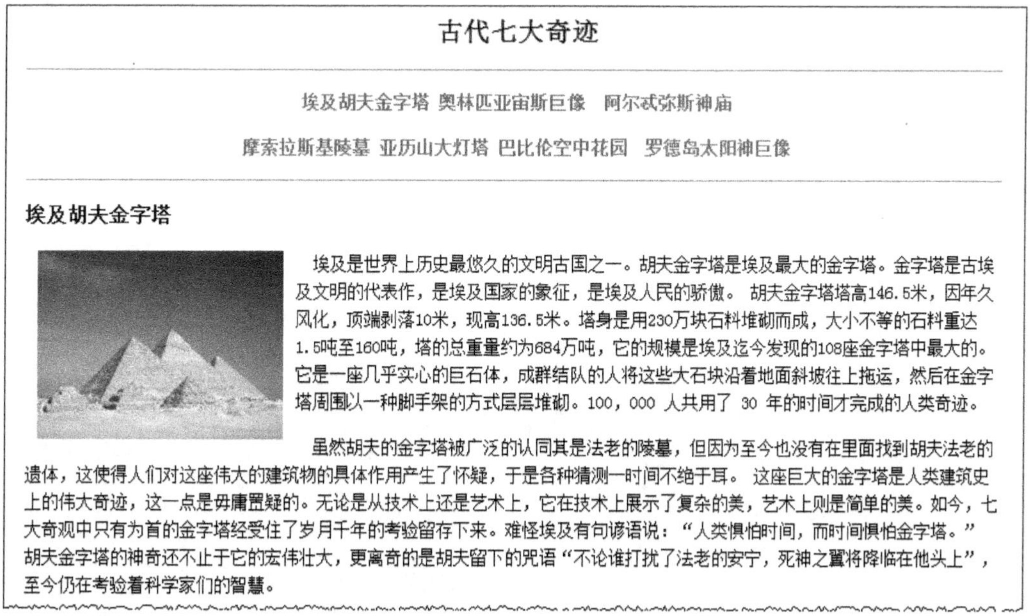

古代七大奇迹

埃及胡夫金字塔 奥林匹亚宙斯巨像　阿尔忒弥斯神庙

摩索拉斯基陵墓 亚历山大灯塔 巴比伦空中花园 罗德岛太阳神巨像

埃及胡夫金字塔

　　埃及是世界上历史最悠久的文明古国之一。胡夫金字塔是埃及最大的金字塔。金字塔是古埃及文明的代表作，是埃及国家的象征，是埃及人民的骄傲。 胡夫金字塔塔高146.5米，因年久风化，顶端剥落10米，现高136.5米。塔身是用230万块石料堆砌而成，大小不等的石料重达1.5吨至160吨，塔的总重量约为684万吨，它的规模是埃及迄今发现的108座金字塔中最大的。它是一座几乎实心的巨石体，成群结队的人将这些大石块沿着地面斜坡往上拖运，然后在金字塔周围以一种脚手架的方式层层堆砌。100,000 人共用了 30 年的时间才完成的人类奇迹。

　　虽然胡夫的金字塔被广泛的认同其是法老的陵墓，但因为至今也没有在里面找到胡夫法老的遗体，这使得人们对这座伟大的建筑物的具体作用产生了怀疑，于是各种猜测一时间不绝于耳。 这座巨大的金字塔是人类建筑史上的伟大奇迹，这一点是毋庸置疑的。无论是从技术上还是艺术上，它在技术上展示了复杂的美，艺术上则是简单的美。如今，七大奇观中只有为首的金字塔经受住了岁月千年的考验留存下来。难怪埃及有句谚语说："人类惧怕时间，而时间惧怕金字塔。"胡夫金字塔的神奇还不止于它的宏伟壮大，更离奇的是胡夫留下的咒语"不论谁打扰了法老的安宁，死神之翼将降临在他头上"，至今仍在考验着科学家们的智慧。

图5-25　古代七大奇迹网页

【操作提示】

STEP 1　在正文"埃及胡夫金字塔""奥林匹亚宙斯巨像""阿尔忒弥斯神庙""摩索拉斯基陵墓""亚历山大灯塔""巴比伦空中花园""罗德岛太阳神巨像"小标题处分别插入锚记名称"a""b""c""d""e""f""g"。

STEP 2　给标题目录中的"埃及胡夫金字塔""奥林匹亚宙斯巨像""阿尔忒弥斯神庙""摩索拉斯基陵墓""亚历山大灯塔""巴比伦空中花园""罗德岛太阳神巨像"依次创建锚记超级链接,分别指向对应的锚记位置。

STEP 3　给埃及胡夫金字塔图像"images/01.jpg"创建图像超级链接,链接目标为"jizita.htm",目标窗口打开方式为"_blank"。

STEP 4　给页面底端的文本"关于世界七大奇迹"创建文本超级链接,链接目标为"qiji.htm",目标窗口打开方式为"_blank"。

STEP 5　在页面底端文本"意见反馈:"的后面添加电子邮件超级链接,文本和电子邮件地址均为"yjfk@126.com"。

STEP 6　设置超级链接不同状态下的颜色:链接字体同页面字体,但加粗显示,链接颜色和已访问链接颜色均为"#006600",变换图像链接颜色和活动链接颜色均为"#990000",仅在变换图像时显示下画线。

PART 6

项目六
表格
——布局手机网店页面

表格是网页排版的灵魂，是页面布局的重要方法，它可以将网页中的文本、图像等内容有效地组合成符合设计效果的页面。本项目以手机网店页面为例（见图6-1），介绍使用表格进行网页布局的基本方法。

图6-1 手机网店页面

学习目标

- 了解表格的组成和作用。
- 学会创建和编辑表格的方法。
- 学会设置表格和单元格属性的方法。
- 学会使用表格布局网页的方法。

设 计 思 路

本项目设计的是手机网店网页，属于电子商务网页的种类。在网页设计和制作中，使用表格分别对页眉、主体和页脚进行布局。网页顶部放置的是网站 logo，标明了网站名称和经营理念，下面是横向栏目导航，主体部分左侧是热销商品推荐和不同品牌的商品分类，右侧是商品宣传广告和主要的推荐商品。可以说，该页面简洁、图文并茂，并注重向浏览者进行商品推荐，是非常不错的电子商务网页。

任务一　使用表格布局页眉

本任务将首先使用表格来布局网页页眉的内容。页眉的内容包括两部分，一部分是站点 logo，另一部分是导航栏，分别使用两个表格进行布局。

【操作步骤】

STEP 1　首先将素材文件复制到站点文件夹下，然后新建一个网页文档，并保存为"shouji.htm"。

STEP 2　选择【修改】/【页面属性】命令，打开【页面属性】对话框。在【外观（CSS）】分类中设置页面字体为"宋体"，大小为"14px"，边距均为"2px"；在【标题/编码】分类中设置标题为"手机网店"；然后单击 确定 按钮关闭对话框。

STEP 3　将鼠标光标置于页面中，然后在菜单栏中选择【插入】/【表格】命令，打开【表格】对话框，参数设置如图 6-2 所示。

图6-2　【表格】对话框

知识提示　在使用表格进行页面布局时，通常把边框粗细设置为"0"，这样在浏览器中显示时就看不到表格边框了。但在 Dreamweaver 文档窗口中，边框线可以显示为虚线框，以利于页面内容的布局。

【知识链接】

关于【表格】对话框的相关参数说明如下。

● 【行数】和【列】：设置要插入表格的行数和列数。
● 【表格宽度】：用于设置表格的宽度（width），以"像素"或"%"为单位。以"像素"为单位设置表格的宽度，表格的绝对宽度将保持不变。以"%"为单位设置表格的宽度，表格的宽度将随浏览器的显示宽度变化而变化。
● 【边框粗细】：用于设置表格和单元格边框的宽度（border），以"像素"为单位。
● 【单元格边距】：用于设置单元格内容与边框的距离（cellpadding），也称填充，以"像素"为单位。

- 【单元格间距】：用于设置单元格与单元格之间的距离（cellspacing），以"像素"为单位。
- 【标题】：其中【无】表示对表格不使用列或行标题，【左】表示将表格的第 1 列作为标题单元格，【顶部】表示将表格的第 1 行作为标题单元格，【两者】表示将表格的第 1 行和第 1 列均作为标题单元格。在用表格组织数据时，可使用该选项，在用表格进行网页布局时不使用该选项。
- 【辅助功能】：包括【标题】和【摘要】两项，其中【标题】用于设置表格标题（caption），使用表格组织数据时会用到该选项。【摘要】用于设置表格的附加说明文字（summary），不会显示在浏览器中。

STEP 4　　单击 确定 按钮插入表格，然后在表格【属性】面板的【对齐】下拉列表中选择"居中对齐"，如图 6-3 所示。

图6-3　表格【属性】面板

【知识链接】

对表格【属性】面板的相关参数说明如下。
- 【表格】：设置表格唯一的 ID 名称，在创建表格高级 CSS 样式时经常用到。
- 【行】和【列】：设置表格的行数和列数。
- 【宽】：设置表格的宽度，以"像素"或"%"为单位。
- 【填充】：设置单元格内容与单元格边框的距离，也就是单元格边距。
- 【间距】：设置单元格之间的距离，也就是单元格间距。
- 【对齐】：设置表格的对齐方式，如"左对齐""右对齐""居中对齐"等。
- 【边框】：设置表格边框的宽度。如果设置为"0"，就是没有边框，但可以在编辑状态下选择【查看】/【可视化助理】/【表格边框】命令，显示表格的虚线框。
- 和 按钮：清除表格的行高和列宽。
- 和 按钮：根据当前值将表格宽度转换成像素或百分比。
- 【类】：设置表格所使用的 CSS 样式。

STEP 5　　将鼠标光标置于表格单元格内，然后选择【插入】/【图像】命令，在单元格内插入图像"images/logo.jpg"，在图像【属性】面板中将图像的替换文本设置为"logo"，如图 6-4 所示。

图6-4　图像【属性】面板

STEP 6　　将鼠标指针置于表格底部的边框上，当鼠标指针呈形状时单击鼠标左键选中表格，如图 6-5 所示。

图6-5 选中表格

【知识链接】

在设置表格属性时要先选中表格才能设置，在表格后面继续插入表格时也需要先选中前面的表格，当然也可以将鼠标光标置于前面表格的后面再插入表格。选择表格的方法如下。

● 单击表格左上角或者单击表格中任何一个单元格的边框线。

● 将鼠标光标移至欲选择的表格内，单击文档窗口左下角对应的"＜table＞"标签。

● 将鼠标指针置于表格的边框上，当鼠标指针呈↨形状时单击鼠标左键。

● 将鼠标光标置于表格内，在菜单栏中选择【修改】/【表格】/【选择表格】命令或在鼠标右键快捷菜单中选择【表格】/【选择表格】命令。

STEP 7 在【插入】面板的【常用】分类中单击 田 表格 （表格）按钮，打开【表格】对话框，参数设置如图6-6所示。

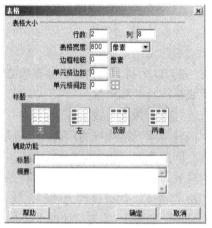

图6-6 【表格】对话框

STEP 8 单击 确定 按钮插入一个 2 行 8 列、宽度为 800 像素的表格，然后在表格【属性】面板的【对齐】下拉列表中选择"居中对齐"，如图6-7所示。

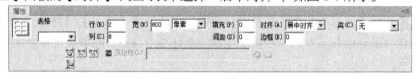

图6-7 插入表格

STEP 9 用鼠标左键在第 1 行任意单元格内单击，然后将鼠标指针置于该行行首，当鼠标指针变成黑色箭头时，单击鼠标左键选中该行，如图6-8所示。

图6-8 选择行

【知识链接】

选择表格行、列的方法如下。

● 当鼠标指针位于欲选择行首或者列顶时，鼠标指针变成黑色箭头，这时单击鼠标左键便可选择行或者列。

● 按住鼠标左键从左至右或者从上至下拖曳，将欲选择的行或列选中。

● 将鼠标光标移到欲选择的行中，然后单击文档窗口左下角的"<tr>"标签，这种方法只能用来选中行，而不能用来选中列。

选择表格不相邻的行、列的方法如下。

● 按住 Ctrl 键，将鼠标指针置于欲选择的行首或者列顶，当鼠标指针变成黑色箭头时，依次单击鼠标左键。

● 按住 Ctrl 键，在已选择的连续行或列中单击想取消的行或列将其去除。

STEP 10 在【属性（HTML）】面板的【水平】和【垂直】下拉列表中分别选择"居中对齐"和"底部"，在【宽】和【高】文本框中分别输入"100"和"30"，如图 6-9 所示。

图6-9 设置单元格属性

下面通过设置 CSS 样式给单元格添加背景。读者只要按照操作步骤进行即可，关于 CSS 样式的知识将在后续项目进行详细介绍。

STEP 11 在菜单栏中选择【窗口】/【CSS 样式】命令，打开【CSS 样式】面板，然后单击面板底部的 ⬧ （新建 CSS 规则）按钮，打开【新建 CSS 规则】对话框，在【选择器名称】文本列表框中输入".tdbg"，如图 6-10 所示。

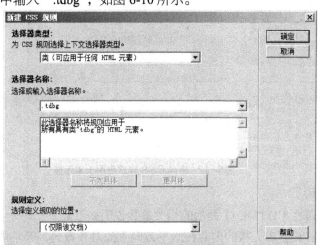

图6-10 【新建 CSS 规则】对话框

STEP 12 单击 确定 按钮打开【.tdbg 的 CSS 规则定义】对话框，设置背景图像为"images/navbg.jpg"，重复方式为"no-repeat"，如图 6-11 所示。

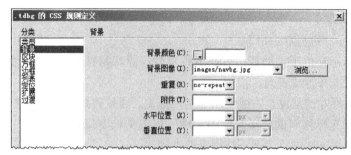

图6-11 【.tdbg 的 CSS 规则定义】对话框

STEP 13 单击 确定 按钮关闭【.tdbg 的 CSS 规则定义】对话框，然后将鼠标光标置于第 1 行第 2 个单元格内，并单击文档窗口左下角的 "<td>" 标签选中该单元格。

【知识链接】

选择单个单元格的方法如下。

● 先将鼠标光标置于单元格内，按住 Ctrl 键，并单击单元格。

● 将鼠标光标置于单元格内，然后单击文档窗口左下角的 "<td>" 标签。

选择相邻单元格的方法如下。

● 在开始的单元格中按住鼠标左键并拖曳到最后的单元格。

● 将鼠标光标置于开始的单元格内，按住 Shift 键不放，单击最后的单元格。

选择不相邻的单元格的方法如下。

● 按住 Ctrl 键，单击欲选择的单元格。

● 在已选择的连续单元格中按住 Ctrl 键，单击想取消选择的单元格将其去除。

STEP 14 在【属性（HTML）】面板的【类】下拉列表中选择 "tdbg"，将创建的类 CSS 样式应用于所选择的单元格，然后将第 3~6 个单元格也应用该 CSS 样式，效果如图 6-12 所示。

图6-12 将类 CSS 样式应用于单元格

【知识链接】

对单元格【属性（HTML）】面板的相关参数说明如下。

● 【水平】：设置单元格的内容在水平方向上的对齐方式，通常情况下常规单元格为左对齐，标题单元格为居中对齐。

● 【垂直】：设置单元格的内容在垂直方向上的对齐方式。

● 【宽】和【高】：设置被选择单元格的宽度和高度。

● 【不换行】：防止换行，从而使给定单元格中的所有文本都在一行上。

● 【标题】：将所选的单元格设置为表格标题单元格，标题文本呈粗体并居中。

- 【背景颜色】：设置单元格的背景色。
- 【合并单元格□】：将所选的单元格、行或列合并为一个单元格。只有当单元格形成矩形或直线的块时才可以合并这些单元格。
- 【拆分单元格□】：将一个单元格分成两个或更多个单元格。一次只能拆分一个单元格，如果选择的单元格多于一个，则此按钮将禁用。

如果设置表格列的属性，Dreamweaver CS6 将更改对应于该列中每个单元格的 td 标签的属性。如果设置表格行的属性，Dreamweaver CS6 将更改 tr 标签的属性，而不是更改行中每个 td 标签的属性。在将同一种格式应用于行中的所有单元格时，将格式应用于 tr 标签会生成更加简明清晰的 HTML 代码。可以通过设置表格及单元格的属性或将预先设计的 CSS 样式应用于表格、行或单元格来更改表格的外观。在设置表格和单元格的属性时，属性设置的优先顺序为单元格、行和表格。

STEP 15 选中第 2 行的所有单元格，然后在【属性（HTML）】面板中单击□按钮对单元格进行合并。

【知识链接】

合并单元格是针对多个单元格而言的，而且这些单元格必须是连续的一个矩形。合并单元格首先需要先选中这些单元格，然后执行合并操作。合并单元格的方法有以下几种。
- 单击【属性（HTML）】面板中的□（合并单元格）按钮。
- 在菜单栏中选择【修改】/【表格】/【合并单元格】命令。
- 在鼠标右键快捷菜单中选择【表格】/【合并单元格】命令。

STEP 16 接着在【属性（HTML）】面板中将单元格高度设置为"6"，背景颜色设置为"#e4d9d9"，如图 6-13 所示。

图6-13 设置单元格属性

STEP 17 将编辑窗口切换至【代码】视图，然后删除单元格源代码中的不换行空格符 " "，如图 6-14 所示。

```
33    <tr>
34        <td width="100" height="30" align="center" valign="bottom"> </td>
35        <td width="100" height="30" align="center" valign="bottom" class="tdbg"> </td>
36        <td width="100" height="30" align="center" valign="bottom" class="tdbg"> </td>
37        <td width="100" height="30" align="center" valign="bottom" class="tdbg"> </td>
38        <td width="100" height="30" align="center" valign="bottom" class="tdbg"> </td>
39        <td width="100" height="30" align="center" valign="bottom" class="tdbg"> </td>
40        <td width="100" height="30" align="center" valign="bottom" class="tdbg"> </td>
41        <td width="100" height="30" align="center" valign="bottom"> </td>
42    </tr>
43    <tr>
44        <td height="6" colspan="8" bgcolor="#e4d9d9"> </td>
45    </tr>
```

图6-14 删除不换行空格符

在设置行或列单元格高度或宽度为较小数值时，为了达到实际效果，必须将源代码中的不换行空格符 " " 删除，这也是使用表格制作细线效果的一种技巧。

STEP 18 将编辑窗口切换至【设计】视图，并输入相应的文本，如图 6-15 所示。

图6-15 网页页眉

【知识链接】

在网页制作中，表格的作用主要体现在两个方面，一方面是组织数据，如各种数据表；另一方面是布局网页，即把网页的各种元素通过表格进行有序排列。在 Internet 兴起的相当长的一段时间内，网页主要是使用表格进行布局。表格布局能对不同对象加以处理，不用担心不同对象之间的影响，而且表格在定位图像和文本上也比较方便。表格还有很好的兼容性，可被绝大多数的浏览器所支持，而且使用表格会使页面结构清晰、布局整齐。

一个完整的表格包括行、列、单元格、单元格间距、单元格边距（填充）、表格边框和单元格边框。表格边框可以设置粗细、颜色等属性，单元格边框粗细不可设置。另外，表格的 HTML 标签是"<table>"，行的 HTML 标签是"<tr>"，单元格的 HTML 标签是"<td>"。

一个包括 n 列表格的宽度可用如下公式计算。

宽度＝2×表格边框＋（n＋1）×单元格间距＋2n×单元格边距＋n×单元格宽度+2n×单元格边框宽度（1 个像素）

掌握这个公式是非常有用的，在运用表格布局时，精确地定位网页就是通过设置单元格的宽度或者高度来实现的。

用表格布局网页是表格一个非常重要的功能，但在生活中，表格最直接的功能应该是组织数据，如工资表、成绩单等。图 6-16 所示为一个成绩单，该表格边框粗细为"1"，边距和间距均为"2"，第 1 行和第 1 列为页眉，单元格宽度均为"60"，单元格对齐方式为"居中对齐"。

成绩单

姓名	语文	数学	英语	总分
宋馨华	95	90	100	285
宋立倩	90	95	95	280
宋昱香	90	98	95	283
宋昱涛	98	96	98	292

图6-16 成绩单

任务二 使用嵌套表格布局主体页面

下面使用嵌套表格来布局网页主体部分的内容。所谓嵌套表格，就是在表格的单元格中再插入表格。网页主体部分分为左右两栏，中间有一条竖线隔开，在其左右两侧的单元格中分别插入了嵌套表格对内容进行布局。

（一） 设置主体页面布局

下面使用表格对主体页面结构进行布局。

【操作步骤】

STEP 1 将鼠标光标置于页眉导航栏表格的后面，选择【插入】/【表格】命令，在导航栏表格的下面插入一个 1 行 3 列的表格，表格属性设置如图 6-17 所示。

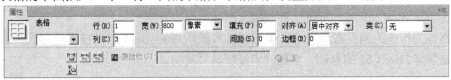

图6-17　表格属性设置

STEP 2 将鼠标光标置于左侧单元格内，设置单元格的水平、垂直对齐方式和单元格宽度，如图 6-18 所示。

图6-18　单元格属性设置

STEP 3 将鼠标光标置于中间单元格内，设置单元格宽度为 "2"，背景颜色为 "#e4d9d9"，如图 6-19 所示，并将单元格源代码中的不换行空格符 " " 删除。

图6-19　单元格属性设置

STEP 4 将鼠标光标置于右侧单元格内，设置单元格的水平、垂直对齐方式，如图 6-20 所示。

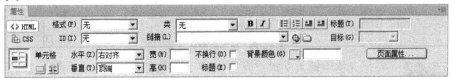

图6-20　单元格属性设置

【知识链接】

使用表格布局页面，经常要用到嵌套表格。本任务已经将页面主体部分的最外层表格设置完毕，下面的任务就是在左侧单元格和右侧单元格中再使用嵌套表格组织内容。在使用嵌套表格时，嵌套的层数最好不要超过 3 层。如果网页内容较多，建议在主体部分不要仅使用一个最外层表格来组织内容，可以使用多个最外层表格在纵向上并列布局内容。这样既方便设置各个表格的布局特点，又可以不影响网页的下载速度。通常，浏览器只有在下载完一个表格内的所有内容后才能显示，所以在纵向上使用多个表格组织内容要比使用一个表格组织内容好得多。图 6-21 左图使用 3 个表格，在结构上可以灵活设置，内容下载也快，而图 6-21 右图使用一个表格，在结构上不方便灵活设置，而且会影响下载速度。

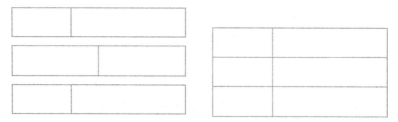

图6-21　表格布局

　　表格作为传统的网页布局技术，虽然已基本被新兴的 Div+CSS 技术所取代，但学好表格布局是学好 Div+CSS 的基础，希望读者能够认真对待。

（二）　设置左侧页面布局

　　下面使用嵌套表格对主体页面左侧栏目的内容进行布局。

　　【操作步骤】

　　STEP 1　　将鼠标光标置于主体页面左侧单元格内，单击【插入】面板【常用】类别中的 ⊞ 表格 按钮，在单元格内插入一个 3 行 2 列的嵌套表格，表格属性设置如图 6-22 所示。

图6-22　表格参数设置

　　STEP 2　　将第 1 行单元格进行合并，然后插入图像"images/ad.jpg"。

　　STEP 3　　将第 2 行单元格进行合并，然后设置单元格水平对齐方式为"居中对齐"，高度为"30"，背景颜色为"#e4d9d9"，如图 6-23 所示。

图6-23　单元格属性设置

　　STEP 4　　在单元格中输入文本"商品分类"，并进行加粗显示，如图 6-24 所示。

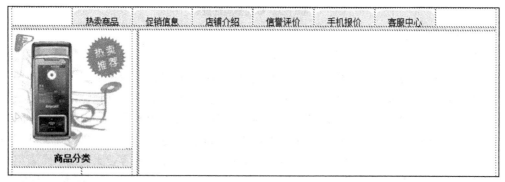

图6-24　输入文本

　　STEP 5　　将鼠标光标置于第 3 行左侧单元格内，在【属性】面板中将其宽度设置为"115"，然后将鼠标光标置于右侧单元格内，在【属性】面板中将其宽度设置为"85"。

STEP 6 将鼠标光标置于左侧单元格内，然后在菜单栏中选择【修改】/【表格】/【插入行或列】命令，打开【插入行或列】对话框，参数设置如图 6-25 所示。

STEP 7 单击 确定 按钮，在表格第 3 行下面再插入 7 行，如图 6-26 所示。

STEP 8 在"商品分类"下面第 1 行左侧单元格中插入图像"images/nokia.gif"，在右侧单元格中输入文本"诺基亚"。

STEP 9 运用同样的方法设置在下面几行左侧单元格中依次插入图像 "images/sony.gif" "images/samsung.gif" "images/dopod.gif" "images/sharp.gif" "images/LG.jpg" "images/iphone.jpg"，并输入相应的文本，如图 6-27 所示。

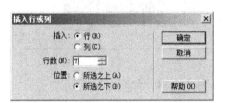

图6-25 【插入行或列】对话框

图6-26 插入行

图6-27 插入图像并输入文本

【知识链接】

在表格中插入行或列的方法如下。

● 在菜单栏中选择【修改】/【表格】/【插入行】或【插入列】命令，或者在鼠标右键快捷菜单中选择【表格】/【插入行】或【插入列】命令，将在鼠标光标所在行的上面插入 1 行或在列的左侧插入 1 列。

● 在菜单栏中选择【修改】/【表格】/【插入行或列】命令，或者在鼠标右键快捷菜单中选择【表格】/【插入行或列】命令，可以通过【插入行或列】对话框设置是插入行还是列及其行数和位置。

● 在菜单栏中选择【插入】/【表格对象】/【在上面插入行】、【在下面插入行】、【在左边插入列】、【在右边插入列】命令插入行或列。

如果要删除行或列，可以先将鼠标光标置于要删除的行或列中，或者将要删除的行或列选中，然后在菜单栏中选择【修改】/【表格】/【删除行】或【删除列】命令。最简捷的方法就是选定要删除的行或列，然后按下 Delete 键将选定的行或列删除；也可使用鼠标右键快捷菜单进行以上操作。

（三）　设置右侧页面布局

下面使用嵌套表格对主体页面右侧栏目的内容进行布局。

【操作步骤】

STEP 1 将鼠标光标置于主体页面右侧单元格内，然后在菜单栏中选择【插入】/【表格】命令，在右侧单元格中插入一个 1 行 1 列的嵌套表格，如图 6-28 所示。

图6-28 插入嵌套表格

STEP 2 在【属性（HTML）】面板中设置单元格的水平对齐方式为"居中对齐"，然后插入图像 "images/banner.jpg"，如图 6-29 所示。

图6-29 插入图像

STEP 3 在上面表格的后面继续插入一个 5 行 5 列的表格，如图 6-30 所示。

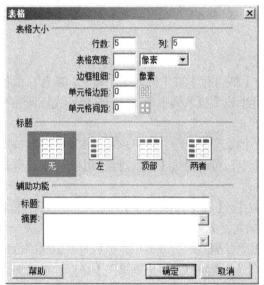

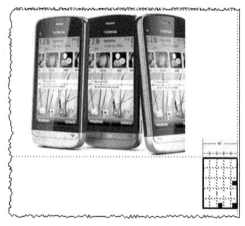

图6-30 插入表格

如果没有设置表格宽度，插入的表格列宽将以默认大小显示，当输入内容时表格将自动伸展。插入表格后，可以定义每行单元格的宽度、边距、间距等，这样也就等于定义了表格的宽度。

STEP 4 将鼠标光标置于表格第 1 行单元格内，用鼠标左键单击标签选择器中的 "<tr>" 标签来选择该行，如图 6-31 所示。

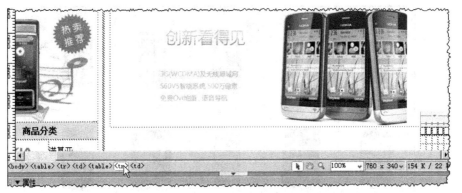

图6-31 选择行

知识提示
由于这是一个两层的嵌套表格，因此应该单击第 2 个 "<table>" 中的 "<tr>" 标签而不是第 1 个 "<table>" 中的 "<tr>" 标签。

STEP 5 在【属性（HTML）】面板中设置单元格的水平对齐方式为 "居中对齐"，单元格宽度为 "115"，背景颜色为 "#e4d9d9"，如图 6-32 所示。

图6-32 设置单元格宽度

STEP 6 将鼠标光标置于表格第 1 行第 1 个单元格内，设置单元格高度为 "30"，然后在单元格中输入文本 "商品推荐"，并设置加粗显示，如图 6-33 所示。

图6-33 设置单元格高度和文本样式

知识提示
设置了表格中任意一个单元格的宽度和高度后，和其在同一列的单元格的宽度、同一行的单元格的高度不必再单独设置。

STEP 7 选择第 2 行至第 5 行的所有单元格，然后在【属性（HTML）】面板中设置单元格的水平对齐方式为 "居中对齐"。

STEP 8 在第 2 行的 5 个单元格中依次插入图像 "images/01.jpg" "images/02.jpg" "images/03.jpg" "images/04.jpg" "images/05.jpg"。

STEP 9 在第 4 行的 5 个单元格中依次插入图像 "images/06.jpg" "images/07.jpg" "images/08.jpg" "images/09.jpg" "images/10.jpg"。

STEP 10 将第 3 行和第 5 行的第 1 个单元格的高度均设置为 "50"，然后依次输入相应的文本，如图 6-34 所示。

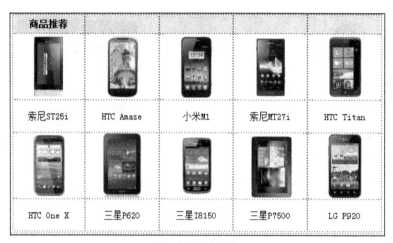

<table>
<tr><td>商品推荐</td><td></td><td></td><td></td><td></td></tr>
<tr><td>索尼ST25i</td><td>HTC Amaze</td><td>小米M1</td><td>索尼MT27i</td><td>HTC Titan</td></tr>
<tr><td>HTC One X</td><td>三星P620</td><td>三星I8150</td><td>三星P7500</td><td>LG P920</td></tr>
</table>

图6-34 输入文本

【知识链接】

在使用表格布局页面时，如果要删除表格多余的行或列，可以先将鼠标光标置于要删除的行或列中，或者将要删除的行或列选中，然后在菜单栏中选择【修改】/【表格】/【删除行】或【删除列】命令，或在鼠标右键快捷菜单选择【表格】/【删除行】或【删除列】命令即可。其实，最简便的方法是选定要删除的行或列，然后按下 Delete 键将选定的行或列删除。

在使用表格的过程中，经常会遇到拆分单元格的情况。拆分单元格是针对单个单元格而言的，可看成是合并单元格的逆向操作。拆分单元格首先需要将鼠标光标置于该单元格内，然后执行以下任意一项操作。

● 单击【属性】面板中的 ⊞（拆分单元格）按钮。

● 在菜单栏中选择【修改】/【表格】/【拆分单元格】命令。

● 在鼠标右键快捷菜单中选择【表格】/【拆分单元格】命令。

无论使用哪种方法拆分单元格，最终都将弹出【拆分单元格】对话框，如图 6-35 所示。在【拆分单元格】对话框中，【把单元格拆分】选项后面有【行】和【列】两个选项，这表明可以将单元格纵向拆分或者横向拆分。

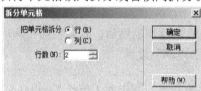 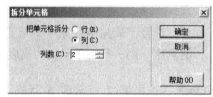

图6-35 【拆分单元格】对话框

任务三　使用表格布局页脚

每个网页都有页脚信息，下面使用表格来布局页脚的内容。

【操作步骤】

STEP 1　将鼠标光标置于网页主体部分最外层表格的后面，然后选择【插入】/【表格】命令插入一个 3 行 1 列的表格，表格属性设置如图 6-36 所示。

属性
表格
行(R) 3
宽(W) 800
像素
填充(P) 0
对齐(A) 居中对齐
类(C) 无
列(C) 1
间距(S) 0
边框(B) 0
原始档(S)

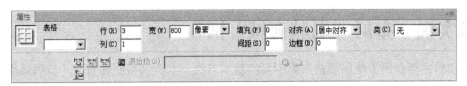

图6-36 表格属性设置

STEP 2 将第 1 行单元格的高宽设置为“6”，背景颜色设置为“#e4d9d9”，然后删除该单元格源代码中的不换行空格符“ ”。

STEP 3 同时选中第 2 行和第 3 行，在【属性（HTML）】面板中设置单元格的水平对齐方式为“居中对齐”，高度为“30”，然后输入相应的文本，如图 6-37 所示。

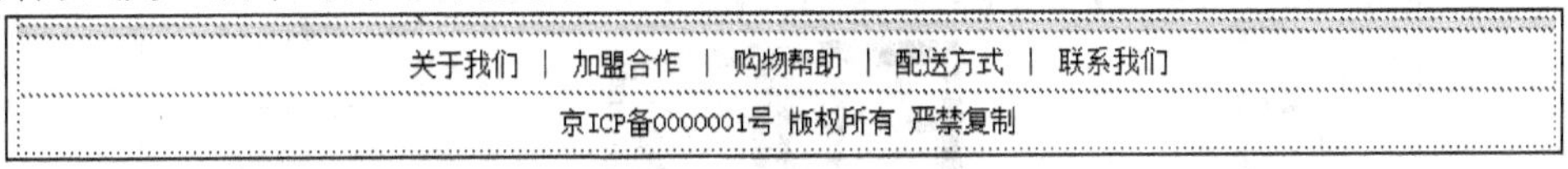
关于我们 | 加盟合作 | 购物帮助 | 配送方式 | 联系我们
京ICP备0000001号 版权所有 严禁复制

图6-37 输入文本

STEP 4 最后保存文档。

【知识链接】

在 Dreamweaver CS6 表格相关功能中，还可以根据表格列中的数据来进行排序，主要是针对具有数据的表格。首先选中表格，如图 6-38 所示，然后在菜单栏中选择【命令】/【排序表格】命令，打开【排序表格】对话框，进行参数设置即可。

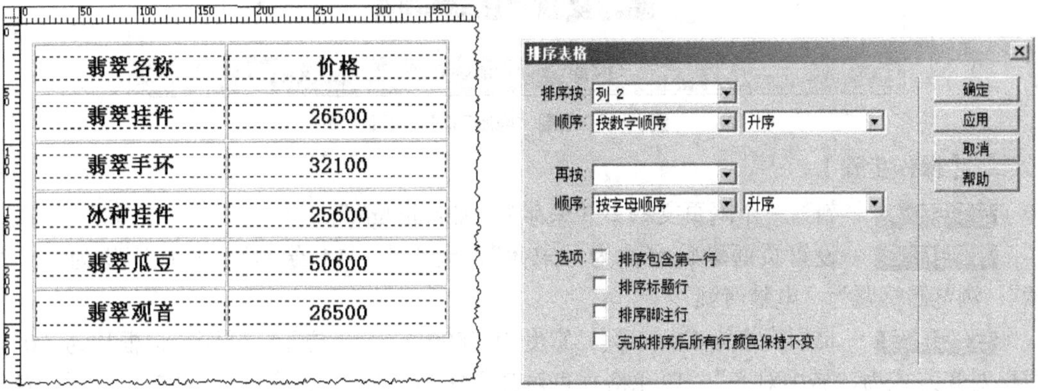
翡翠名称
价格
翡翠挂件
26500
翡翠手环
32100
冰种挂件
25600
翡翠瓜豆
50600
翡翠观音
26500
排序表格
排序按 列 2
顺序 按数字顺序 升序
再按
顺序 按字母顺序 升序
选项
排序包含第一行
排序标题行
排序脚注行
完成排序后所有行颜色保持不变
确定
应用
取消
帮助

图6-38 【排序表格】对话框

完成排序操作后，效果如图 6-39 所示。

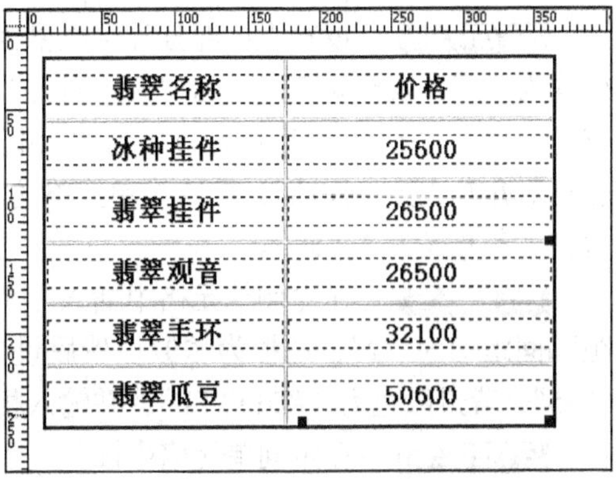
翡翠名称
价格
冰种挂件
25600
翡翠挂件
26500
翡翠观音
26500
翡翠手环
32100
翡翠瓜豆
50600

图6-39 表格排序

在 Dreamweaver 中，还可以将一些具有制表符、逗号、句号、分号或其他分隔符的已经格式化的表格数据导入网页文档中，也可以将网页中的表格导出为文本文件保存，这对于需要在网页中放置大量格式化数据的情况提供了更加快捷、方便的方法。

在菜单栏中选择【文件】/【导入】/【Excel 文档】命令或【表格式数据】命令导入表格，选择【文件】/【导出】/【表格】命令导出表格。读者可通过具体操作熟悉它，在此不再详述。

项目实训　布局"电脑商城"网页

本项目主要介绍了使用表格布局网页的基本方法，本实训将使读者进一步巩固所学的基本知识。

要求：把素材文件复制到站点根文件夹下，然后根据操作提示使用表格布局如图 6-40 所示的网页。

图6-40　布局"电脑商城"页面

【操作步骤】

STEP 1　新建一个网页文档，并保存为"shixun.htm"。

STEP 2　设置页面默认字体为"宋体"，大小为"14 像素"，页边距均为"5 像素"，浏览器标题为"电脑商城"。

STEP 3　页眉表格为 1 行 1 列，宽度为"800 像素"，边距、间距、边框均为"0"，表格对齐方式为"居中对齐"，单元格垂直对齐方式为"顶端"，高度为"85"，背景颜色为"#3399FF"，然后在单元格中插入图片"images/logo.jpg"。

STEP 4　设置主体部分外层表格为 1 行 3 列，宽度为"800 像素"，边距、间距和边框均为"0"，表格对齐方式为"居中对齐"。第 1 个单元格的宽度为"200 像素"，水平对齐方式为"左对齐"，垂直对齐方式为"顶端"；第 2 个单元格水平对齐方式为"居中对齐"，垂直对齐方式为"顶端"；第 3 个单元格的宽度为"200 像素"，水平对齐方式为"右对齐"，垂直对齐方式为"顶端"。

STEP 5　在左侧单元格中插入一个 6 行 1 列的嵌套表格，表格宽度为"95%"，边距和间距均为"2"，边框为"0"。然后设置单元格水平对齐方式均为"居中对齐"，高度为"35"，背景颜色为"#DFFFFF"，并输入相应的文本。

STEP 6　在中间单元格中插入一个 2 行 1 列的嵌套表格，表格宽度为"100%"，边距和边框均为"0"，间距为"5"。设置单元格水平对齐方式均为"居中对齐"，在两个单元格中分别插入图像文件"images/ipad01.jpg""images/ipad02.jpg"。

STEP 7　在右侧单元格中插入一个 4 行 1 列的嵌套表格，表格宽度为"95%"，边距和间距均为"2"，边框为"0"。然后设置单元格水平对齐方式均为"居中对齐"。接着设置第1行和第3行单元格高度均为"30"，背景颜色均为"#DFFFFF"；第2行和第4行单元格高度均为"150"，并输入相应的文本。

STEP 8 设置页脚表格为 1 行 1 列，宽度为"800 像素"，高度为"40 像素"，间距、边距和边框均为"0"，对齐方式为"居中对齐"，单元格的水平对齐方式为"居中对齐"，背景颜色为"#3399FF"，并输入相应的文本。

项目小结

本项目介绍了使用表格对网页进行布局的基本方法，详细阐述了插入表格、编辑表格、表格属性设置、单元格属性设置等基本内容。熟练掌握表格的各种操作和属性设置会给网页制作带来极大的方便，是需要重点学习和掌握的内容之一。

在本项目中，最外层表格的宽度是用"像素"来定制的，这样网页文档不会随着浏览器分辨率的改变而发生变化。插入嵌套表格可以区分不同的栏目内容，使各个栏目相互独立，但嵌套表格层次最好不要太多，否则会加长网页的打开时间。在没有设置 CSS 样式的情况下，在一个文档中表格不能在水平方向并排，而只能在垂直方向按顺序排列。

思考与练习

一、填空题

1. 单击文档窗口左下角的＿＿＿＿标签可以选择表格。

2. 单击文档窗口左下角的＿＿＿＿标签可以选择行。

3. 单击文档窗口左下角的＿＿＿＿标签可以选择单元格。

4. 一个包括 n 列表格的宽度＝2×＿＿＿＿＋（$n+1$）×单元格间距＋2n×单元格边距＋n×单元格宽度＋2n×单元格边框宽度（1 个像素）。

5. 设置表格的宽度可以使用两种单位，分别是"像素"和"＿＿＿＿"。

6. 将鼠标光标置于开始的单元格内，按住＿＿＿＿键不放，单击最后的单元格可以选择连续的单元格。

7. 选择不相邻的行、列或单元格的方法有，按住＿＿＿＿键，单击欲选择的行、列或单元格。

8. 如果要删除行或列，最简捷的方法就是选定要删除的行或列，然后按下＿＿＿＿键将选定的行或列删除。

二、选择题

1. 下列操作不能实现拆分单元格的是（　　）。
   A. 在菜单栏中选择【修改】/【表格】/【拆分单元格】命令
   B. 单击鼠标右键，在弹出的快捷菜单中选择【表格】/【拆分单元格】命令
   C. 单击单元格【属性】面板左下方的北按钮
   D. 单击单元格【属性】面板左下方的口按钮

2. 一个 3 列的表格，表格边框宽度是"2 像素"，单元格间距是"5 像素"，单元格边

距是"3像素",单元格宽度是"30像素",那么该表格的宽度是（　　　）像素。

  A. 138   B. 148   C. 158   D. 168

3. 选择相邻单元格的方法是，将鼠标光标置于开始的单元格内，按住（　　　）键不放，单击最后的单元格。

  A. Ctrl   B. Alt   C. Shift   D. Tab

4. 选择单个单元格的方法是，先将鼠标光标置于单元格内，按住（　　　）键，并单击单元格。

  A. Ctrl   B. Alt   C. Shift   D. Tab

5. 关于表格【属性】面板，下列说法错误的是（　　　）。

  A. 可以设置表格宽度

  B. 可以设置表格行数和列数

  C. 可以设置表格边框颜色

  D. 可以设置表格边框粗细

三、问答题

1. 选择表格的方法有哪些？

2. 如何进行单元格的合并？

四、操作题

根据操作提示制作如图 6-41 所示的日历表。

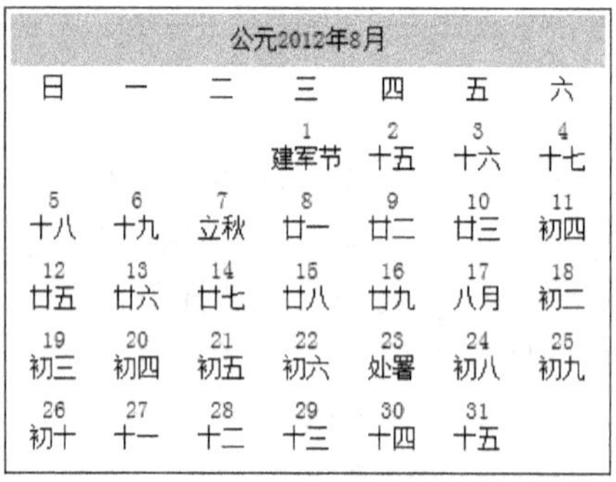

公元2012年8月						
日	一	二	三	四	五	六
			1 建军节	2 十五	3 十六	4 十七
5 十八	6 十九	7 立秋	8 廿一	9 廿二	10 廿三	11 初四
12 廿五	13 廿六	14 廿七	15 廿八	16 廿九	17 八月	18 初二
19 初三	20 初四	21 初五	22 初六	23 处暑	24 初八	25 初九
26 初十	27 十一	28 十二	29 十三	30 十四	31 十五	

图6-41　日历表

【操作提示】

STEP 1 设置页面字体为"宋体"，大小为"14 px"。

STEP 2 插入一个 7 行 7 列的表格，宽度为"350 像素"，间距和边框均为"0"，标题行格式为"无"。

STEP 3 对第 1 行所有单元格进行合并，然后设置单元格水平对齐方式为"居中对齐"，垂直对齐方式为"居中"，高度为"30"，背景颜色为"#99CCCC"，并输入文本"公元2012 年 8 月"。

STEP 4 设置第 2 行所有单元格的水平对齐方式为"居中对齐"，宽度为"50"，高度为"25"，并在单元格中输入文本"日"～"六"。

STEP 5 设置第 3 行至第 7 行所有单元格水平对齐方式为"居中对齐"，垂直对齐方式为"居中"，高度为"40"。

STEP 6 在第 3 行第 4 个单元格中输入"1"，然后按 Shift+Enter 组合键换行，接着输入相应文本，按照同样的方法依次在其他单元格中输入文本。

PART 7

项目七
Div+CSS
——布局宝贝画展网页

传统的网页布局技术基本上以表格为主，但目前 Div+CSS 布局技术被广泛使用。本项目以图 7-1 所示的宝贝画展网页为例，介绍使用 Div+CSS 布局网页的基本方法。

鸡宝宝的春天

作品构图饱满，色彩鲜艳，一只骄傲的大公鸡正在唤起山脚下初升的红太阳呢，春天的食物就是丰盛啊，看，草地上的毛毛虫又肥又大，真诱人啊！

版权所有　宝贝画展
地址：海洋市滨海路88号 邮编 666666

图7-1　宝贝画展网页

学习目标

- 了解 Div+CSS 的含义。
- 学会插入 Div 标签的方法。
- 学会创建和设置 CSS 样式的方法。
- 学会使用 Div+CSS 布局网页的方法。

本项目设计的宝贝画展网页非常具有童趣，符合儿童这个年龄段孩子的特点。在网页设计和制作过程中，将整个页面分为页眉、主体和页脚 3 个部分，分别使用 Div 标签"head""main"和"foot"并结合 CSS 样式进行布局。网页顶部放置的是网站 logo，标明了网站名称和作品理念，下面是作品导航，主体部分左侧是宝贝简介，右侧是作品展示和作品说明。可以说，该页面布局合理简洁，且图文并茂，并注重读者对象，是值得学习的。

任务一　制作页眉

　　Div+CSS 布局技术涉及网页两个重要的组成部分：结构和表现。在一个网页中，内容可以包含很多，如标题、正文、图像等，通过 Div 可以将这些内容元素放置到各个 Div 中，构成网页的"结构"；然后再运用 CSS 样式设置 Div 中的文字、图像、列表等元素的"表现"效果，这样就实现了网页内容与表现形式的分离，也使得网页运行效率更高，更加容易维护。表格和 Div+CSS 这两种网页布局技术都有各自的优势和缺陷，在实际应用中将表格与 Div+CSS 两种布局技术相互配合使用可能效果更好。那么，在实践中什么时候使用表格技术，什么时候使用 Div+CSS 技术，这既需要考虑网页的实际设计需要、个人设计习惯，又需要综合考虑 Web 标准。一般，可以按以下原则来考虑：① 网页各版块的布局和定位使用 Div+CSS 技术来完成；② 网页显示数据的区域使用表格技术来完成。

　　在了解了以上基本知识后，本任务将使用表格与 Div+CSS 两种技术来布局页眉。

（一）　布局页眉

　　在现代网页布局中，经常用到 Div，而 Div 本身只是一个区域标签，不能定位与布局，真正定位的是 CSS 代码。下面使用 Div 标签和 CSS 样式布局页眉。

【操作步骤】

STEP 1　　将素材文件复制到站点文件夹下，新建一个网页文档并保存为"huazhan.htm"。

STEP 2　　选择【修改】/【页面属性】命令，打开【页面属性】对话框。在【外观（CSS）】分类中设置页面字体为"宋体"，大小为"14px"，边距均为"2px"；在【标题/编码】分类中设置标题为"宝贝画展"，然后单击 确定 按钮关闭对话框。

STEP 3　　在菜单栏中选择【插入】/【布局对象】/【Div 标签】命令，打开【插入 Div 标签】对话框，在【插入】下拉列表中选择"在插入点"，在【ID】下拉列表框中输入"head"，如图 7-2 所示。

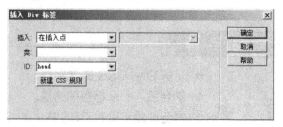

图7-2　【插入 Div 标签】对话框

可以在【插入】列表框中定义要插入 Div 标签的位置，如果此时需要定义 CSS 样式，可以在【ID】下拉列表框中输入 Div 标签的 ID 名称，然后单击 新建 CSS 规则 按钮创建 ID 名称 CSS 样式，当然也可以在【类】下拉列表框中输入类 CSS 样式的名称，然后再单击 新建 CSS 规则 按钮创建类 CSS 样式。不管使用哪种形式的 CSS 样式，建议都要对 Div 标签进行 ID 命名，以方便页面布局的管理。如果此时不定义 CSS 样式，可以单击 确定 按钮直接插入 Div 标签。

STEP 4　单击 确定 按钮直接插入 Div 标签，如图 7-3 所示。

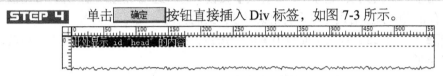

图7-3　插入 Div 标签

STEP 5　将鼠标指针移到 Div 标签边框上单击将其选中，【属性】面板如图 7-4 所示。

图7-4　Div 标签【属性】面板

【知识链接】

Div 标签是用来为 HTML 文档内大块的内容提供结构和背景的元素。Div 的起始标签和结束标签之间的所有内容都是用来构成这个块的，其中所包含元素的特性由 Div 标签的属性或样式表格式化这个块来进行控制。Div 标签称为区隔标记，作用是设置文本、图像、表格等元素的摆放位置。当把文本、图像或其他的内容放在 Div 中，可称它为"Div block"。

Div 标签【属性】面板比较简单，只有【Div ID】和【类】两个下拉菜单项和一个 CSS 面板 按钮。使用 Div 标签布局网页必须与 CSS 相结合，它的大小、背景等内容需要通过 CSS 来控制。

STEP 6　在 Div 标签【属性】面板中单击 CSS 面板 按钮，打开【CSS 样式】面板，单击 全部 按钮进入显示文档所有的 CSS 样式模式，如图 7-5 所示。

图7-5　【CSS 样式】面板

在【所有规则】列表中有两个 CSS 样式，这是在设置页面属性后形成的，其中高级 CSS 样式"body,td,th"定义了文本字体和大小，标签 CSS 样式"body"定义了边界（即页边距）。

【知识链接】

在【所有规则】列表中，每选择一个规则，在【属性】列表中将显示相应的属性和属性值。单击 全部 按钮，将显示文档所涉及的全部 CSS 样式；单击 当前 按钮，将显示文档中鼠标光标所在处正在使用的 CSS 样式。在【CSS 样式】面板的底部有 8 个按钮，其功能说明如下。

- （显示类别视图）：将 Dreamweaver 支持的 CSS 属性按类别显示。
- （显示列表视图）：按字母顺序显示 Dreamweaver 所支持的 CSS 属性。
- （只显示设置属性）：仅显示已设置的 CSS 属性，此视图为默认视图。
- （附加样式表）：选择要链接或导入当前文档中的外部样式表。
- （新建 CSS 规则）：新建 Dreamweaver 所支持的 CSS 规则。
- （编辑样式）：编辑当前文档或外部样式表中的样式。
- （禁用/启用 CSS 属性）：禁用或启用所选择的 CSS 属性。
- （删除 CSS 规则）：删除【CSS 样式】面板中的所选规则或属性，并从应用该规则的所有元素中删除格式（但不能删除对该样式的引用）。

STEP 7 在【CSS 样式】面板中单击 按钮，打开【新建 CSS 规则】对话框，参数设置如图 7-6 所示。

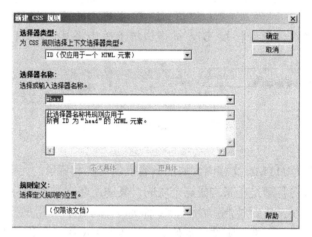

图7-6 【新建 CSS 规则】对话框

> **知识提示** 在创建 ID 名称 CSS 样式时，在【选择器名称】文本列表框中必须先输入 "#"，然后再输入 ID 名称，否则创建的 CSS 样式不起作用。

【知识链接】

在【新建 CSS 规则】对话框中，可以创建 4 种类型的样式。

- 【类（可应用于任何 HTML 元素）】：利用该类选择器可创建自定义名称的 CSS 样式，能够应用在网页中的任何 HTML 标签上。类样式的名称需要在【选择器名称】文本框中输入，可以包含任何字母和数字的组合，并且以点开头，如果没有输入，Dreamweaver CS6 将自动添加。
- 【ID（仅应用于一个 HTML 元素）】：利用该类选择器可以为网页中特定的 HTML 标签定义样式，即通过标签的 ID 编号来实现。ID 样式名称需要在【选择器名称】文本框中输入，可以包含任何字母和数字的组合，并且以 "#" 开头，如果没有输入，Dreamweaver CS6 将自动添加。
- 【标签（重新定义 HTML 元素）】：利用该类选择器可对 HTML 标签进行重新定义、规范或者扩展其属性。标签样式名称直接在文本列表框中选择即可，也可手动输入。

- 【复合内容（基于选择的内容）】：利用该类选择器可以创建复杂的样式，包括标签组合、标签嵌套等，如标签组合"h1, p"表示同时为 h1 和 p 标签定义相同的样式，标签嵌套"td h2"表示为所有在单元格内出现 h2 的标题定义 CSS 样式。复合内容样式名称在选择内容后将自动出现在文本框中，也可手动输入，其属于影响两个或多个标签、类或 ID 的复合规则。

如果要在当前网页文档中嵌入 CSS 样式，可在【规则定义】下拉列表中选择【（仅限该文档）】选项。如果要创建外部样式表，可选择【（新建样式表文件）】选项。如果要将规则放置到已附加到文档的样式表中，可选择相应的样式表文件。

STEP 8 单击 确定 按钮，打开【#head 的 CSS 规则定义】对话框，并切换到【方框】分类，参数设置如图 7-7 所示。

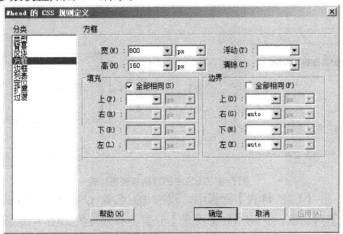

图7-7 【方框】分类

只将【边界】选项中的左右边界设置为"auto（自动）"，即可使 Div 标签居中显示。

【知识链接】

CSS 将网页中所有的块元素都看作是包含在一个方框中的。【方框】分类对话框中各选项功能简要说明如下。

- 【宽】和【高】：用于设置方框本身的宽度和高度。
- 【浮动】：用于设置块元素的对齐方式。
- 【清除】：用于清除设置的浮动效果。
- 【填充】：用于设置围绕块元素的空白大小，包含【上】（控制上空白的宽度）、【右】（控制右空白的宽度）、【下】（控制下空白的宽度）和【左】（控制左空白的宽度）4 个选项。
- 【边界】：用于设置围绕边框的边距大小，包含了【上】（控制上边距的宽度）、【右】（控制右边距的宽度）、【下】（控制下边距的宽度）和【左】（控制左边距的宽度）4 个选项，如果将对象的左右边界均设置为"auto（自动）"，可使对象居中显示。

STEP 9 单击 确定 按钮关闭【#head 的 CSS 规则定义】对话框，效果如图 7-8 所示。

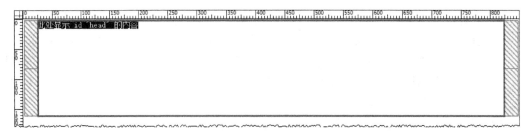

图7-8 设置参数后的 Div 效果

【知识链接】

关于【方框】分类对话框中的宽度、高度、填充和边界的含义与表格有所差别，具体如图 7-9 所示。通过比较，读者在理解了基本概念及其差别后，可以更好地利用 Div+CSS 以及表格来布局网页。

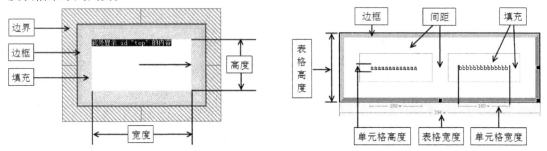

图7-9 CSS 中的方框与表格比较

STEP 10 在【CSS 样式】面板中，双击 ID 名称 CSS 样式"#head"，打开【#head 的 CSS 规则定义】对话框，并切换到【背景】分类，参数设置如图 7-10 所示。

图7-10 【背景】分类

【知识链接】

背景属性主要用于设置背景颜色或背景图像，【背景】分类对话框中各选项功能简要说明如下。

● 【背景颜色】和【背景图像】：用于设置背景颜色和背景图像。

● 【重复】：用于设置背景图像的平铺方式，有"no-repeat"（不重复）"repeat"（重复，图像沿水平、垂直方向平铺）、"repeat-x"（横向重复，图像沿水平方向平铺）和"repeat-y"（纵向重复，图像沿垂直方向平铺）4 个选项，默认选项是"repeat"。

- 【附件】：用来控制背景图像是否会随页面的滚动而一起滚动，有"fixed"（固定，文字滚动时背景图像保持固定）和"scroll"（滚动，背景图像随文字内容一起滚动）两个选项，默认选项是"fixed"。

- 【水平位置】和【垂直位置】：用来确定背景图像的水平/垂直位置。选项有"left"（左对齐，将背景图像与前景元素左对齐）、"right"（右对齐）、"top"（顶部）、"bottom"（底部）、"center"（居中）和"（值）"（value，自定义背景图像的起点位置，可对背景图像的位置做出更精确的控制）。

STEP 11 单击 ▢确定▢ 按钮关闭【#head 的 CSS 规则定义】对话框，效果如图 7-11 所示。

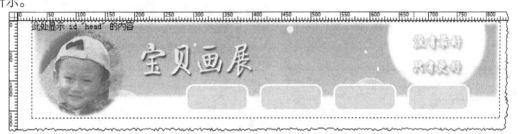

图7-11 设置背景图像后的 Div 效果

STEP 12 暂时保存文件。

【知识链接】

CSS 布局的基本构造块是 Div 标签（即<div>...</div>），它是一个 HTML 标签，在大多数情况下用作文本、图像或其他页面元素的容器。当创建 CSS 布局时，会将 Div 标签放在页面上，向这些标签中添加内容，然后将它们放在不同的位置上。可以用相对方式（指定与其他页面元素的距离）或绝对方式（指定 x 和 y 坐标，即 AP Div）来定位 Div 标签，还可通过指定浮动、填充和边距（当今 Web 标准的首选方法）放置 Div 标签。也就是说，Div 元素是用来为 HTML 文档内大块（block-level）的内容提供结构和背景的元素。Div 的起始标签<div>和结束标签</div>之间的所有内容都是用来构成这个块的，其中所包含元素的特性由 Div 标签的属性来控制，或者是通过使用样式表格式化这个块来进行控制。

如果要掌握 CSS+Div 布局方法，首先要对 CSS 盒子模型有足够的认识。只有理解了盒子模型的原理以及其中每个元素的使用方法，才能真正掌握 CSS+Div 布局的真谛。在使用 CSS+Div 技术进行页面布局的过程中，会经常用到内容、填充、边框、边界等属性，这些都是盒子模型的基本要素，进行页面布局时必须明白它们之间的关系。

在给 Div 标签等块元素定义宽度时，这个宽度通常指的是内容的宽度，高度也是如此，即 CSS 中所说的块元素的宽度和高度是指内容区域的宽度和高度，不包括填充、边框和边界。在填充和边界都不为"0"的情况下，边框位于二者中间，通过 CSS 可以给边框定义样式、宽度和颜色。填充用于控制内容与边框之间的距离，可大可小，也可为"0"，要根据实际需要而定。边界用来设置页面中一个元素所占空间的边缘到相邻元素之间的距离。

使用 CSS+Div 进行页面布局是一种很新的排版理念，首先要将页面使用 Div 标签整体划分为几个版块，然后对各个版块进行 CSS 定位，最后在各个版块中添加相应的内容。

（二）设置导航栏

下面使用 Div 标签和 CSS 样式以及表格布局导航栏。

【操作步骤】

STEP 1　　将 Div 标签内的文本删除，然后在【插入】面板的【布局】类别中单击 `插入 Div 标签` 按钮，打开【插入 Div 标签】对话框，在【插入】下拉列表中选择"在插入点"，在【ID】下拉列表框中输入"nav"，如图 7-12 所示。

STEP 2　　单击 `新建 CSS 规则` 按钮，打开【新建 CSS 规则】对话框，参数设置如图 7-13 所示。

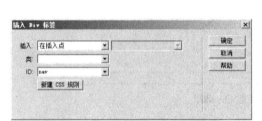

图7-12　【插入 Div 标签】对话框　　　　　　　图7-13　【新建 CSS 规则】对话框

STEP 3　　单击 `确定` 按钮打开【#nav 的 CSS 规则定义】对话框，并切换到【方框】分类，参数设置如图 7-14 所示。

图7-14　【方框】分类

STEP 4　　单击 `确定` 按钮关闭【#nav 的 CSS 规则定义】对话框，继续单击 `确定` 按钮关闭【新建 CSS 规则】对话框，插入的 Div 标签如图 7-15 所示。

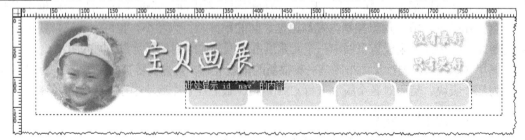

图7-15　插入的 Div 标签

在开始设置 Div 标签 "nav" 的宽度、高度和上边界、左边界时，没有太确切的数字，可以大致估计，然后根据实际情况反复修改，直到恰好覆盖 4 个导航栏背景即可。

STEP 5 将 Div 标签内的文本删除，并插入一个 1 行 7 列的表格，其属性设置如图 7-16 所示。

图7-16 表格【属性】面板

STEP 6 将第 1、3、5、7 个单元格的宽度均设置为 "110"，水平对齐方式均设置为 "居中对齐"，将第 2、4、6 个单元格的宽度均设置为 "16"，然后将第 1 个单元格的高度设置为 "44"，最后在第 1、3、5、7 个单元格中输入相应的文本并暂时添加空链接，如图 7-17 所示。

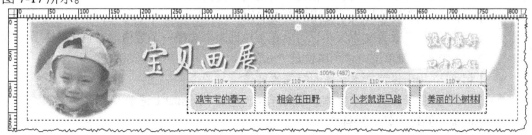

图7-17 设置导航栏

下面创建超级链接 CSS 样式，使超级链接的状态显得丰富多彩。

STEP 7 在【CSS 样式】面板中单击 按钮，打开【新建 CSS 规则】对话框，在【选择器名称】文本列表框中输入 "#nav a:link, #nav a:visited"，如图 7-18 所示。

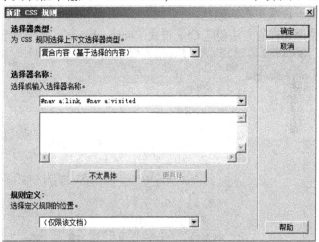

图7-18 【新建 CSS 规则】对话框

STEP 8 单击 确定 按钮，打开【#nav a:link,#nav a:visited 的 CSS 规则定义】对话框，【类型】分类参数设置如图 7-19 所示。

116

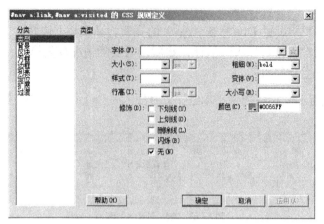

图7-19 【类型】分类

【知识链接】

【类型】分类属性主要用于定义网页中文本的字体、大小、颜色、样式及文本链接的修饰线等，其中包含 9 种 CSS 属性，全部是针对网页中的文本的。

- 【字体】：用于设置样式中使用的文本字体。
- 【大小】：用于设置文本大小，可以在下拉列表中选择一个数值或者直接输入具体数值，有 9 种度量单位，常用单位是"px"。
- 【粗细】：用于设置文本字体的粗细效果。
- 【样式】：用于设置文本字体显示的样式，包括"normal（正常）""italic（斜体）"和"blique（偏斜体）"3 种样式。
- 【变体】：可以将正常文字缩小一半后大写显示。
- 【行高】：用于设置行的高度。
- 【大小写】：用于设置文本字母的大小写方式。
- 【修饰】：用于设置文本的修饰效果，包括"下划线""删除线"等。
- 【颜色】：用于设置文本的颜色。

STEP 9 按照同样的方法创建 CSS 样式"#nav a:hover"，参数设置如图 7-20 所示。

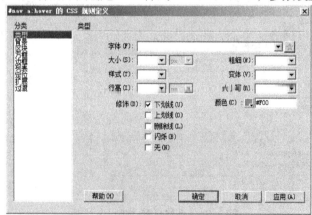

图7-20 【类型】分类

STEP 10 单击 确定 按钮，效果如图 7-21 所示。

图7-21 设置超级链接样式后的页眉效果

设置超级链接鼠标光标悬停效果时，如果设置了方框宽度和高度以及背景颜色或图像，在鼠标光标停留在超级链接上时，将出现背景效果。

任务二 制作网页主体

在宝贝画展网页中，主体部分左侧部分为宝贝简介，右侧部分为作品展示。本任务将使用 Div+CSS 技术来布局网页主体部分。

（一） 制作左侧栏目

下面使用 Div 标签和 CSS 样式布局左侧栏目。

【操作步骤】

STEP 1 在菜单栏中选择【插入】/【布局对象】/【Div 标签】命令，打开【插入 Div 标签】对话框，在【插入】下拉列表中选择"在标签之后""<div id="head">"，在【ID】下拉列表框中输入"main"，如图 7-22 所示。

STEP 2 单击 新建 CSS 规则 按钮，打开【新建 CSS 规则】对话框，参数设置如图 7-23 所示。

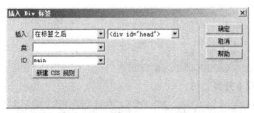

图7-22 【插入 Div 标签】对话框

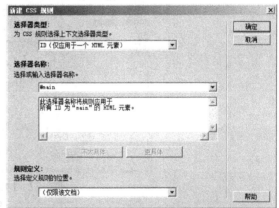

图7-23 【新建 CSS 规则】对话框

STEP 3 单击 确定 按钮，打开【#main 的 CSS 规则定义】对话框，【方框】分类参数设置如图 7-24 所示。

STEP 4 连续两次单击 确定 按钮关闭相关对话框，然后将 Div 标签"main"内的文本删除，并在其中插入 Div 标签"left"，如图 7-25 所示。

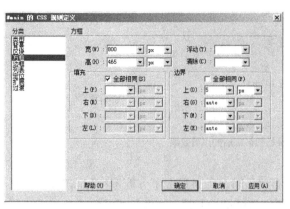

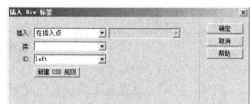

图7-24 【方框】分类　　　　　　　　图7-25 【插入 Div 标签】对话框

STEP 5 接着单击 新建 CSS 规则 按钮创建 ID 名称 CSS 样式 "#left"，参数设置如图 7-26 所示。

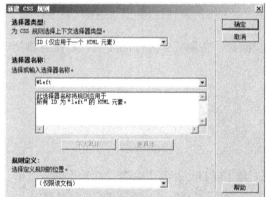

图7-26 创建 ID 名称 CSS 样式 "#left"

STEP 6 切换至【方框】分类，参数设置如图 7-27 所示。

图7-27 【方框】分类

知识提示

　　　　在设置 Div 标签 "left" 的宽度、高度和上填充、左右填充时没有太确切的数字，可以大致估计，然后根据实际情况反复调整，直到恰好覆盖背景图像且文本能在背景图像框内显示即可。这里要注意，方框宽度+左填充+右填充的总和应该等于背景图像的宽度 "205 像素"，方框高度+上填充的总和应该等于背景图像的高度 "455 像素"。

STEP 7 连续两次单击 [确定] 按钮关闭相关对话框，然后将 Div 标签 "left" 内的文本删除，并将素材文件 "宝贝简介.doc" 中的文本全选复制，在 Dreamweaver CS6 中选择【选择】/【选择性粘贴】命令将宝贝简介文本粘贴过来，保留带结构的文本以及基本格式，不要清理 Word 段落间距，效果如图 7-28 所示。

下面创建类 CSS 样式 ".ptext" 来控制文本格式。

STEP 8 在【CSS 样式】面板中单击 按钮，打开【新建 CSS 规则】对话框，参数设置如图 7-29 所示。

图7-28 输入简介文本

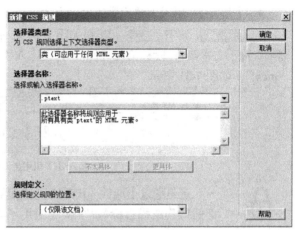

图7-29 【新建 CSS 规则】对话框

知识提示

在【名称】列表框中输入类 CSS 样式名称时，应该先输入英文状态下的句点 "."，然后再输入具体的名称如果没有输入句点，系统将在源代码中自动添加。

STEP 9 单击 [确定] 按钮，打开【.ptext 的 CSS 规则定义】对话框，在【类型】分类中将行高设置为 "22px"，在【方框】分类中将上和下边界均设置为 "2px"，【区块】分类参数设置如图 7-30 所示。

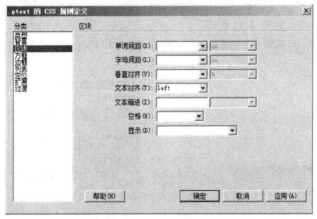

图7-30 【区块】分类

【知识链接】

区块属性主要用于控制网页元素的对齐方式、文本缩进等，其中包含 7 种 CSS 属性。

● 【单词间距】：用于设置文字间相隔的距离。

- 【字母间距】：用于设置字母或字符的间距，其作用与单词间距类似。
- 【垂直对齐】：用于设置文字或图像相对于其母体元素的垂直位置。如果将一个 2 像素×3 像素的 GIF 图像同其母体元素文字的顶部垂直对齐，则该 GIF 图像将在该行文字的顶部显示。
- 【文本对齐】：用于设置元素中文本的水平对齐方式。
- 【文本缩进】：用于设置首行文本的缩进程度，如设置负值可使首行凸出显示。
- 【空格】：用于设置文本中空格的显示方式。
- 【显示】：用于设置元素的显示方式。

STEP 10 单击 确定 按钮关闭【.ptext 的 CSS 规则定义】对话框，然后将鼠标光标依次置于文本第 1 段和第 2 段中，并在【属性（HTML）】面板的【类】下拉列表中选择"ptext"，如图 7-31 所示。

图7-31 引用类 CSS 样式

 这是通过【属性（HTML）】面板给对象应用类 CSS 样式的基本途径，上面的操作给段落标签"<p>"引用了类 CSS 样式"ptext"，引用的源代码：<p class="ptext">…</p>。

STEP 11 暂时保存文档。

（二） 制作右侧栏目

下面使用 Div 标签和 CSS 样式布局右侧栏目。

【操作步骤】

STEP 1 在菜单栏中选择【插入】/【布局对象】/【Div 标签】命令，打开【插入 Div 标签】对话框，在【插入】下拉列表中选择"在标签之后""<div id="left">"，在【ID】下拉列表框中输入"right"，如图 7-32 所示。

STEP 2 单击 新建 CSS 规则 按钮，打开【新建 CSS 规则】对话框，参数设置如图 7-33 所示。

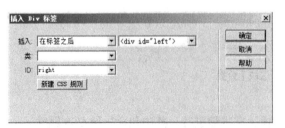

图7-32 【插入 Div 标签】对话框

图7-33 【新建 CSS 规则】对话框

STEP 3 单击 确定 按钮，打开【#right 的 CSS 规则定义】对话框，【方框】分类参数设置如图 7-34 所示。

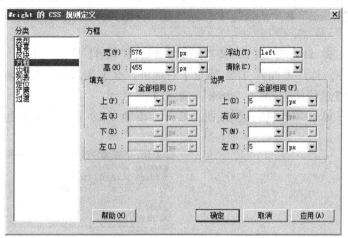

图7-34 【方框】分类

STEP 4 切换到【边框】分类，其参数设置如图 7-35 所示。

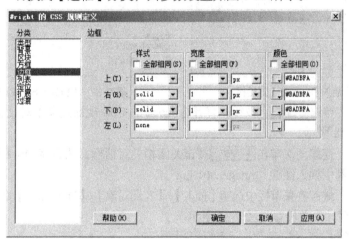

图7-35 【边框】分类

【知识链接】

【边框】分类主要用于设置网页元素边框效果，共包括 3 种 CSS 属性。

● 【样式】：用于设置上、右、下和左边框线的样式，共有"none（无）""dotted（虚线）""dashed（点划线）""solid（实线）""double（双线）""groove（槽状）""ridge（脊状）""inset（凹陷）"和"outset（凸出）"9 个选项。

● 【宽度】：用于设置各边框的宽度，包括"thin（细）""medium（中）""thick（粗）"和"（值）"4 个选项，其中"（值）"的单位有"px（像素）"等。

● 【颜色】：用于设置边框的颜色。

如果想使边框的 4 个边分别显示不同的样式、宽度和颜色，可以分别进行设置，这时要取消选中【全部相同】复选框。

STEP 5 连续两次单击 确定 按钮，插入名称为"right"的 Div 标签。

知识提示 Div 标签是可以嵌套的，在 Div 标签 "main" 内实际上嵌套了两个 Div 标签 "left" 和 "right"。Div 标签要并行排列，必须设置其对齐方式。

STEP 6 将 Div 标签内的文本删除，然后在菜单栏中选择【插入】/【布局对象】/【Div 标签】命令，打开【插入 Div 标签】对话框，在【插入】下拉列表中选择 "在插入点"，在【ID】下拉列表框中输入 "cock"，如图 7-36 所示。

STEP 7 单击 新建 CSS 规则 按钮，打开【新建 CSS 规则】对话框，参数设置如图 7-37 所示。

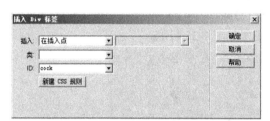

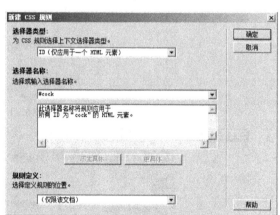

图7-36 【插入 Div 标签】对话框   图7-37 【新建 CSS 规则】对话框

STEP 8 单击 确定 按钮，打开【#cock 的 CSS 规则定义】对话框，【方框】分类参数设置如图 7-38 所示。

STEP 9 连续两次单击 确定 按钮关闭相关对话框，然后将 Div 标签 "cock" 内的文本删除，并在其中插入图像 "images/t01.jpg"。

STEP 10 继续在菜单栏中选择【插入】/【布局对象】/【Div 标签】命令，打开【插入 Div 标签】对话框，参数设置如图 7-39 所示。

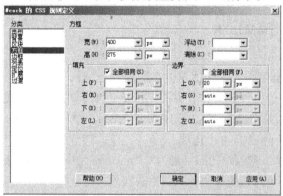

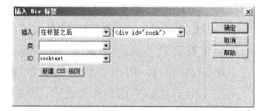

图7-38 【方框】分类   图7-39 【插入 Div 标签】对话框

STEP 11 单击 新建 CSS 规则 按钮，打开【新建 CSS 规则】对话框，参数设置如图 7-40 所示。

STEP 12 单击 确定 按钮，打开【#cocktext 的 CSS 规则定义】对话框，【方框】分类参数设置如图 7-41 所示。

图7-40 【新建 CSS 规则】对话框   图7-41 【方框】分类

STEP 13 单击 [确定] 按钮，返回【新建 CSS 规则】对话框；继续单击 [确定] 按钮，关闭【新建 CSS 规则】对话框。

STEP 14 将 Div 标签"cocktext"内的文本删除，然后将素材文件"鸡宝宝的春天.doc"中的文本全选复制，在 Dreamweaver CS6 中选择【选择】/【选择性粘贴】命令将文本粘贴过来，保留带结构的文本以及基本格式，不要清理 Word 段落间距，效果如图 7-42 所示。

图7-42 粘贴文本

STEP 15 将鼠标光标置于文本"鸡宝宝的春天"所在行，然后在【属性（HTML）】面板的【格式】下拉列表中选择"标题 2"（对应的 HTML 标签是"h2"），如图 7-43 所示。

图7-43 设置标题格式

STEP 16 在【CSS 样式】面板中单击 🗗 按钮，打开【新建 CSS 规则】对话框。在【选择器类型】中选择"标签"，在【选择器名称】列表框中选择"h2"，如图 7-44 所示。

这是在定义标签 CSS 样式，但在实践中不建议使用标签 CSS 样式，因为它会对文档中所有的相同标签都起作用。如果想重新定义该标签的样式，并且是在局部范围内使用，可以采取定义高级 CSS 样式的方法，如"#cocktext h2"，这样它就只对 ID 名称为"cocktext"容器中的"h2"起作用，当然也可以定义类 CSS 样式，对标签"h2"应用该类样式即可。

STEP 17 单击 确定 按钮，打开【h2 的 CSS 规则定义】对话框，【类型】分类参数设置如图 7-45 所示。

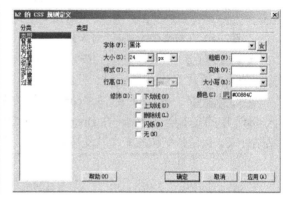

图7-44 【新建 CSS 规则】对话框　　　　　　　图7-45 【类型】分类

STEP 18 切换至【区块】分类，设置文本对齐方式为"居中"，然后切换至【方框】分类，参数设置如图 7-46 所示。

图7-46 【方框】分类

STEP 19 单击 确定 按钮关闭对话框，然后将鼠标光标置于文本"作品构图饱满"一段中，并在【属性（HTML）】面板的【类】下拉列表中选择"ptext"，效果如图 7-47 所示。

鸡宝宝的春天

作品构图饱满，色彩鲜艳，一只骄傲的大公鸡正在唤起山脚下初升的红太阳呢，春天的食物就是丰盛啊，看，草地生的毛毛虫又肥又大，真诱人啊！

图7-47 设置 CSS 样式后的效果

STEP 20 选中文本"一只骄傲的大公鸡正在唤起山脚下初升的红太阳呢"，然后在【属性（CSS）】面板的【目标规则】下拉列表框中选择"<内联样式>"，在【颜色】文本框中输入"#F00"，并单击 **B** 按钮进行加粗显示，如图 7-48 所示。

图7-48 设置局部文本的 CSS 样式

这时在源代码中使用了 HTML 标签 "文本" 来对一段文本中的个别文本应用 CSS 样式。

【知识链接】

CSS 规则定义对话框共包括 8 个分类，在上面的操作中已经学习了【类型】、【背景】、【区块】、【方框】和【边框】5 个分类的内容，下面对另外 3 个进行一下简要介绍。

【列表】分类用于控制列表内的各项元素，包含以下 3 种 CSS 属性，如图 7-49 所示。

图7-49 【列表】分类

- 【类型】：用于设置列表内每一项前使用的符号。
- 【项目符号图像】：用于将列表前面的符号换为图形。
- 【位置】：用于描述列表的位置。

【定位】分类对话框如图 7-50 所示。定位属性可以使网页元素随处浮动，这对于一些固定元素（如表格）来说，是一种功能的扩展，而对于一些浮动元素（如层）来说，却是有效地用于精确控制其位置的方法。在学习了层的知识后，再来理解【定位】分类对话框的内容，其效果会更好。【定位】分类对话框中主要包含以下 8 种 CSS 属性。

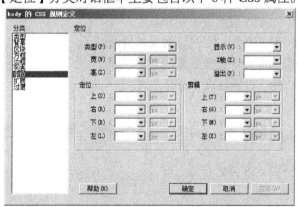

图7-50 【定位】分类

- 【类型】：用于确定定位的类型，共有"绝对"（使用坐标来定位元素，坐标原点为页面左上角）、"相对"（使用坐标来定位元素，坐标原点为当前位置）、"静态"（不使用坐标，只使用当前位置）和"固定"4 个选项。
- 【显示】：用于设置网页中的元素显示方式，共有"继承"（继承母体要素的可视性设置）、"可见"和"隐藏"3 个选项。

- 【宽】和【高】：用于设置元素的宽度和高度。
- 【Z 轴】：用于控制网页中块元素的叠放顺序，可以为元素设置重叠效果。该属性的参数值使用纯整数，数值大的在上，数值小的在下。
- 【溢出】：在确定了元素的高度和宽度后，如果元素的面积不能全部显示元素中的内容时，该属性便起作用了。该属性的下拉列表中共有"可见"（扩大面积以显示所有内容）、"隐藏"（隐藏超出范围的内容）、"滚动"（在元素的右边显示一个滚动条）和"自动"（当内容超出元素面积时，自动显示滚动条）4 个选项。
- 【定位】：为元素确定了绝对和相对定位类型后，该组属性决定元素在网页中的具体位置。
- 【剪辑】：当元素被指定为绝对定位类型后，该属性可以把元素区域剪切成各种形状，但目前提供的只有方形一种，其属性值为 "rect(top right bottom left)"，即 "clip: rect(top right bottom left)"，属性值的单位为任何一种长度单位。

【扩展】分类对话框包含两部分，如图 7-51 所示。【分页】栏中两个属性的作用是为打印的页面设置分页符。【视觉效果】栏中的两个属性的作用是为网页中的元素施加特殊效果，这里不再详细介绍。

【过渡】分类如图 7-52 所示，主要用于创建所有可动画的属性。

图7-51　【扩展】分类　　　　　　　图7-52　【过渡】分类

【过渡】分类中主要包含以下几种 CSS 属性。

- 【所有可动画属性】：用于设置所有的可动画属性。
- 【属性】：用于为 CSS 过渡效果添加属性。
- 【持续时间】：用于设置 CSS 过渡效果的持续时间。
- 【延迟】：用于设置 CSS 过渡效果的延迟时间。
- 【计时功能】：用于设置动画的计时方式。

任务三　制作页脚

下面使用 Div 标签和 CSS 样式布局页脚。

【操作步骤】

STEP 1　在菜单栏中选择【插入】/【布局对象】/【Div 标签】命令，打开【插入 Div 标签】对话框，在【插入】下拉列表中选择"在标签之后""<div id="main">"，在【ID】下拉列表框中输入"foot"，如图 7-53 所示。

STEP 2　单击 新建 CSS 规则 按钮，打开【新建 CSS 规则】对话框，参数设置如图 7-54 所示。

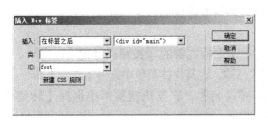

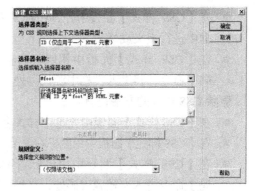

图7-53 【插入 Div 标签】对话框   图7-54 【新建 CSS 规则】对话框

STEP 3　单击 ▢确定▢ 按钮，打开【#foot 的 CSS 规则定义】对话框，【背景】分类参数设置如图 7-55 所示。

STEP 4　切换至【区块】分类，设置文本对齐方式为"居中"，然后切换至【方框】分类，参数设置如图 7-56 所示。

图7-55 【背景】分类   图7-56 【方框】分类

STEP 5　连续两次单击 ▢确定▢ 按钮关闭相应对话框，然后将插入的 Div 标签 "foot" 内的文本删除，并输入相应的页脚文本。

STEP 6　接着创建复合内容 CSS 样式 "#foot p"，在【类型】分类中设置文本大小为 "12px"，行高为 "20px"；在【方框】分类中设置上边界和下边界均为 "0"，效果如图 7-57 所示。

图7-57 页脚

STEP 7　最后保存文档。

【知识链接】

在创建 CSS 样式并对其进行设置后，如果不满意可对其进行修改或删除操作，还可复制 CSS 样式、重命名 CSS 样式以及应用 CSS 样式。

修改 CSS 样式的方法有以下 3 种。

● 在【CSS 样式】面板中双击样式名称，或先选中样式再单击面板底部的 ✎ 按钮，或在鼠标右键快捷菜单中选择【编辑】命令，打开【CSS 规则定义】对话框进行可视化定义或修改。

- 在【CSS 样式】面板中先选中样式名称，然后在【CSS 样式】面板下方的属性列表框中进行定义或修改。
- 在【CSS 样式】面板中用鼠标右键单击样式名称，在其快捷菜单中选择【转到代码】命令，将进入文档中源代码处，可以直接修改源代码。

删除 CSS 样式的方法也有以下 3 种。

- 在【CSS 样式】面板中先选中样式名称再单击面板底部的 按钮进行删除。
- 在【CSS 样式】面板中用鼠标右键单击样式名称，在其快捷菜单中选择【删除】命令。
- 在【CSS 样式】面板中用鼠标右键单击样式名称，在其快捷菜单中选择【转到代码】命令进入文档源代码处，直接删除源代码。

在 CSS 样式中的 ID 名称样式、标签样式和复合内容样式是自动应用的，只有自定义的类样式需要手动操作进行应用，应用方式包括通过【属性（HTML）】面板的【类】下拉列表，【属性（CSS）】面板的【目标规则】下拉列表，或者在【CSS 样式】面板的右键快捷菜单中选择【套用】命令，也可在网页元素的右键快捷菜单中选择【CSS 样式】中的样式名称。

外部样式表通常是供多个网页使用的，其他网页文档要想使用已创建的外部样式表，必须通过【附加样式表】命令将样式表文件链接或者导入到文档中。附加样式表文件的方法是，在【CSS 样式】面板中单击面板底部的 按钮，或者在【CSS 样式】面板右键快捷菜单中选择【附加样式表】命令，打开【链接外部样式表】对话框进行设置即可，如图 7-58 所示。

图7-58　【链接外部样式表】对话框

项目实训　布局"家家乐"网页

本项目主要介绍了使用 Div+CSS 布局网页的基本方法，本实训将使读者进一步巩固所学的基本知识。

要求：把素材文件复制到站点根文件夹下，然后根据操作提示使用 Div+CSS 布局如图 7-59 所示网页。

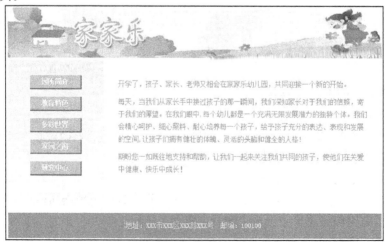

图7-59　家家乐网页

【操作步骤】

STEP 1 创建一个 HTML 文档并保存为 "shixun.htm"。

STEP 2 创建标签 CSS 样式 "body"：设置文本字体为 "宋体"，大小为 "14 px"，边界均为 "0"。

STEP 3 插入 Div 标签 "headdiv"，同时创建 ID 名称 CSS 样式 "#headdiv"：设置方框宽度和高度分别为 "770px" 和 "100px"，上下边界分别为 "5px" 和 "0"，左右边界均为 "auto"。

STEP 4 将 Div 标签 "headdiv" 中的文本删除，然后插入图像 "logo.gif"。

STEP 5 接着在 Div 标签 "headdiv" 之后插入 Div 标签 "maindiv"，同时创建 ID 名称 CSS 样式 "#maindiv"：设置方框宽度和高度分别为 "770px" 和 "300px"，上下边界分别为 "5px" 和 "0"，左右边界均为 "自动"。

STEP 6 将 Div 标签 "maindiv" 内的文本删除，插入 Div 标签 "maindivleft"，然后创建 ID 名称 CSS 样式 "#maindivleft"：设置背景图像为 "images/bg.jpg"，宽度和高度分别为 "200px" 和 "285px"，浮动为 "左对齐"，上填充为 "15px"，边界全部为 "0"。

STEP 7 将 Div 标签 "maindivleft" 内的文本删除，然后依次输入相应文本，并以按 Enter 键进行换行。

STEP 8 定义复合内容 CSS 样式 "#maindivleft p"：设置行高为 "20px"，背景颜色为 "#62DB00"，文本对齐方式为 "居中"，方框宽度和高度分别为 "100px" 和 "20px"，填充全部为 "3px"，上下边界分别为 "15px" 和 "0"，左右边界均为 "auto"，右和下边框样式为 "outset"，宽度为 "2px"，颜色为 "#12BF05"。

STEP 9 给所有文本添加空链接 "#"，然后创建复合内容 CSS 样式 "#maindivleft a:link, #maindivleft a:visited"：设置文本以 "粗体" 显示，颜色为 "#FFF"，无修饰效果，接着创建高级 CSS 样式 "#maindivleft a:hover"：设置文本颜色为 "#F00"，有下划线效果。

STEP 10 接着在 Div 标签 "maindivleft" 之后插入 Div 标签 "maindivright"，同时创建 ID 名称 CSS 样式 "#maindivright"：方框宽度和高度分别为 "515px" 和 "auto"，浮动为 "left"，填充均为 "20px"，上和左边界分别为 "5px" 和 "10px"。

STEP 11 将 Div 标签 "maindivright" 内的提示文本删除，并输入 3 段文本（可从素材文件 "开学寄语.doc" 中复制粘贴文本内容），然后创建类 CSS 样式 ".pstyle"，设置行高为 "25px"，颜色为 "#12BF01"，上下边界均为 "10px"，并将创建的类 CSS 样式应用到输入的 3 段文本上。

STEP 12 最后在 Div 标签 "maindiv" 之后插入 Div 标签 "footdiv"，同时创建 ID 名称 CSS 样式 "#footdiv"：设置行高为 "50px"，文本颜色为 "#FFF"，文本对齐方式为 "center"，背景颜色为 "#31AC03"，方框宽度和高度分别为 "770px" 和 "50px"，上下边界分别为 "5px" 和 "0"，左右边界均为 "auto"，并输入相应的文本。

项目小结

　　本项目通过创建宝贝画展网页着重介绍了使用 Div+CSS 布局网页的基本方法，包括插入 Div 标签、创建和设置 CSS 样式等内容。熟练掌握 Div+CSS 的应用将会给网页制作带来极大的方便，是需要重点学习和掌握的内容之一。

在本项目中，Div 标签几乎都使用了 ID 名称 CSS 样式，在实际应用中，建议读者根据实际需要灵活掌握，在适合使用类 CSS 样式的时候就尽量不用高级 ID 名称 CSS 样式，因为类 CSS 样式比较灵活，可以被反复引用，而 ID 名称 CSS 样式不能被多次引用，因为在同一个网页中 ID 名称是不允许重复的。

另外，在创建网页文档时，使用的 CSS 样式是保存在文档头部分，还是单独保存一个 CSS 文件，这需要根据实际情况而定。在一个站点中，通常会有很多网页文档，这些网页文档页面的许多部分功能和外观可能是相同的，在这种情况下，使用 CSS 样式表文件比较方便，这样在以后修改时，只修改 CSS 样式表文件就行了。如果有些 CSS 样式只有本页使用，而其他网页文档不使用，可以将这部分 CSS 样式放置在网页的文档头部分，其他 CSS 样式放置在共用的 CSS 文件中。

思考与练习

一、填空题

1. 传统的网页布局以表格为主，但现在_____布局逐步被广泛使用。

2. Div+CSS 布局技术涉及网页两个重要的组成部分：_____。

3. _____是用来为 HTML 文档内大块的内容提供结构和背景的元素。

4. _____是 "Cascading Style Sheet" 的缩写，可译为 "层叠样式表" 或 "级联样式表"。

5. 在【新建 CSS 规则】对话框中可以创建的 CSS 样式类型有_____、ID、标签和复合内容。

6. CSS 样式表文件的扩展名为_____。

二、选择题

1. 在【新建 CSS 规则】对话框中，选择【类（可应用于任何 HTML 元素）】选项表示（　　）。

　　A. 用户自定义的 CSS 样式，可以应用到网页中的任何 HTML 元素上

　　B. 对现有的 HTML 标签进行重新定义，当创建或改变该样式时，所有应用了该样式的格式都会自动更新

　　C. 对某些标签组合或者是含有特定 ID 属性的标签进行重新定义样式

　　D. 以上说法都不对

2. 在【新建 CSS 规则】对话框中，选择【标签（重新定义 HTML 元素）】选项表示（　　）。

　　A. 用户自定义的 CSS 样式，可以应用到网页中的任何 HTML 元素上

　　B. 对现有的 HTML 元素进行重新定义，当创建或改变该样式时，所有应用了该样式的格式都会自动更新

　　C. 对某些标签组合或者是含有特定 ID 属性的标签进行重新定义样式

　　D. 以上说法都不对

3. 在【新建 CSS 规则】对话框中，选择【复合内容（基于选择的内容）】选项表示（　　）。

　　A. 用户自定义的 CSS 样式，可以应用到网页中的任何标签上

B. 对现有的 HTML 标签进行重新定义，当创建或改变该样式时，所有应用了该样式的格式都会自动更新

C. 对某些 HTML 元素组合进行重新定义样式

D. 以上说法都不对

4. 下面属于类选择器的是（　　　）。

A. #TopTable   B. .Td1   C. P   D. #NavTable a:hover

5. 下面属于标签选择器的是（　　　）。

A. #TopTable   B. .Td1   C. P   D. #NavTable a:hover

三、问答题

1. 简要说明 Div+CSS 布局技术的优点。

2. 应用 CSS 样式有哪几种方法？

四、操作题

根据操作提示使用 Div+CSS 布局网页，如图 7-60 所示。

图7-60 使用 Div+CSS 布局网页

【操作提示】

STEP 1 创建标签 CSS 样式"body"，设置背景图像为"images/bg.jpg"，重复方式为"repeat-y"，水平位置为"center"。

STEP 2 插入 Div 标签"top"，并创建 ID 名称 CSS 样式"#top"，设置字体为"黑体"，大小为"36px"，行高为"100px"，设置背景图像为"images/bianfu.jpg"，重复方式为"no-repeat"，水平位置为"left"，文本对齐方式为"center"，方框宽度和高度分别为"800px"和"100px"，上边界为"5px"，左右边界均为"auto"，最后输入文本"蝙蝠获奖"。

STEP 3 在 Div 标签"top"之后插入 Div 标签"main"，并创建 ID 名称 CSS 样式"#main"，设置方框宽度和高度分别为"798 像素"和"628 像素"，上边界为"5"，左右边界均为"auto"，上下边框样式均为"solid"，宽度均为"1 像素"，颜色均为"#FFB002"。

STEP 4 在 Div 标签"main"内插入 Div 标签"left"，并创建 ID 名称 CSS 样式"#left"，设置方框宽度为"390px"，浮动为"left"，填充全部相同，均为"15px"，边界全部相同，均为"0"，最后输入相关文本（可从素材文档"蝙蝠获奖.doc"中复制粘贴文本）。

STEP 5 创建类 CSS 样式".pstyle"，设置文本字体为"宋体"，大小为 "14px"，行高为"20px"，上边界为"5px"，下边界为"10px"，并将该样式应用到 Div 标签"left"内的各个段落。

STEP 6 在 Div 标签"left"之后插入 Div 标签"right"，并创建 ID 名称 CSS 样式"#right"，设置方框宽度为"280px"，浮动为"right"，上、下和右填充均为"15px"，左填充为"75px"，上和右边界均为"0"。

STEP 7 在 Div 标签"right"中输入相关文本（可从素材文档"蝙蝠获奖.doc"中复制粘贴文本），并给各段文本应用类 CSS 样式".pstyle"。

PART 8

项目八
AP Div 和 Spry 布局
——制作巴厘岛网页

AP Div 是具有绝对定位的页面元素，它与具有相对定位的 Div 标签是不同的，尽管它们使用同一个 HTML 标签 "<div>"。Spry 布局构件是 Dreamweaver CS6 预置的常用用户界面组件，它使用了 Div+CSS 布局技术。本项目以巴厘岛网页为例（见图 8-1），介绍使用 AP Div 和 Spry 布局构件的基本方法。

图8-1 巴厘岛网页

学习目标

- 了解 AP Div 的基本概念。
- 学会【AP 元素】面板的使用方法。
- 学会使用 AP Div 布局页面的基本方法。
- 学会使用 Spry 布局构件的基本方法。

本项目设计的是巴厘岛网页，图文并茂，生动展现了美丽的巴厘岛。在网页设计和制作过程中，首先使用 AP Div 布局整个页面，然后运用 Spry 布局构件布局局部内容。

任务一　使用 AP Div 布局页面

AP Div 是一种能够随意定位的页面元素，如同浮动在页面里的透明 AP Div。本任务将使用 AP Div 布局页面，从而让读者体会 AP Div 与 Div 标签的区别与联系。

（一）　创建 AP Div

下面首先创建 4 个 AP Div。

【操作步骤】

STEP 1　　将素材文件复制到站点文件夹下，然后新建一个网页文档并保存为"balidao.htm"。

STEP 2　　在菜单栏中选择【修改】/【页面属性】命令，打开【页面属性】对话框，在【标题/编码】分类中设置标题为"巴厘岛"，然后单击 确定 按钮关闭对话框。

STEP 3　　在菜单栏中选择【编辑】/【首选参数】命令，打开【首选参数】对话框并切换至【AP 元素】分类，选中【在 AP div 中创建以后嵌套】复选框，如图 8-2 所示。

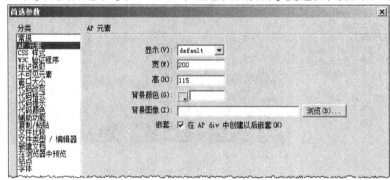

图8-2　【AP 元素】分类

知识提示

当向网页中插入 AP Div 时，其属性是默认的。默认属性可以通过【首选参数】对话框的【AP 元素】分类进行设置，包括显示方式、宽度和高度、背景颜色、背景图像、嵌套设置等。

STEP 4　　单击 确定 按钮关闭【首选参数】对话框。

STEP 5　　将鼠标光标置于文档中，然后在菜单栏中选择【插入】/【布局对象】/【AP Div】命令，插入一个默认大小的 AP Div "apDiv1"，如图 8-3 所示。

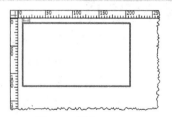

图8-3　创建 AP Div

【知识链接】

在 Dreamweaver CS6 中，可以使用以下方法来插入和绘制 AP Div。

● 选择【插入】/【布局对象】/【AP Div】命令，插入一个默认大小的 AP Div。

● 将【插入】面板【布局】类别中的 绘制 AP Div 按钮拖动到文档窗口中，插入一个默认大小的 AP Div。

● 单击【插入】面板【布局】类别中的 绘制 AP Div 按钮，并将鼠标光标移至文档窗口中，当鼠标光标变为＋形状时拖曳鼠标光标，绘制一个自定义大小的 AP Div。

● 如果想一次绘制多个 AP Div，在单击 绘制 AP Div 按钮后，按住 Ctrl 键不放，连续进行绘制即可。

STEP 6　单击【插入】面板【布局】类别中的 绘制 AP Div 按钮，然后按住 Ctrl 键不放，再连续绘制两个 AP Div，如图8-4所示。

STEP 7　在菜单栏中选择【窗口】/【AP 元素】命令，打开【AP 元素】面板，如图 8-5 所示。

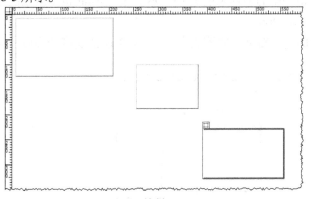

图8-4　绘制 AP Div

图8-5　【AP 元素】面板

【知识提示】当向网页中插入第 1 个 AP Div 时，其名称默认是 "apDiv1"，如果没有修改名称，后续插入的 AP Div 的名称将依次是 "apDiv2" "apDiv3"，依此类推，建议根据实际情况修改名称。

【知识链接】

【AP 元素】面板的主体部分分为 3 列。第 1 列为显示与隐藏栏，用来设置 AP Div 的显示与隐藏。第 2 列为 ID 名称栏，它与【属性】面板中【CSS-P 元素】选项的作用是相同的。第 3 列为 z 轴栏，它与【属性】面板中的 z 轴选项是相同的。下面对【AP 元素】面板的功能进行简要说明。

● 通过双击 ID 名称可以对 AP Div 进行重命名，单击▶图标或▼图标可以伸展或收缩嵌套的 AP Div。

● 通过双击 z 轴的顺序号可以修改 AP Div 的 z 轴顺序，AP Div 的 z 轴的含义是，除了屏幕的 x、y 坐标之外，逻辑上增加了一个垂直于屏幕的 z 轴，z 轴顺序就好像 AP Div 在 z 轴上的坐标值。这个坐标值可正可负，也可以是 0，数值大的在上层，数值小的在下层。

● 通过选中【防止重叠】复选框可以禁止 AP Div 重叠。

● 通过单击 栏下方的相应眼睛图标可以设置 AP Div 的可见性，若需同时改变所有

AP Div 的可见性，则单击 ![eye] 图标列最顶端的 ![eye] 图标，原来所有的 AP Div 均变为可见或不可见。

- 按住 Shift 键不放，依次单击可以选定多个 AP Div。
- 按住 Ctrl 键不放，将某一个 AP Div 拖动到另一个 AP Div 上，形成嵌套的 AP Div。

STEP 8　在【AP 元素】面板中单击 AP Div 名称"apDiv2"来选定该 AP Div。

【知识链接】

选定 AP Div 还有以下几种方法。

- 单击文档中的 ![icon] 图标来选定 AP Div。如果没有显示该图标，可以在【首选参数】对话框的【不可见元素】分类中选中【AP 元素的锚点】复选框。
- 将鼠标光标置于 AP Div 内，在窗口底部的标签条中选择相应的 HTML 标签"<div>"。
- 单击 AP Div 的边框线来选定 AP Div。
- 在【AP 元素】面板中单击 AP Div 的名称来选定 AP Div，按住 Shift 键不放依次单击 AP Div 的名称可以选定多个 AP Div。

STEP 9　拖动 AP Div "apDiv2" 右下角的缩放点调整 AP Div 的宽度和高度，如图 8-6 所示。

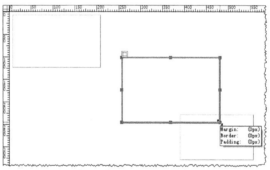

图8-6　调整 AP Div 的大小

【知识链接】

缩放 AP Div 只是改变 AP Div 的宽度和高度，不改变 AP Div 中的内容。在文档窗口中可以缩放一个 AP Div，也可同时缩放多个 AP Div，使它们具有相同的尺寸。缩放单个 AP Div 有以下几种方法。

- 选定 AP Div，然后拖曳缩放手柄（AP Div 周围出现的小方块）来改变 AP Div 的尺寸。拖曳上或下手柄改变 AP Div 的高度，拖曳左或右手柄改变 AP Div 的宽度，拖曳 4 个角的任意一个缩放点同时改变 AP Div 的宽度和高度，如图 8-7 所示。

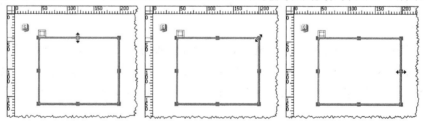

图8-7　拖动缩放手柄改变 AP Div 的大小

- 选定 AP Div，然后按住 Ctrl 键，每按一次方向键，AP Div 就被改变 1 个像素值。

- 选定 AP Div, 然后同时按住 Shift + Ctrl 组合键, 每按一次方向键, AP Div 就被改变 10 个像素值。
- 选定 AP Div, 在【属性】面板的【宽】和【高】文本框内输入数值 (要带单位, 如 100px), 并按 Enter 键确认。

如果同时对多个 AP Div 的大小进行统一调整, 通常有以下两种方法。
- 选定多个 AP Div, 在【属性】面板的【宽】和【高】文本框内输入数值, 并按 Enter 键确认, 此时文档窗口中所有 AP Div 的宽度和高度全部变成了指定的数值。
- 选定多个 AP Div, 选择菜单命令【修改】/【排列顺序】/【设成宽度相同】或【设成高度相同】来统一宽度或高度, 利用这种方法将以最后选定的 AP Div 的宽度或高度为标准。

STEP 10 将鼠标指针置于 AP Div "apDiv2" 中, 选择【插入】/【布局对象】/【AP Div】命令, 插入一个嵌套 AP Div, 此时在【AP 元素】面板中也出现了嵌套 AP Div "apDiv4", 如图 8-8 所示。

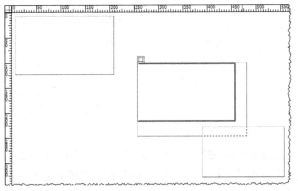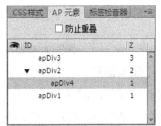

图8-8 插入嵌套 AP Div

 按住 Ctrl 键不放, 在【AP 元素】面板中将一个 AP Div 拖动到另一个 AP Div 上, 可形成嵌套 AP Div。

知识提示

【知识链接】

AP Div 是可以嵌套的。在某个 AP Div 内部创建的 AP Div 称为嵌套 AP Div 或子 AP Div, 嵌套 AP Div 外部的 AP Div 称为父 AP Div。子 AP Div 的大小和位置不受父 AP Div 的限制, 子 AP Div 可以比父 AP Div 大, 位置也可以在父 AP Div 之外, 只是在移动父 AP Div 时, 子 AP Div 会随着一起移动, 同时父 AP Div 的显示属性会影响子 AP Div 的显示属性。

STEP 11 选定 AP Div "apDiv3", 当鼠标指针靠近缩放手柄出现 ✥ 时, 按住鼠标左键不放向右下方拖动, 来调整 AP Div 的位置, 如图 8-9 所示。

【知识链接】

要想精确定位 AP Div, 许多时候要根据需要移动 AP Div。移动 AP Div 时, 首先要确定 AP Div 是可以重叠的, 也就是不选中【AP 元素】面板中的【防止重叠】复选框, 这样 AP Div 可以不受限制地被移动。移动 AP Div 的方法主要有以下几种。
- 选定 AP Div 后, 当鼠标指针靠近缩放手柄, 变为 ✥ 形状时, 按住鼠标左键并拖曳, AP Div 将跟着鼠标的移动而发生位移。

- 选定 AP Div，然后按 4 个方向键，向 4 个方向移动 AP Div。每按一次方向键，将使 AP Div 移动 1 个像素值的距离。
- 选定 AP Div，按住 Shift 键，然后按 4 个方向键，向 4 个方向移动 AP Div。每按一次方向键，将使 AP Div 移动 10 个像素值的距离。
- 选定 AP Div，在【属性】面板的【左】和【上】文本框内输入数值（要带单位，如 150px），并按 Enter 键确认。

STEP 12 按住 Shift 键不放，在【AP 元素】面板中依次选定 AP Div "apDiv3" "apDiv2" 和 "apDiv1"，然后在菜单栏中选择【修改】/【排列顺序】/【左对齐】命令，使所有的 AP Div 左对齐，如图 8-10 所示。

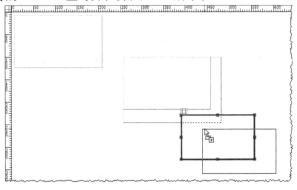
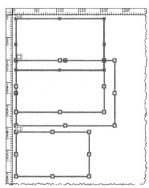

图8-9 移动 AP Div　　　　　　　　　图8-10 对齐 AP Div

【知识链接】

对齐功能可以使两个或两个以上的 AP Div 按照某一边界对齐。对齐 AP Div 的方法是，首先将所有 AP Div 选定，然后选择【修改】/【排列顺序】子菜单中的相应命令即可。如选择【对齐下缘】命令，将使所有被选中的 AP Div 的底边按照最后选定 AP Div 的底边对齐，即所有 AP Div 的底边都排列在一条水平线上。

STEP 13 最后保存文档。

（二）设置 AP Div

插入 AP Div 后还需要设置 AP Div，包括 AP Div 的属性以及在 AP Div 中应该放置的内容等，这样它才有实际价值。

【操作步骤】

STEP 1 在【AP 元素】面板中双击 "apDiv1"，将其修改为 "head"，然后依次将 "apDiv2" "apDiv3" 和 "apDiv4" 修改为 "main" "foot" 和 "left"，并选中【防止重叠】复选框，如图 8-11 所示。

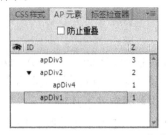
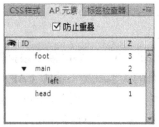

图8-11 修改 AP Div 名称

STEP 2 在【AP 元素】面板中选中 AP Div "head"，在【属性】面板中设置其参数，如图 8-12 所示。

图8-12 AP Div "head" 的参数设置

STEP 3 在 AP Div "head" 中插入图像 "images/logo.jpg"，如图 8-13 所示。

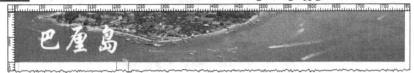

图8-13 插入图像

STEP 4 在【属性】面板中将 AP Div "head" 的高度修改为 "90"，在【溢出】选项中选择 "hidden"，如图 8-14 所示。

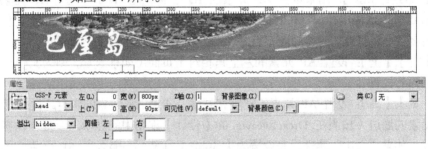

图8-14 修改属性参数后的效果

> **知识提示** 在修改 AP Div "head" 的高度后，插入的图像的高度比 AP Div 的高度大，在【溢出】选项中选择 "hidden" 后，超出 AP Div 范围的图像的其他部分将不再显示。

STEP 5 在【AP 元素】面板中选中 AP Div "main"，在【属性】面板中设置其参数，如图 8-15 所示，其效果如图 8-16 所示。

图8-15 AP Div "main" 的参数设置

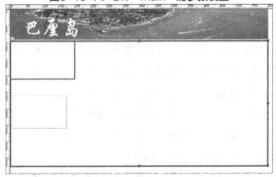

图8-16 设置 AP Div "main" 属性参数后的效果

知识提示　　　将 AP Div "main" 的上边界设置为 "122px"，是因为 AP Div "head" 的高度为 "120px" 且其上边界为 "0"，同时在 AP Div "main" 与 AP Div "head" 之间又空了 "2 像素" 的距离。

STEP 6　　在【AP 元素】面板中选中 AP Div "foot"，在【属性】面板中设置其参数，如图 8-17 所示。

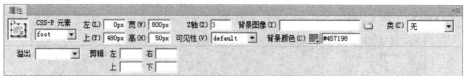

图8-17　AP Div "foot" 的参数设置

【知识链接】

对 AP Div【属性】面板的相关参数说明如下。

● 【CSS-P 元素】：用来设置 AP 元素的 ID 名称，此 ID 用于在【AP 元素】面板和 JavaScript 代码中标识 AP 元素，ID 应使用标准的字母和数字字符，不能使用空格、连字符、斜杠或句号等特殊字符，AP 元素必须有自己的唯一 ID。

● 【左】、【上】：设置 AP 元素的左上角相对于页面（如果嵌套，则为父 AP 元素）左上角的位置。

● 【宽】、【高】：设置 AP 元素的宽度和高度，如果 AP 元素的内容超过指定大小，AP 元素的底边（按照在 Dreamweaver 的【设计】视图中的显示）会延伸以容纳这些内容。如果 "溢出" 属性没有设置为【visible（可见）】，那么当 AP 元素在浏览器中出现时，底边将不会延伸。

● 【Z 轴】：设置在垂直平面的方向上 AP 元素的顺序号，在浏览器中，编号较大的 AP 元素出现在编号较小的 AP 元素的前面，值可以为正，也可以为负，当更改 AP 元素的堆叠顺序时，使用【AP 元素】面板要比输入特定的 z 轴值更为简便。

● 【可见性】：设置 AP 元素的可见性，包括 "default（默认）" "inherit（继承）" "visible（可见）" 和 "hidden（隐藏）" 4 个选项。

● 【背景图像】：设置 AP 元素的背景图像。

● 【背景颜色】：设置 AP 元素的背景颜色。

● 【类】：设置用于 AP 元素的样式的 CSS 类。

● 【溢出】：设置当 AP 元素的内容超过 AP 元素的指定大小时如何在浏览器中显示 AP 元素，包括 4 个选项："visible（可见）" 表示在 AP 元素中显示额外的内容，实际上，AP 元素会通过延伸来容纳额外的内容；"hidden（隐藏）" 表示不在浏览器中显示额外的内容，"scroll（滚动）" 表示浏览器应在 AP 元素上添加滚动条，而不管是否需要滚动条，"auto（自动）" 使浏览器仅在需要时（即当 AP 元素的内容超过其边界时）才显示 AP 元素的滚动条。溢出选项在不同的浏览器中会获得不同程度的支持。

● 【剪辑】：用来设置 AP 元素的可见区域，指定左、上、右和下坐标以在 AP 元素的坐标空间中定义一个矩形（从 AP 元素的左上角开始计算），AP 元素将经过 "裁剪" 以使得只有指定的矩形区域才是可见的。

STEP 7　　在 AP Div "foot" 中输入文本 "版权所有：巴厘岛"，然后在【CSS 样式】面板中双击"#foot"打开【#foot 的 CSS 规则定义】对话框。在【类型】分类中设置字体为"宋体"，大小为"14px"，行高为"50px"；在【区块】分类中设置文本对齐方式为"center"。

STEP 8 在【AP 元素】面板中选中嵌套 AP Div "left"，并取消选中【防止重叠】复选框，然后设置其属性，如图 8-18 所示。

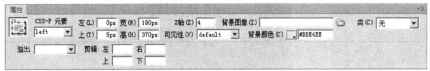

图8-18 设置 AP Div 属性

> 由于 AP Div "left" 是嵌套在 AP Div "main" 内的，因此 AP Div "left" 的【左】和【上】文本框中的数值是相对于 AP Div "main" 左上角的点而定义的。

STEP 9 在 AP Div "left" 中输入文本，然后在【CSS 样式】面板中双击"#left"打开【#left 的 CSS 规则定义】对话框。在【类型】分类中设置字体为"宋体"，大小为"14px"，行高为"20px"；在【区块】分类中设置文本对齐方式为"left"，在【方框】分类中设置左填充为"10px"，右填充为"5px"。

STEP 10 暂时保存文档，效果如图 8-19 所示。

图8-19 布局效果

【知识链接】

AP Div 与 Div 标签既有区别又有联系，它们的共同点是在源代码中都使用 HTML 标签"<div>…</div>"进行标识，不同的是，在插入 AP Div 时，AP Div 同时被赋予了 CSS 样式，通过【属性】面板还可以修改这些 CSS 样式，而插入 Div 标签时，需要再单独创建 CSS 样式对它进行控制，而且也不能通过【属性】面板设置其 CSS 样式。

另外，Div 标签是相对定位，AP Div 是绝对定位，这就意味着 Div 标签不能重叠，而 AP Div 可以重叠。但在实践中，AP Div 和 Div 标签可以相互转换。转换的方法是，在【CSS 规则定义】对话框的【定位】分类中，将【类型】选项设置为"absolute（绝对）"，即表示 AP Div，如图 8-20 所示，否则即为 Div 标签，这是 AP Div 与 Div 标签转换的关键因素。

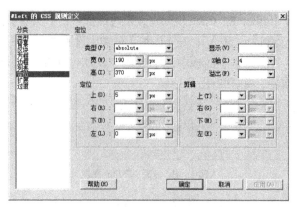

图8-20　AP Div 使用绝对定位

在实际应用中，还是使用 Div 标签和 CSS 技术布局页面的情况多，使用绝对定位的 AP Div 布局页面的情况少。有兴趣的读者可以仔细比较一下它们在布局页面中各自的优缺点。

任务二　使用 Spry 布局构件

Spry 布局构件是 Dreamweaver CS6 预置的常用用户界面组件，它使用了 Div+CSS 布局技术。本任务将使用 Spry 选项卡式面板布局主体页面的右侧部分。

【操作步骤】

STEP 1　单击【插入】面板【布局】类别中的【绘制 AP Div】按钮，并在 AP Div "main" 的右侧区域拖曳鼠标指针绘制一个嵌套的 AP Div，然后在【AP 元素】面板中将其名称修改为 "right"，如图 8-21 所示。

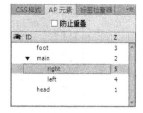

STEP 2　在【AP 元素】面板中选中 AP Div "right"，然后设置其属性，如图 8-22 所示。

图8-21　修改 AP Div 的名称

图8-22　设置 AP Div 属性

STEP 3　将鼠标光标置于 AP Div "right" 中，然后选择【插入】/【Spry】/【Spry 选项卡式面板】命令，在页面中添加一个 Spry 选项卡式面板，如图 8-23 所示。

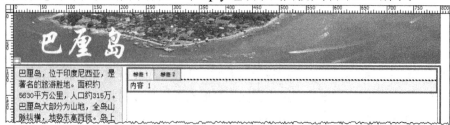

图8-23　添加 Spry 选项卡式面板

STEP 4　打开【CSS 样式】面板，将面板的宽度修改为 "575px"，将标签字体修改为 "bold 1em sans-serif"，如图 8-24 所示。

图8-24 【CSS样式】面板

STEP 5 将鼠标光标置于"标签 1"处，然后在文档窗口左下端的标签选择器中单击 HTML 标签<div id="TabbedPanels1" class="TabbedPanels">来选中 Spry 选项卡式面板，此时其【属性】面板如图 8-25 所示。

图8-25 【属性】面板

【知识链接】

可以在菜单中选择【插入】/【Spry】中的相应命令向页面插入 Spry 构件，也可以通过【插入】面板的【Spry】类别中的相应按钮进行操作。如果要编辑 Spry 构件，可以将鼠标指针指向此构件直到看到构件的蓝色选项卡式轮廓，单击构件左上角的选项卡将其选中，然后在【属性】面板中编辑构件即可。尽管使用【属性】面板编辑 Spry 构件，但【属性】面板并不支持其外观 CSS 样式的设置。如果要修改其外观 CSS 样式，必须修改对应的 CSS 样式代码。

STEP 6 在【属性】面板中，单击【面板】列表框上方的 ✚ 按钮添加一个面板，如图 8-26 所示。

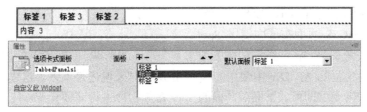

图8-26 添加面板

STEP 7 在【属性】面板中，单击列表框上方的 ▼ 按钮，将添加的面板下移，如图 8-27 所示。

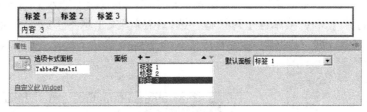

图8-27 下移面板

【知识链接】

Spry 选项卡式面板用来将内容存储到紧凑空间中。当访问者单击不同的选项卡时，面板会相应地打开。在【属性】面板的【选项卡式面板】文本框中可以设置面板的名称，在【面板】列表框中单击+按钮添加面板、单击-按钮删除面板、单击▲按钮上移面板、单击▼按钮下移面板，在【默认面板】列表框中可以设置在浏览器中显示时默认打开显示内容的面板。选项卡的名字和选项卡内容可以在文档中直接编辑。

STEP 8 在【属性】面板中的【面板】列表框中选择"标签 1"，然后在文档窗口中将第 1 个选项卡的名字"标签 1"修改为"风景 1"，将选项卡的文本"内容 1"删除，然后插入图像"images/bali01.jpg"，并使其居中显示，效果如图 8-28 所示。

STEP 9 利用相同的方法修改选项卡"标签 2"和"标签 3"的名字，并添加相应的内容，效果如图 8-29 所示。

图8-28 添加选项卡内容 1

图8-29 添加选项卡内容 2

STEP 10 保存文档，弹出【复制相关文件】对话框，如图 8-30 所示。

STEP 11 单击 确定 按钮关闭【复制相关文件】对话框即可。

【知识链接】

Spry 布局构件使用了 Div+CSS 布局技术，因此在 Div+CSS 页面布局中使用 Spry 布局构件能完美地保证 Spry 布局构件的效

图8-30 【复制相关文件】对话框

果，在具有绝对定位的 AP Div 中使用的 Spry 布局相对来说还是不多。这里主要是作为知识点进行介绍，读者明白即可。下面对其他的 Spry 布局构件进行简要介绍。

1．Spry 菜单栏

Spry 菜单栏是一组可导航的菜单按钮，当将鼠标指针悬停在其中的某个按钮上时，将显示相应的子菜单。创建 Spry 菜单栏的方法是，在菜单栏中选择【插入】/【Spry】/【Spry 菜单栏】命令，打开【Spry 菜单栏】对话框，选择布局模式【水平】或【垂直】命令，如图 8-31 所示，单击 确定 按钮，在文档中插入一个 Spry 菜单栏构件，如图 8-32 所示。

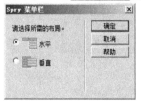

图8-31 【Spry 菜单栏】对话框

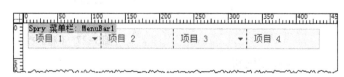

图8-32 在文档中插入 Spry 菜单栏构件

此时还需要通过【属性】面板添加菜单项及链接目标，如图 8-33 所示。由【属性】面板可以看出，创建的菜单栏可以有 3 级菜单。在【属性】面板中，从左至右的 3 个列表框分别用来定义一级菜单项、二级菜单项和三级菜单项。在定义每个菜单项时，均使用右侧的【文本】、【链接】、【标题】和【目标】4 个文本框进行设置。单击列表框上方的+按钮将添加一个菜单项；单击–按钮将删除一个菜单项；单击▲按钮将选中的菜单项上移；单击▼按钮将选中的菜单项下移。

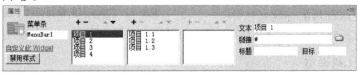

图8-33 Spry 菜单栏构件的【属性】面板

2. Spry 折叠式构件

Spry 折叠式构件是一组可折叠的面板，可以将大量内容存储在一个紧凑的空间中。站点浏览者可通过单击该面板上的选项卡来隐藏或显示存储在折叠构件中的内容。在折叠式构件中，每次只能有一个内容面板处于打开且可见的状态。创建 Spry 折叠式构件的方法是，选择【插入】/【Spry】/【Spry 折叠式】命令，在页面中添加一个 Spry 折叠式构件，如图 8-34 所示。

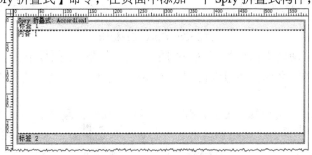

图8-34 添加 Spry 折叠式构件

Spry 折叠式构件【属性】面板如图 8-35 所示。在【属性】面板中，可以在【折叠式】文本框中设置面板的名称，在【面板】列表框中通过单击+按钮添加面板、单击–按钮删除面板、单击▲按钮上移面板和单击▼按钮下移面板。可以直接在文档中更改折叠条的标题名称及内容。

图8-35 Spry 折叠式构件的【属性】面板

3. Spry 可折叠式面板

Spry 可折叠面板构件是一个面板，可将内容存储到紧凑的空间中。用户单击构件的选项卡即可隐藏或显示存储在可折叠面板中的内容。创建 Spry 可折叠面板构件的方法是，选择【插入】/【Spry】/【Spry 可折叠面板】命令，在页面中添加一个 Spry 可折叠面板构件，如图 8-36 所示。如果页面中需要多个可折叠面板，可以多次选择该命令依次添加。

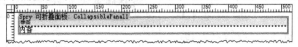

图8-36 添加 Spry 可折叠面板

Spry 可折叠面板【属性】面板如图 8-37 所示。在【属性】面板中，可以在【可折叠面板】文本框中设置面板的名称，在【显示】列表框中设置面板当前状态为"打开"或"已关闭"，在【默认状态】列表框中设置在浏览器中浏览时面板默认状态为"打开"或"已关闭"，选择【启用动画】复选框将启用动画效果。可以直接在文档中更改面板的标题名称并输入相应的内容。

图8-37 Spry 可折叠面板的【属性】面板

4. Spry 工具提示

Spry 工具提示是指当鼠标指针悬停在网页中的特定元素上时，Spry 工具提示会显示提示信息，当鼠标指针移开时，提示信息消失。创建 Spry 工具提示的方法是，选择【插入】/【Spry】/【Spry 工具提示】命令，在页面中添加一个 Spry 工具提示构件，如图 8-38 所示。此时需要在触发器位置输入文本或插入图像作为触发器，然后在提示内容处输入提示信息。也可先选择页面上的现有元素（如图像）作为触发器，然后再插入 Spry 工具提示。

图8-38 Spry 工具提示

Spry 工具提示【属性】面板如图 8-39 所示。在【属性】面板中，可以在【Spry 工具提示】文本框中设置 ID 名称，还可以设置水平和垂直偏移量、显示延迟和隐藏延迟以及遮帘和渐隐效果等。

图8-39 Spry 工具提示【属性】面板

项目实训 制作"园林景观"网页

本项目主要介绍了使用 AP Div 和时间轴制作动画的基本方法，本实训将使读者进一步巩固所学的基本知识。

要求：把素材文件复制到站点文件夹下，然后根据操作提示创建如图 8-40 所示网页。

【操作步骤】

STEP 1 创建网页文档"shixun.htm"，然后插入一个 Div 标签，ID 名称为"mydiv"，同时创建 ID 名称 CSS 样式"#mydiv"，设置其宽度为"500px"，高度为"auto"。

图8-40 园林景观

STEP 2　　将 Div 标签内的文本删除，然后选择【插入】/【Spry】/【Spry 折叠式】命令，在页面中添加一个 Spry 折叠式构件。

STEP 3　　在【属性】面板中选中"标签 2"，然后单击╋按钮，再增加"标签 3"。

STEP 4　　在【CSS 样式】面板中选中类 CSS 样式".AccordionPanelContent"，然后将其高度修改为"300px"。

STEP 5　　在【属性】面板中选中"标签 1"，然后在文档中将"标签 1"修改为"园林景观 1"，将文本"内容 1"删除，插入图像"01.jpg"，并将鼠标光标置于图像后面，在【属性（CSS）】面板中单击▆按钮使其居中显示。

STEP 6　　运用同样的方法设置"标签 2"和"标签 3"，其中插入的图像依次为"02.jpg""03.jpg"。

STEP 7　　保存文件。

项目小结

本项目通过巴厘岛网页介绍了使用 AP Div 和 Spry 布局构件布局网页的基本方法。下面将应该注意的问题进行简要总结，以供读者参考。

通过本项目的学习，要充分理解 AP Div 与 Div 标签的区别与联系，它们使用同一个 HTML 标签，但它们决不是一个概念。Div 标签是相对定位，AP Div 是绝对定位。Div 标签在插入时必须创建相应的 CSS 样式进行控制，但 AP Div 在插入时立即产生相应的 CSS 样式。Div 标签无法通过【属性】面板设置其 CSS 属性，AP Div 可以通过【属性】面板设置 AP Div 自身的一些属性。

思考与练习

一、填空题

1.　AP Div 的_____属性可以使多个 AP Div 发生堆叠，也就是多重叠加的效果。

2.　在【AP 元素】面板中，按住_____键不放，单击想选择的 AP Div 可以将多个 AP Div 选中。

3.　在【CSS 规则定义】对话框的【定位】分类中，将【类型】选项设置为"_____"，即表示 AP Div，否则即为 Div 标签。

4.　可以在菜单中选择【插入】/【_____】中的相应命令向页面插入 Spry 构件。

二、选择题

1.　下面关于创建 AP Div 的说法错误的有（　　　）。

　　A. 选择菜单栏中的【插入】/【布局对象】/【AP Div】命令

　　B. 将【插入】面板【布局】类别中的 [绘制 AP Div] 按钮拖曳到文档窗口

　　C. 在【插入】面板【布局】类别中单击 [绘制 AP Div] 按钮，然后在文档窗口中按住鼠标左键并拖曳

　　D. 在【插入】面板【布局】类别中单击 [绘制 AP Div] 按钮，然后按住 Shift 键不放，按住鼠标左键并拖曳

2. 关于【AP元素】面板的说法错误的有（　　　）。

A. 双击 AP Div 的名称，可以对 AP Div 进行重命名

B. 双击 AP Div 后面的数字可以修改 AP Div 的 z 轴顺序

C. 选中【防止重叠】复选框可以禁止 AP Div 重叠

D. 在 AP Div 的名称前面有一个图标，单击图标可锁定 AP Div

3. 关于选定 AP Div 的说法错误的有（　　　）。

A. 单击文档中的图标来选定 AP Div

B. 将鼠标光标置于 AP Div 内，然后在文档窗口底边标签条中选择"<div>"标签

C. 单击 AP Div 的边框线

D. 如果要选定两个以上的 AP Div，只要按住 Alt 键，然后逐个单击 AP Div 手柄或在【AP元素】面板中逐个单击 AP Div 的名称即可

4. 关于移动 AP Div 的说法错误的有（　　　）。

A. 可以使用鼠标进行拖曳

B. 可以先选中 AP Div，然后按键盘上的方向键进行移动

C. 可以在【属性】面板的【左】和【上】文本框中输入数值进行定位

D. 可以在【属性】面板的【宽】和【高】文本框中输入数值进行定位

5. 依次选中 AP Div "apDiv1" "apDiv4" "apDiv3" 和 "apDiv2"，然后在菜单栏中选择【修改】/【排列顺序】/【左对齐】命令，所有选择的 AP Div 将以"（　　　）"为标准进行对齐。

A. apDiv1　　　B. apDiv2　　　C. apDiv3　　　D. apDiv4

6. 一个 AP Div 被隐藏了，如果需要显示其子 AP Div，需要将子 AP Div 的可见性设置为（　　　）。

A. default　　　B. inherit　　　C. visible　　　D. hidden

三、问答题

1. AP Div 与 Div 标签有什么异同？它们如何相互转换？

2. 本项目主要介绍了哪几种 Spry 布局构件？

四、操作题

制作一个网页，要求使用本项目所介绍的相关知识。

PART 9

项目九
框架
——制作竹子论坛网页

在制作网页的过程中，使用框架技术可将一个浏览器窗口划分为多个区域，每个区域显示不同文档。本项目以图 9-1 所示的竹子论坛网页为例，介绍创建框架网页的基本方法。

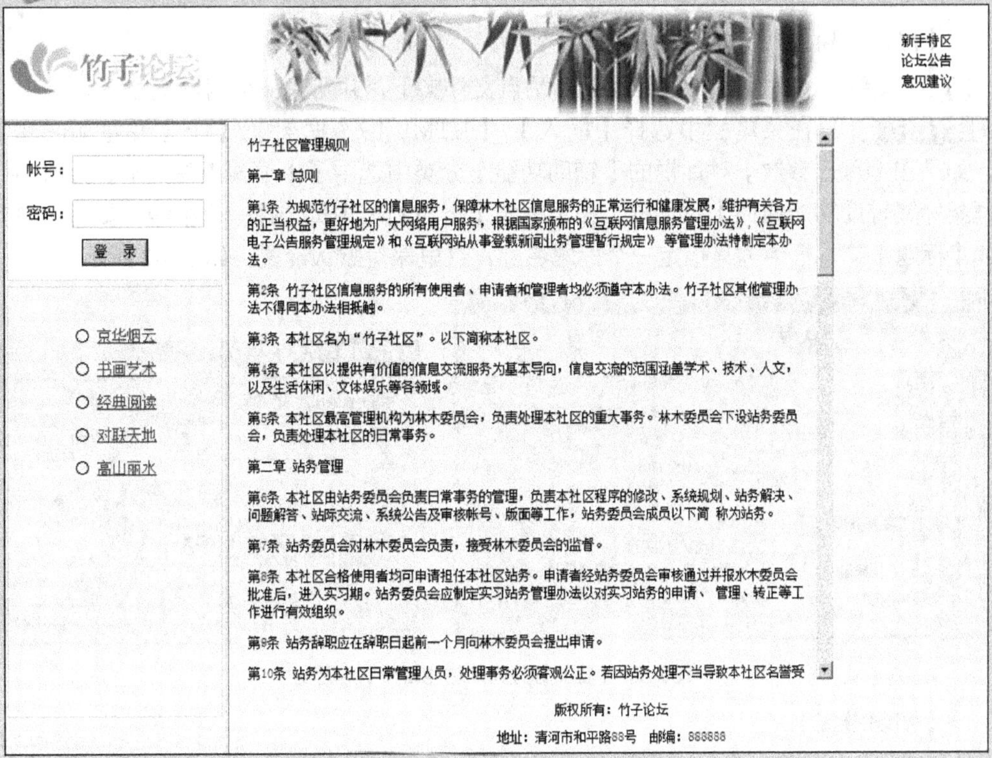

竹子社区管理规则

第一章 总则

第1条 为规范竹子社区的信息服务，保障林木社区信息服务的正常运行和健康发展，维护有关各方的正当权益，更好地为广大网络用户服务，根据国家颁布的《互联网信息服务管理办法》、《互联网电子公告服务管理规定》和《互联网站从事登载新闻业务管理暂行规定》等管理办法特制定本办法。

第2条 竹子社区信息服务的所有使用者、申请者和管理者均必须遵守本办法。竹子社区其他管理办法不得同本办法相抵触。

第3条 本社区名为"竹子社区"。以下简称本社区。

第4条 本社区以提供有价值的信息交流服务为基本导向，信息交流的范围涵盖学术、技术、人文，以及生活休闲、文体娱乐等各领域。

第5条 本社区最高管理机构为林木委员会，负责处理本社区的重大事务。林木委员会下设站务委员会，负责处理本社区的日常事务。

第二章 站务管理

第6条 本社区由站务委员会负责日常事务的管理，负责本社区程序的修改、系统规划、站务解决、问题解答、站际交流、系统公告及审核帐号、版面等工作，站务委员会成员以下简 称为站务。

第7条 站务委员会对林木委员会负责，接受林木委员会的监督。

第8条 本社区合格使用者均可申请担任本社区站务。申请者经站务委员会审核通过并报水木委员会批准后，进入实习期。站务委员会应制定实习站务管理办法以对实习站务的申请、 管理、转正等工作进行有效组织。

第9条 站务辞职应在辞职日起前一个月向林木委员会提出申请。

第10条 站务为本社区日常管理人员，处理事务必须客观公正。若因站务处理不当导致本社区名誉受

帐号：

密码：

登 录

○ 京华烟云
○ 书画艺术
○ 经典阅读
○ 对联天地
○ 高山丽水

新手特区
论坛公告
意见建议

版权所有：竹子论坛

地址：清河市和平路88号　邮编：888888

图9-1 竹子论坛网页

学习目标

- 了解框架和框架集的概念。
- 学会创建和编辑框架与框架集的方法。
- 学会设置框架和框架集属性的方法。
- 学会设置框架中链接目标窗口的方法。

本项目设计的是竹子论坛网页，使用的是框架技术。在网页设计和制作过程中，首先创建一个"上方固定，左侧嵌套"的框架集，然后再将右侧框架拆分成上下两个框架，并进行相关属性设置，最后在上面的框架中插入浮动框架。

任务一　创建框架网页

框架技术在网页制作中是非常有用的，本任务将使用框架技术布局论坛网页。

（一）　创建框架

下面首先创建框架网页。

【操作步骤】

STEP 1　首先将素材文件复制到站点文件夹下，并新建一个网页文档。

STEP 2　在菜单栏中选择【插入】/【HTML】/【框架】/【上方及左侧嵌套】命令，如果在【首选参数】对话框的【辅助功能】分类中选中了【框架】复选框，此时将弹出【框架标签辅助功能属性】对话框，在【框架】下拉列表中每选择一个框架，就可以在其下面的【标题】文本框中为其指定一个标题名称，这里保持默认设置，如图9-2所示。

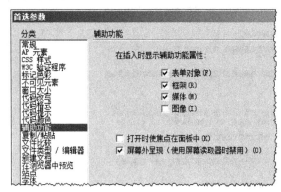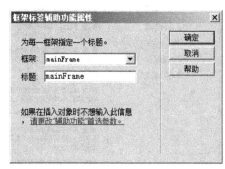

图9-2　【框架标签辅助功能属性】对话框

【知识链接】

在【框架标签辅助功能属性】对话框中如果在没有输入新名称的情况下单击 确定 按钮，Dreamweaver CS6 将为此框架指定一个与其在框架集中的位置相对应的名称。如果直接单击 取消 按钮，该框架集将出现在文档中，但 Dreamweaver CS6 不会将它与辅助功能标签或属性相关联。如果在创建框架网页时不希望出现【框架标签辅助功能属性】对话框，可以在【首选参数】对话框的【辅助功能】分类中取消选中【框架】复选框。

在设定框架后，如果在页面上仍然看不到任何框线时，选择【查看】/【可视化助理】/【框架边框】菜单命令，可显示出框架的边框。

STEP 3 在【框架标签辅助功能属性】对话框中单击 确定 按钮，创建如图 9-3 所示的框架网页，如果在【首选参数】对话框中没有选中【框架】复选框，将直接创建该框架网页。

【知识链接】

利用框架技术可以将浏览器窗口划分成多个区域，这些被划分出来的区域称为框架，在每个框架中可以显示不同的网页文档。这些框架可以有各自独立的背景、滚动条和标题等。通过在这些不同的框架之间设置超级链接，还可以在浏览器窗口中呈现出有动有静的效果。

框架集是 HTML 文件，主要用来定义一组框架的布局和属性，包括显示在页面中框架的数目、框架的大小和位置、最初在每个框架中显示的页面的 URL 以及其他一些可定义属性的相关信息。框架集文件本身不包含要在浏览器中显示的内容，只是向浏览器提供应如何显示一组框架以及在这些框架中应显示哪些文档的有关信息。当然，如果框架集文件含有"noframes（编辑无框架内容）"部分，其将会显示在浏览器中。

STEP 4 将鼠标光标置于右下侧的"mainframe"框架内，在菜单栏中选择【修改】/【框架页】/【拆分上框架】命令，将该框架拆分为上下两个框架，如图 9-4 所示。

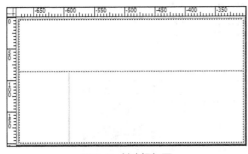

图9-3 创建框架页　　　　　　　　　图9-4 拆分框架

【知识链接】

虽然 Dreamweaver CS6 预先提供了许多框架集，但并不一定满足实际需要，这时就需要在预定义框架集的基础上进行拆分框架的操作。将鼠标光标置于要拆分的框架内，在菜单栏中选择【修改】/【框架集】子命令中的【拆分左框架】、【拆分右框架】、【拆分上框架】或【拆分下框架】命令可以分别拆分该框架。这些命令可以用来反复对框架进行拆分，直至满意为止。

选择【查看】/【可视化助理】/【框架边框】菜单命令，显示出当前网页的边框，然后将鼠标指针置于框架最外层边框线上，当鼠标指针变为 ↔ 时，单击并拖动鼠标指针到合适的位置即可创建新的框架。如果将鼠标指针置于最外层框架的边角上，当鼠标指针变为 ✛ 时，单击并拖动鼠标指针到合适的位置，可以一次创建垂直和水平的两条边框，将框架分隔为 4 个框架。如果拖动内部框架的边角，可以一次调整周围所有框架的大小，但不能创建新的框架。如要创建新的框架，可以先按住 Alt 键，然后拖动鼠标指针，可以对框架进行垂直和水平的分隔。

如果在框架集中出现了多余的框架，这时需要将其删除。删除多余框架的方法比较简单，将其边框拖曳到父框架边框上或拖离页面即可。

（二） 保存框架

由于一个框架集包含多个框架，每一个框架都包含一个文档，因此一个框架集会包含多个文件。在保存框架网页的时候，不能只简单地保存一个文件，要将所有的框架网页文档都保存下来。如果事先已经制作好了要在框架中显示的文档，也可以在框架中打开这些文档。下面对创建的框架网页进行保存，然后再在框架中打开已经制作好的文档。

【操作步骤】

STEP 1　　在标题为"topFrame"的框架内单击鼠标，接着在菜单栏中选择【文件】/【保存框架】命令将当前框架页保存为"head2.htm"，如图 9-5 所示。

图9-5　【另存为】对话框

STEP 2　　在标题为"leftFrame"的框架内单击鼠标，接着在菜单栏中选择【文件】/【保存框架】命令将当前框架页保存为"left2.htm"。

STEP 3　　在标题为"mainFrame"的框架内单击鼠标，接着在菜单栏中选择【文件】/【保存框架】命令将当前框架页保存为"main2.htm"。

STEP 4　　在最后一个框架内单击鼠标，接着在菜单栏中选择【文件】/【保存框架】命令将当前框架页保存为"foot2.htm"。

STEP 5　　在菜单栏中选择【窗口】/【框架】命令打开【框架】面板，在面板中单击最外层框架集边框将整个框架集选中，如图 9-6 所示。

图9-6　【框架】面板

【知识链接】

选择框架和框架集最简单的方法是通过【框架】面板来进行。方法是，选择【窗口】/【框架】菜单命令，打开【框架】面板。【框架】面板以缩略图的形式列出了框架页中的框架集和框架，每个框架中间的文字就是框架的名称。在【框架】面板中，直接单击相应的框架即可选择该框架，单击框架集的边框即可选择该框架集。被选择的框架和框架集，其周围出现黑色细线框。

STEP 6 在菜单栏中选择【文件】/【保存框架页】命令，打开【另存为】对话框，输入文件名"zhuzi.htm"，如图9-7所示。

图9-7 【另存为】对话框

STEP 7 单击 保存(S) 按钮将整个框架集保存。

> **知识提示** 此时每一个框架里都是一个空文档，需要像制作普通网页一样进行制作，但常规的做法应该是提前制作好这些页面，届时直接在框架内打开这些文档即可。

STEP 8 将鼠标光标置于顶部框架内，然后在菜单栏中选择【文件】/【在框架中打开】命令，打开【选择 HTML 文件】对话框，选择文件"head.htm"，如图 9-8 所示。

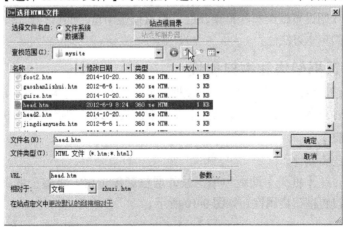

图9-8 在框架内打开文档

STEP 9 单击 确定 按钮，在"topFrame"框架内打开文件"head.htm"，然后按照同样的方法在其他各个框架内依次打开文档"left.htm""main.htm"和"foot.htm"，如图9-9所示。

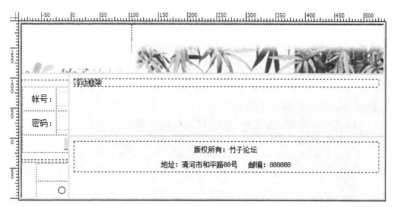

图9-9 在框架内打开文档

STEP 10 最后在菜单栏中选择【文件】/【保存全部】命令，再次将文档进行保存。

【知识链接】

在保存框架页的时候，不能只简单地保存一个文件。根据实际情况，可以按以下顺序依次进行保存。① 首先保存各个框架页。方法是，在框架内单击鼠标，接着选择【文件】/【保存框架】菜单命令将当前框架页保存，每个框架页都需要进行保存。② 最后保存整个框架集文件，方法是，选择最外层框架集，并选择【文件】/【保存框架页】菜单命令将框架集文件保存。

在创建了框架页后，既可以在各个框架中直接输入网页元素进行保存，也可以在框架中打开已经事先准备好的网页。如果在每个框架中要显示的网页都已提前制作好，在创建框架网页时，就需要先选择最外层框架集保存整个框架网页，然后依次在各个框架中打开已经制作好的网页，最后选择【文件】/【保存全部】菜单命令再次保存文件即可。在框架中打开网页的方法是，将鼠标光标置于框架中，然后选择【文件】/【在框架中打开】菜单命令。

任务二　设置框架网页

本任务主要介绍设置框架集和框架属性、设置框架中链接的目标窗口、使用浮动框架和编辑无框架内容的基本方法。

（一）设置框架集和框架属性

框架网页创建好以后，框架的大小、边框宽度、是否有滚动条等不一定符合实际要求，这就需要对其进行设置。下面通过【属性】面板来设置框架集和框架的属性。

【操作步骤】

首先设置框架集属性。

STEP 1 在【框架】面板中单击最外层框架集边框，将整个框架集选中，然后在【属性】面板中设置框架集属性，如图9-10所示。

知识提示

在文档窗口中，当鼠标靠近框架集边框且出现上下箭头时，单击整个框架集的边框也可将其选中，被选中的框架集边框将显示为虚线。

图9-10 设置框架集属性

【知识链接】

框架集【属性】面板各参数的具体含义如下。

- 【边框】：用于设置是否有边框，其下拉列表中包含"是""否"和"默认"3 个选项。选择【默认】选项，将由浏览器端的设置来决定是否有边框。
- 【边框宽度】：用于设置整个框架集的边框宽度，以"像素"为单位。
- 【边框颜色】：用于设置整个框架集的边框颜色。
- 【行】或【列】：用于设置行高或列宽，显示【行】还是显示【列】是由框架集的结构决定的。
- 【单位】：用于设置行、列尺寸的单位，其下拉列表中包含【像素】、【百分比】和【相对】3 个选项。

STEP 2 在【属性】面板中，单击框架集预览图底部，然后设置相应参数，如图9-11 所示。

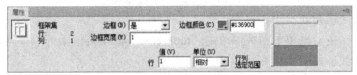

图9-11 设置框架集属性

【知识链接】

对【像素】、【百分比】和【相对】的含义简要说明如下。

- 【像素】：以"像素"为单位设置框架大小时，尺寸是绝对的，即这种框架的大小永远是固定的。若网页中其他框架用不同的单位设置框架的大小，则浏览器首先为这种框架分配屏幕空间，再将剩余空间分配给其他类型的框架。
- 【百分比】：以"百分比"为单位设置框架大小时，框架的大小将随框架集大小按所设的百分比发生变化。在浏览器分配屏幕空间时，它比"像素"类型的框架后分配，比"相对"类型的框架先分配。
- 【相对】：以"相对"为单位设置框架大小时，框架在前两种类型的框架分配完屏幕空间后再分配，它占据前两种框架的所有剩余空间。

设置框架大小最常用的方法是将左侧框架设置为固定像素宽度，将右侧框架设置为相对大小。这样在分配像素宽度后，能够使右侧框架伸展以占据所剩余空间。

当设置单位为"相对"时，在【值】文本框中输入的数字将消失。如果想指定一个数字，则必须重新输入。但是，如果只有一行或一列，则不需要输入数字。因为该行或列在其他行和列分配空间后，将接受所有剩余空间。为了确保浏览器的兼容性，可以在【值】文本框中输入"1"，这等同于不输入任何值。

STEP 3 在【框架】面板中单击第 2 层框架集边框将其选中，然后设置第 2 层框架集属性，如图 9-12 所示。

图9-12 设置第2层框架集属性

STEP 4 在【框架】面板中单击第 3 层框架集边框将其选中，然后设置第 3 层框架集属性，如图 9-13 所示。

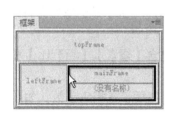

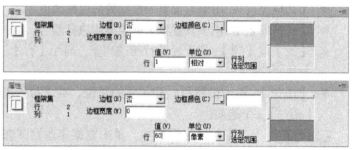

图9-13 设置第3层框架集属性

下面设置各个框架的属性。

STEP 5 在【框架】面板中单击"topFrame"框架将框架选中，然后在【属性】面板中设置相关参数，如图 9-14 所示。

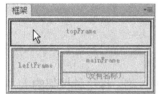

图9-14 设置"topFrame"框架属性

【知识链接】

框架【属性】面板各参数的具体含义如下。

● 【框架名称】：用于设置链接指向的目标窗口名称。

● 【源文件】：用于设置框架中显示的页面文件。

● 【边框】：用于设置框架足否有边框，其下拉列表中包括【默认】、【是】和【否】3 个选项。选择【默认】选项，将由浏览器端的设置来决定是否有边框。

● 【滚动】：用于设置是否为可滚动窗口，其下拉列表中包含【是】、【否】、【自动】和【默认】4 个选项。"是"表示显示滚动条；"否"表示不显示滚动条；"自动"将根据窗口的显示大小而定，也就是当该框架内的内容超过当前屏幕上下或左右边界时，滚动条才会显示，否则不显示；"默认"表示将不设置相应属性的值，从而使各个浏览器使用默认值。

● 【不能调整大小】：用于设置在浏览器中是否可以手动设置框架的尺寸大小。

● 【边框颜色】：用于设置框架边框的颜色。

156

- 【边界宽度】：用于设置左右边界与内容之间的距离，以"像素"为单位。
- 【边界高度】：用于设置上下边框与内容之间的距离，以"像素"为单位。

STEP 6 在【框架】面板中单击"leftFrame"框架，然后在【属性】面板中设置相关参数，如图 9-15 所示。

图9-15 设置"leftFrame"框架属性

STEP 7 在【框架】面板中单击"mainFrame"框架，然后在【属性】面板中设置相关参数，如图 9-16 所示。

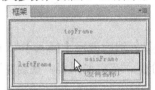 

图9-16 设置"mainFrame"框架属性

STEP 8 在【框架】面板中单击最后一个框架，然后在【属性】面板中设置相关参数，如图 9-17 所示。

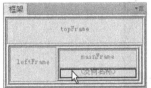 

图9-17 设置"footFrame"框架属性

至此，框架集和框架的属性就设置完了。通过上面的学习，读者可以发现，框架不是文件而是存放文档的容器，因此当前显示在框架中的文档实际上并不是框架的一部分。如果一个框架网页在浏览器中显示为包含 4 个框架的单个页面，则它实际上至少由 5 个网页文档组成：1 个框架集文件和 4 个显示在框架中的网页文档。在 Dreamweaver CS6 中设计使用框架集的页面时，必须保存所有这 5 个文件，该页面才能在浏览器中正常显示。

（二）设置框架中链接的目标窗口

下面设置框架网页中的超级链接及其目标窗口。

【操作步骤】

STEP 1 在"leftFrame"框架中选择文本"京华烟云"，然后在【属性】面板的【链接】文本框中定义链接文件为"jinghuayanyun.htm"，在【目标】下拉列表中选择"mainFrame"，如图 9-18 所示。

图9-18 设置框架中的超级链接及其目标窗口

STEP 2 运用相同的方法依次设置文本"书画艺术""经典阅读""对联天地""高山丽水"的超级链接，链接目标文件分别为"shuhuayishu.htm""jingdianyuedu.htm""duiliantiandi.htm""gaoshanlishui.htm"，并把目标窗口均设置为"mainFrame"。

> **知识提示** 在没有框架的文档中链接目标窗口分为 new、_blank、_parent、_self、_top 5 种形式。在使用框架的文档中增加了与框架有关的目标窗口，可在某框架内使用链接改变另一个框架内容。

STEP 3 最后在菜单栏中选择【文件】/【保存全部】命令再次保存文件。

（三） 使用浮动框架

浮动框架 iframe 是一种特殊的框架形式，可以包含在许多元素当中。下面在框架"mainFrame"中的页面内插入浮动框架。

【操作步骤】

STEP 1 将框架"mainFrame"中文本"浮动框架"删除，然后选择【插入】/【标签】命令，打开【标签选择器】对话框，展开【HTML 标签】分类，在右侧列表中找到并选中"iframe"，如图 9-19 所示。

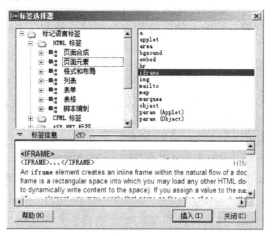

图9-19 【标签选择器】对话框

STEP 2 单击 [插入(I)] 按钮打开【标签编辑器-iframe】对话框进行参数设置，如图 9-20 所示。

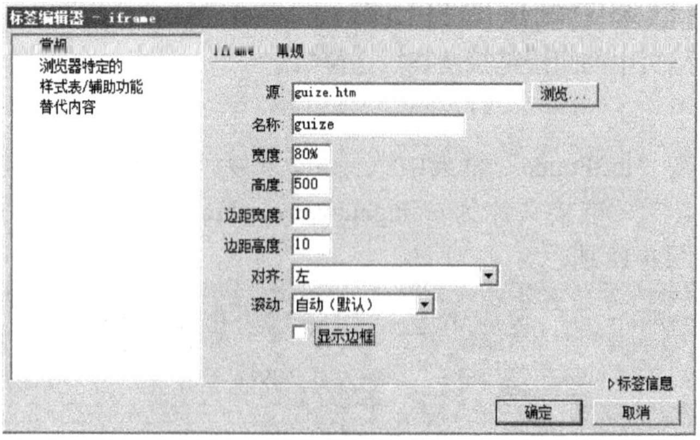

图9-20 【标签编辑器-iframe】对话框

下面对标签 iframe 各项参数的含义简要说明如下。

- 【源】：浮动框架中包含的文档路径名。
- 【名称】：浮动框架的名称，如 "topFrame" 和 "mainFrame"。
- 【宽度】和【高度】：浮动框架的尺寸，有像素和百分比两种单位。
- 【边距宽度】和【边距高度】：浮动框架内元素与边界的距离。
- 【对齐】：浮动框架在外延元素中的 5 种对齐方式。
- 【滚动】：浮动框架页的滚动条显示状态。
- 【显示边框】：浮动框架的外边框显示与否。

STEP 3 单击 确定 按钮返回到【标签选择器】对话框，单击 关闭(C) 按钮关闭该对话框，效果如图 9-21 所示。

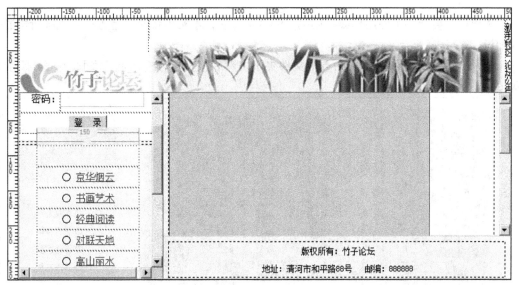

图9-21 插入 iframe

（四） 编辑无框架内容

有些浏览器不支持框架技术，Dreamweaver 提供了解决这种问题的方法，即编辑 "无框架内容"，以使不支持框架的浏览器也可以显示无框架内容。下面进行设置。

【操作步骤】

STEP 1 选择【修改】/【框架集】/【编辑无框架内容】命令，进入【无框架内容】窗口，在其中输入提示文本，如图 9-22 所示。

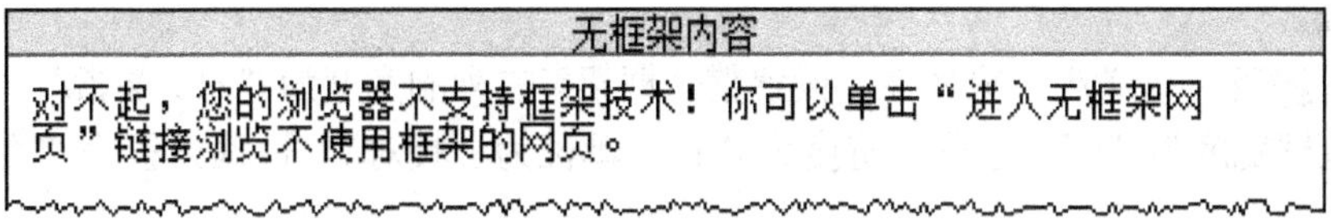

> **无框架内容**
>
> 对不起，您的浏览器不支持框架技术！你可以单击 "进入无框架网页" 链接浏览不使用框架的网页。

图9-22 编辑无框架内容

STEP 2 选中文本 "进入无框架网页"，在【属性】面板中将其链接目标文件设置为 "noframe.htm"，如图 9-23 所示。

图9-23 设置超级链接

STEP 3 设置完毕后，再次选择【修改】/【框架集】/【编辑无框架内容】命令退出【无框架内容】编辑窗口。

STEP 4 最后保存所有文档。

项目实训　制作"竹子夜谈"网页

本项目主要介绍了使用框架布局网页的基本方法，本实训将使读者进一步巩固所学的基本知识。

要求：把素材文件复制到站点根文件夹下，然后根据操作提示制作如图 9-24 所示的网页。

图9-24 竹子夜谈网页

【操作步骤】

STEP 1 首先创建一个"右对齐（右侧固定）"的框架集，框架标题名称分别为"rightFrame"和"mainFrame"，并将最外层框架集保存为"shixun.htm"。

STEP 2 在左侧框架中打开网页文档"main.htm"，在右侧框架中打开网页文档"right.htm"。

STEP 3 设置框架集属性。设置整个框架集右列的宽度为"210 像素"，边框设置为"否"，边框宽度为"0"。左列的宽度为"1"，单位为"相对"，边框设置为"否"，边框宽度为"0"。

STEP 4 设置框架属性。设置"rightFrame"框架滚动条为"自动"，不能调整大小，"mainFrame"框架滚动条设置为"默认"，能调整大小。

STEP 5 编辑无框架内容，输入文本"此为框架网页"。

STEP 6 最后保存文件。

项目小结

本项目以论坛网页为例，介绍了创建和保存框架网页以及设置框架集和框架属性的基本方法。通过本项目的学习，读者应该掌握创建框架页面的基本方法，还要了解在什么情况下使用框架以及根据不同的情况设置框架集和框架的属性。另外，还要掌握在框架中超级链接目标窗口的设置方法，针对不支持框架技术的浏览器编辑无框架内容网页的方法以及在网页中插入浮动框架的方法等。

思考与练习

一、填空题

1. 一个包含 4 个框架的框架集实际上存在_____个文件。
2. 框架集是用_____标识，框架是用 frame 标识。
3. _____框架是一种较为特殊的框架形式，可以包含在许多元素当中。
4. 只有显示框架集的边框，才能设置边框的以下属性：宽度和_____。

二、选择题

1. 将一个框架拆分为上下两个框架，并且使源框架的内容处于下方的框架，应该选择的命令是（　　　）。

   A.【修改】/【框架集】/【拆分上框架】

   B.【修改】/【框架集】/【拆分下框架】

   C.【修改】/【框架集】/【拆分左框架】

   D.【修改】/【框架集】/【拆分右框架】

2. 下面关于框架的说法正确的有（　　　）。

   A. 可以对框架集设置边框宽度和边框颜色

   B. 框架大小设置完毕后不能再调整大小

   C. 可以设置框架集的边界宽度和边界高度

   D. 框架集始终没有边框

3. 框架集所不能确定的框架属性是（　　　）。

   A. 框架的大小　　　B. 边框的宽度　　　C. 边框的颜色　　　D. 框架的个数

4. 框架所不能确定的框架属性是（　　　）。

   A. 滚动条　　　　　B. 边界宽度　　　　C. 边框颜色　　　　D. 框架大小

三、问答题

1. 如何删除不需要的框架？
2. 如何选取框架集？

四、操作题

根据操作提示创建如图 9-25 所示的框架网页。

海水浴场

青岛第一海水浴场位于青岛市汇泉湾内。青岛的气候冬暖夏凉，尤其是夏天，最高气温超过30度的日子没有几天。青岛有亚洲最大的沙滩浴场--第一海水浴场，可同时容纳几万人游泳，1997年的最高纪录是一天有35万人次到这里游泳，青岛人管游泳叫洗海澡。第一海水浴场位于汇泉湾，又称汇泉海水浴场。1984年，青岛市对汇泉海水浴场进行了大规模改建。改建后，建筑面积由原来7000平方米扩展到20000平方米。新建造型各异，新颖别致、色彩斑斓的更衣室百余座，一时成为市民和游客瞩目的景观。沙滩面积由原来的1.18公顷扩大到2.4公顷。

海水浴场　　崂山风情　　八大关

图9-25 框架网页

【操作提示】

STEP 1 首先创建一个"对齐下缘（下方固定）"的框架网页，框架名称保持默认。

STEP 2 将框架集文件单独保存为"lianxi.htm"。

STEP 3 在下方框架中打开文档"daoyou.html"，在上方框架中打开文档"hsyc.html"。

STEP 4 将文本"海水浴场""崂山风情""八大关"的超级链接目标文件分别设置为"hsyc.html""lsh.html""bdg.html"，目标窗口名称为上方框架的名称"mainFrame"。

STEP 5 保存文件。

PART 10

项目十 库和模板 ——制作职业学院主页

在 Dreamweaver CS6 中，可以使用库和模板来统一网站风格，提高工作效率。本项目以图 10-1 所示职业学院网页为例，介绍使用库和模板制作网页的基本方法。

图10-1 职业学院网页

学习目标

- 了解库和模板的概念。
- 学会【资源】面板的使用方法。
- 学会创建和应用库的方法。
- 学会创建和应用模板的方法。
- 学会在模板中插入模板对象的方法。

设 计 思 路

本项目设计的是职业学院网页，页面布局和栏目设计符合学校网页的特点。在网页制作过程中，网页按照页眉、主体和页脚的顺序进行制作。首先制作库项目页眉和页脚，然后制作模板，最后根据模板制作学院网页。页眉以学校建筑为背景展示了学校名称、办学理念以及栏目导航，主体部分展示了孔子图像、校园新闻、校园通告等内容，页脚展示了版权信息和学校地址，当然也可以根据实际需要添加更多的内容。总之，页面布局清晰合理，颜色选配和内容设置恰当，充分体现了学校的办学特色和精神风貌。

任务一 制作库

本任务主要是创建和编排库项目。如果在一个站点的众多网页中，有些内容是完全相同的，就没有必要在每一页重复制作这些内容。在 Dreamweaver 中，可以将众多网页相同的某一部分内容做成库项目，然后将库项目插入网页中。当需要修改时，只需修改库项目，使用库项目的网页就会自动进行更新，这样即省时又省力。

（一） 创建库项目

下面在【资源】面板中创建库项目。

【操作步骤】

STEP 1   首先将素材文件复制到站点文件夹下。

STEP 2   在菜单栏中选择【窗口】/【资源】命令，打开【资源】面板。在【资源】面板中单击 ▥（库）按钮，切换至【库】分类。

STEP 3   单击【资源】面板右下角的 ➡（新建）按钮新建一个库，然后在列表框中输入库名称"head"，并按 Enter 键确认。

STEP 4   使用同样的方法创建名称为"foot"的库项目，如图10-2所示。

图10-2 新建库并命名

【知识链接】

在 Dreamweaver 中，创建的库项目的文件扩展名为".lbi"，保存在"Library"文件夹内，"Library"文件夹是自动生成的，不能对其名称进行修改。

【资源】面板将网页的元素分为 9 类，面板的左边垂直排列着 ▤（图像）、▥（颜色）、▨（URLs）、▦（SWF）、▦（Shockwave）、▨（影片）、▨（脚本）、▨（模板）和 ▥（库）9 个按钮，每一个按钮代表一大类网页元素。面板的右边是列表区，分为上栏和下栏，上栏是元素的预览图，下栏是明细列表。

在【库】和【模板】分类的明细列表栏的下面依次排列着 插入 （或 应用 ）、▣（刷新站点列表）、➡（新建）、▨（编辑）和 ▥（删除）5 个按钮。单击面板右上角的 ▤按钮将弹出一个菜单，其中包括【资源】面板的一些常用命令。

创建库项目有两种形式，即直接创建空白库项目和从已有的网页创建库项目。

（1）　直接创建空白库项目。

在【资源】面板中切换到【库】分类，然后单击【资源】面板右下角的 按钮来创建空白库项目；也可以在菜单栏中选择【文件】/【新建】命令，打开【新建文档】对话框，选择【空白页】/【库项目】选项来创建空白库项目。创建空白库项目后，还需要在其中添加内容，就像平时制作网页一样，没有本质性的区别。

（2）　从已有的网页创建库项目。

首先打开一个已有的文档，从中选择要保存为库项目的对象，如表格、图像等，然后在菜单栏中选择【修改】/【库】/【增加对象到库】命令，或在【资源】面板的【库】分类模式下单击右下角的 按钮，该对象即被添加到库项目列表中，库项目名为系统默认的名称，修改名称后按 Enter 键确认即可。

如果要删除库项目，只要先选中该项目，然后单击【资源】面板右下角的 按钮或按 Delete 键即可。

（二）　编排库项目

下面在【资源】面板中打开库项目并添加内容。

【操作步骤】

首先编排页眉库项目的内容。

STEP 1　　选中库项目"head"并单击【资源】面板右下角的 按钮或双击打开库项目。

STEP 2　　插入一个 2 行 9 列的表格，表格 ID 为"head"，其属性参数设置如图 10-3 所示。

图10-3　表格属性参数设置

STEP 3　　将第 1 行第 1 个单元格的高度设置为"215"，将第 2 行第 1 个单元格的宽度和高度分别设置为"80"和"35"，第 2~8 个单元格的宽度均设置为"90"，水平对齐方式均设置为"居中对齐"。

STEP 4　　创建 ID 名称 CSS 样式"#head"，并保存在样式表文件"school.css 中"，效果如图 10-4 所示。

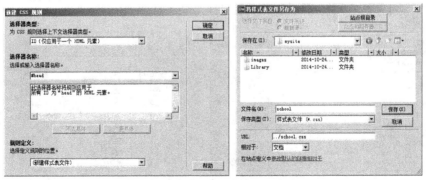

图10-4　创建 ID 名称 CSS 样式"#head"

STEP 5 单击 保存(S) 按钮，打开【#head 的 CSS 规则定义】对话框，参数设置如图 10-5 所示。

图10-5 设置 CSS 样式

STEP 6 单击 确定 按钮关闭对话框，然后在单元格中依次输入相应的文本并暂时添加空链接，效果如图 10-6 所示。

图10-6 输入文本

STEP 7 创建复合内容的 CSS 样式"#head a:link, #head a:visited"，参数设置如图 10-7 所示。

图10-7 创建复合内容的 CSS 样式

STEP 8 接着创建复合内容的 CSS 样式"#head a:hover"，参数设置如图 10-8 所示。

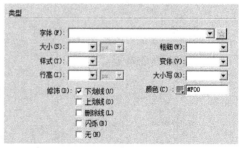

图10-8 创建复合内容的 CSS 样式

保存所有文件，超级链接效果如图 10-9 所示。

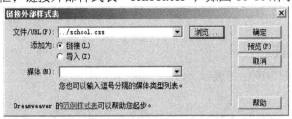

图10-9 超级链接效果

下面编排页脚库项目的内容。

STEP 10 打开库项目"foot.lbi"，单击【CSS 样式】面板底部的 按钮，打开【链接外部样式表】对话框，链接外部样式表"school.css"，如图 10-10 所示。

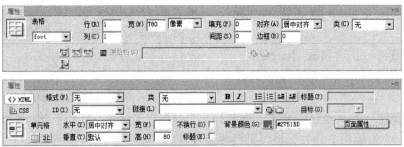

图10-10 【链接外部样式表】对话框

STEP 11 在文档中插入一个 1 行 1 列的表格，表格和单元格参数设置如图 10-11 所示。

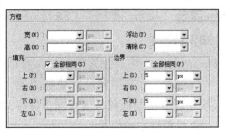

图10-11 表格和单元格属性参数设置

STEP 12 在单元格中输入文本，然后创建复合内容的 CSS 样式"#foot p"，参数设置如图 10-12 所示。

图10-12 设置 CSS 样式

STEP 13 保存所有文件，效果如图 10-13 所示。

版权所有：职业学院
地址：中山路888号 邮编：100808

图10-13 页脚库项目

【知识链接】

在库项目中使用 CSS 样式时，尽量不要使用"标签"类型的 CSS 样式，因为 HTML 标签类型的 CSS 样式定义后，所有引用该样式表的文档中只要有该 HTML 标签，该样式就要自动起作用，容易引起混乱。

任务二　制作模板

本任务主要是创建和编排模板。通常在一个站点的众多网页中，有许多网页的结构是相同的，这时就没有必要一页一页地重复制作这些网页。在 Dreamweaver 中，可以将网页结构相同的网页做成库模板，然后通过模板创建网页。当模板修改时，使用模板的网页也会自动进行更新。如果说库项目解决的是网页内容相同的问题，那么模板解决的恰恰是网页结构相同的问题。

（一）　创建模板

下面在【资源】面板中创建模板文件。

【操作步骤】

STEP 1　　打开【资源】面板，单击 📃 按钮，切换至【模板】分类。

STEP 2　　单击面板右下角的 🔂 按钮，在列表框中输入模板的新名称"moban"，并按 Enter 键确认，如图 10-14 所示。

STEP 3　　选中模板"moban"，再单击【资源】面板右下角的 📝 按钮打开模板文件。

图10-14　创建模板文件

STEP 4　　在菜单栏中选择【修改】/【页面属性】命令，打开【页面属性】对话框，并切换到【标题/编码】分类，将浏览器标题设置为"职业学院"，将编码设置为"Unicode（UTF-8）"。

STEP 5　　在【CSS 样式】面板中单击右下角的 🔷 按钮，链接外部样式表文件"school.css"。

STEP 6　　接着创建标签 CSS 样式"body"，在【方框】分类中将上边界设置为"0"。

【知识链接】

在 Dreamweaver 中，创建的模板文件的文件扩展名为".dwt"，保存在"Templates"文件夹内，"Templates"文件夹是自动生成的，不能对其名称进行修改。创建模板也有两种方法，即直接创建空白模板和将现有网页保存为模板。

（1）　直接创建空白模板。

在【资源】面板中切换到【模板】分类，然后单击【资源】面板右下角的 🔂 按钮来创建空白模板；也可以在菜单栏中选择【文件】/【新建】命令，打开【新建文件】对话框，然后选择【常规】/【模板页】/【HTML 模板】命令来创建空白模板。创建空白模板后，还需要打开模板文件，在其中添加网页元素和模板对象。

（2）　将现有网页保存为模板。

首先打开一个已有内容的网页文档，根据实际需要在网页中选择网页元素，并将其转换为模板对象，然后在菜单栏中选择【文件】/【另存为模板】命令，将其保存为模板。

如果要删除模板，只要先选中该模板，然后单击【资源】面板右下角的 🗑 按钮或按 Delete 键即可。

（二） 插入库项目

下面在模板中插入库项目。

【操作步骤】

STEP 1　将鼠标光标置于模板文档中，然后在【资源】面板中切换至【库】分类，并在列表框中选中库项目"head"。

STEP 2　单击【资源】面板底部的 插入 按钮，将库项目插入模板中，效果如图10-15所示。

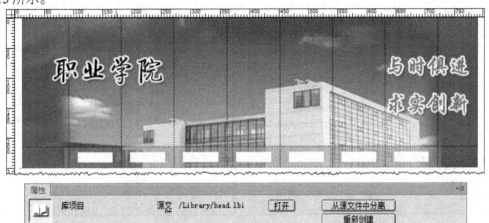

图10-15　插入库项目

STEP 3　利用相同的方法将页脚库项目也插入模板中。

【知识链接】

库项目是可以在多个页面中重复使用的页面元素。在使用库项目时，Dreamweaver 不是向网页中插入库项目，而是向库项目中插入一个链接，【属性】面板的"源文件/Library/head.lbi"可以清楚地说明这一点。

在网页中引用的库项目无法直接进行修改，如果要修改库项目，需要直接打开库项目进行修改。打开库项目的方式通常有两种：一种是在【资源】面板中打开库项目，另一种是在引用库项目的网页中选中库项目，然后在【属性】面板中单击 打开 按钮打开库项目。在库项目被打开修改且保存后，通常引用该库项目的网页会自动进行更新。如果没有进行自动更新，可以在菜单栏中选择【修改】/【库】/【更新当前页】或【更新页面】命令进行更新。

在【属性】面板中单击 从源文件中分离 按钮，可将库项目的内容与库文件分离，分离后库项目的内容将自动变成网页中的内容，网页与库项目不再有关联。

（三） 插入模板对象

下面在模板中插入模板对象重复区域、可编辑区域和重复表格。

【操作步骤】

STEP 1　单击页眉库项目，然后在菜单栏中选择【插入】/【表格】命令，在页眉库项目的下面插入一个1行2列的表格，表格ID为"main"，其他参数设置如图10-16所示。

图10-16 表格属性设置

STEP 2 将表格两个单元格的水平对齐方式均设置为"居中对齐",垂直对齐方式均设置为"顶端",然后将第1个单元格的宽度设置为"500"。

STEP 3 创建复合内容的CSS样式"#main td",参数设置如图10-17所示。

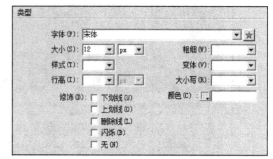

图10-17 定义复合内容的样式"#main td"

下面在左侧单元格中先插入重复区域,然后在重复区域中再插入可编辑区域。

STEP 4 将鼠标光标置于左侧单元格中,然后在菜单栏中选择【插入】/【模板对象】/【重复区域】命令,打开【新建重复区域】对话框。在【名称】文本框中输入"左侧栏目",单击 确定 按钮,在单元格内插入名称为"左侧栏目"的重复区域,如图10-18所示。

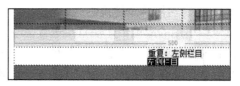

图10-18 插入重复区域

 也可以在【插入】面板的【常用】类别中单击 模板:重复区域 按钮,打开【新建重复区域】对话框,将当前选定的区域设置为重复区域。

【知识链接】

重复区域是指可以复制任意次数的指定区域。重复区域不是可编辑区域,若要使重复区域中的内容可编辑,必须在重复区域内插入可编辑区域或重复表格。在一个重复区域内可以继续插入另一个重复区域。整个被定义为重复区域的部分都可以被重复使用。

STEP 5 将重复区域内的文本删除,然后在菜单栏中选择【插入】/【模板对象】/【可编辑区域】命令,打开【新建可编辑区域】对话框。在【名称】文本框中输入"栏目内容",然后单击 确定 按钮,插入可编辑区域,如图10-19所示。

图10-19 插入可编辑区域

知识提示

也可在【插入】面板的【常用】类别中单击 ☑·模板: 可编辑区域 按钮,打开【新建可编辑区域】对话框,插入或者将当前选定区域设为可编辑区域。

【知识链接】

可编辑区域是指可以对其进行添加、修改和删除网页元素等操作的区域。当创建了一个可编辑区域后,在该区域内不能再继续创建可编辑区域。

下面在右侧单元格中先插入重复区域,然后再插入重复表格和可编辑区域。

STEP 6 将鼠标光标置于右侧单元格中,然后在菜单栏中选择【插入】/【模板对象】/【重复区域】命令,打开【新建重复区域】对话框。在【名称】文本框中输入"右侧栏目",单击 确定 按钮,在单元格内插入名称为"右侧栏目"的重复区域,如图 10-20 所示。

图10-20 插入重复区域

STEP 7 将重复区域内的文本删除,然后在菜单栏中选择【插入】/【模板对象】/【重复表格】命令,插入一个重复表格,如图 10-21 所示。

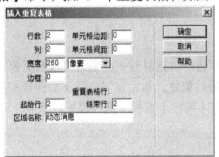

图10-21 插入重复表格

知识提示

也可以在【插入】面板的【常用】类别中单击 ▦·模板: 重复表格 按钮,打开【插入重复表格】对话框,在当前区域插入重复表格。

【知识链接】

重复表格可以被包含在重复区域内,但不能被包含在可编辑区域内。另外,在将现有网页保存为模板时,不能将选定的区域变成重复表格,只能插入重复表格。

如果在【插入重复表格】对话框中不设置【单元格边距】、【单元格间距】和【边框】的值，则大多数浏览器按【单元格边距】为"1"、【单元格间距】为"2"和【边框】为"1"显示表格。【插入重复表格】对话框的上半部分与普通的表格参数没有什么不同，重要的是下半部分的参数。

- 【重复表格行】：用于指定表格中的哪些行包括在重复区域中。
- 【起始行】：用于设置重复区域的第1行。
- 【结束行】：用于设置重复区域的最后1行。
- 【区域名称】：用于设置重复表格的名称。

STEP 8 单击可编辑区域名称"EditRegion4"将其选择，在【属性】面板中将其名称修改为"标识"，按照同样的方法修改可编辑区域名称"EditRegion5"为"内容"，如图10-22所示。

图10-22 修改可编辑区域名称

STEP 9 将"标识"所在单元格的水平对齐方式设置为"居中对齐"，高度设置为"25"，将"内容"所在单元格的水平对齐方式设置为"左对齐"，宽度设置为"235"。

STEP 10 将重复表格的第1行两个单元格进行合并，设置其水平对齐方式为"左对齐"，高度为"50"，然后在其中插入一个可编辑区域，如图10-23所示。

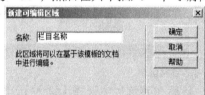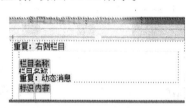

图10-23 插入可编辑区域

STEP 11 最后保存所有文件。

【知识链接】

修改模板对象的名称可通过【属性】面板进行。这时首先需要选择模板对象，方法是单击模板对象的名称或者将鼠标光标定位在模板对象处，然后在工作区下面选择相应的标签，在选择模板对象时会显示其【属性】面板，在【属性】面板中修改模板对象名称即可。

至此，模板就制作完成了。

任务三　使用模板制作网页

下面使用模板生成网页并添加内容。

【操作步骤】

STEP 1 在菜单栏中选择【文件】/【新建】命令，打开【新建文档】对话框，选择【模板中的页】选项，然后在【站点】列表框中选择站点，在模板列表框中选择模板，并选择【当模板改变时更新页面】复选框，如图10-24所示。

图10-24 【新建文档】对话框

【知识链接】

通过模板生成的网页，在模板更新时可以对站点中所有应用同一模板的网页进行批量更新，这就要求在【从模板新建】对话框中选中【当模板改变时更新页面】复选框。如果页面没有更新，可以在菜单栏中选择【修改】/【模板】/【更新当前页】或【更新页面】命令对由模板生成的网页进行更新。

STEP 2　　单击 创建(R) 按钮创建基于模板的文档，然后将文档保存为"xuexiao.htm"，效果如图 10-25 所示。

图10-25 由模板生成的网页

STEP 3　　单击"重复：左侧栏目"后面的+按钮，再添加一个栏目，然后分别将两个栏目中的文本删除，分别插入一个 1 行 1 列的表格，宽度为"100%"，填充、间距和边框均为"0"，并设置单元格的对齐方式为"居中对齐"。

STEP 4　　在上面栏目的单元格中插入图像"images/niu.jpg"，在下面栏目的单元格中输入相应文本，如图 10-26 所示。

图10-26 添加内容

 知识提示

单击 ± 按钮可以添加一个重复栏目。如果要删除已经添加的重复栏目，可以先选择该栏目，然后单击 - 按钮。

STEP 5 单击"重复：右侧栏目"后面的 ± 按钮，再添加一个栏目，然后分别将两个栏目中的第 1 行单元格中的文本"栏目名称"删除，分别插入图像"images/news.gif"和"images/notice.gif"，如图 10-27 所示。

STEP 6 单击"校园新闻"中的"重复：动态消息"后面的 ± 按钮 5 次，添加 5 个重复的行，然后添加相应的文本内容。按照相同的方法在"校园通告"中添加重复的行和相应的文本内容，如图 10-28 所示。

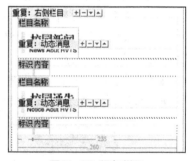

图10-27 添加栏目

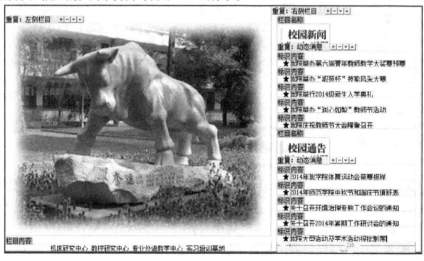

图10-28 添加内容

STEP 7 最后保存文件并在浏览器中预览其效果。

【知识链接】

使用模板创建网页的方式通常有以下两种。

（1）从模板新建网页。

选择【文件】/【新建】菜单命令，打开【新建文档】对话框，选择【模板中的页】选项，然后在【站点】列表框中选择站点，在模板列表框中选择模板，并选中【当模板改变时更新页面】复选框，以确保模板改变时更新基于该模板的页面，然后单击 创建(R) 按钮来创建基于模板的网页文档。也可以在【资源】面板中切换到【模板】分类，在模板列表中用鼠标右键单击需要的模板，在弹出的快捷菜单中选择【从模板新建】命令，基于模板的新文档即会在文档窗口中打开。

（2）在已存在页面应用模板。

首先打开要应用模板的网页文档，然后在菜单栏中选择【修改】/【模板】/【应用模板到页】命令，或在【资源】面板的模板列表框中选中要应用的模板，再单击面板底部的 应用 按钮即可应用模板。如果已打开的文档是一个空白文档，文档将直接应用模板。如果打开的文档是一个有内容的文档，这时通常会打开一个【不一致的区域名称】对话框。该对话框会提示读者将文档中的已有内容放在模板的什么区域。

在菜单栏中选择【修改】/【模板】/【从模板中分离】命令，可将使用模板的网页脱离模板。脱离模板后，模板中的内容将自动变成网页中的内容，网页与模板不再有关联。

项目实训　制作"音乐吧"网页模板

本项目主要介绍了使用库和模板制作网页的基本方法，本实训将使读者进一步巩固所学的基本知识。

要求：将素材文件复制到站点根文件夹下，然后创建如图10-29所示的网页。

图10-29 "音乐吧"网页模板

【操作步骤】

STEP 1 创建模板文件"shixun.dwt"，打开【页面属性】对话框，设置文本大小为"12px"，页边距为"0"，然后插入页眉和页脚两个库文件。

STEP 2 在页眉和页脚中间插入一个1行2列、宽为"780像素"的表格，填充、间距和边框均为"0"，表格对齐方式为"居中对齐"。

STEP 3 设置左侧单元格的水平对齐方式为"居中对齐"，垂直对齐方式为"顶端"，宽度为"160"，然后在左侧单元格中插入名称为"导航栏"的重复区域，将重复区域中的文本删除，然后插入一个 1 行 1 列、宽度为 "90%" 的表格，填充、边框均为 "0"，间距为 "5"，在单元格中再插入一个名称为 "导航名称" 的可编辑区域。

STEP 4 设置右侧单元格的水平对齐方式为 "居中对齐"，垂直对齐方式为 "顶端"，然后在其中插入名称为 "内容" 的重复表格：行数为 "2"，列数为 "1"，边距为 "0"，间距为 "5"，宽度为 "90%"，边框为 "0"，起始行为 "1"，结束行为 "2"，区域名称为 "内容"，最后把重复表格两个单元格中的可编辑区域的名称分别修改为 "标题行" 和 "内容行"。

STEP 5 保存模板。

项目小结

本项目以创建职业学院主页为例，介绍了库和模板的创建、编辑和应用方法。通过本项目的学习，读者应该掌握使用库和模板创建网页的方法，特别是模板中可编辑区域、重复表格和重复区域的创建和应用。需要注意的是，单独使用模板对象重复区域没有实际意义，只有将其与可编辑区域或重复表格一起使用才能发挥其作用。另外，在模板中，如果将可编辑区域、重复表格或重复区域的位置指定错了，可以将其删除进行重新设置。选取需要删除的模板对象，然后在菜单栏中选择【修改】/【模板】/【删除模板标记】命令或按 Delete 键即可。

思考与练习

一、填空题

1. 创建的库文件保存在_____文件夹内。
2. 创建的模板文件保存在_____文件夹内。
3. 模板中的_____是指可以任意复制的指定区域，但单独使用没有意义。
4. 模板中的_____是指可以进行添加、修改和删除网页元素等操作的区域，在该区域内不能再插入可编辑区域。
5. 模板中的_____是指可以创建包含重复行的表格格式的可编辑区域。

二、选择题

1. 库文件的扩展名为（　　）。
   A. .htm　　　　　　B. .asp　　　　　　C. .dwt　　　　　　D. .lbi
2. 以下关于库的说法，错误的是（　　）。
   A. 插入到网页中的库可以从网页中分离
   B. 可以直接修改插入到网页中的库的内容
   C. 对库内容进行修改后通常会自动更新插入了库的网页
   D. 选择【修改】/【库】/【更新页面】命令，对添加了库的页面进行更新
3. 模板文件的扩展名为（　　）。
   A. .htm　　　　　　B. .asp　　　　　　C. .dwt　　　　　　D. .lbi

4. 对模板和库项目的管理主要是通过（　　　）。

　　A.【资源】面板　　B.【文件】面板　　C.【层】面板　　　D.【行为】面板

5. 以下关于模板的说法，错误的是（　　　）。

　　A. 应用模板的网页可以从模板中分离

　　B. 在【资源】面板中可以利用所有站点的模板创建网页

　　C. 在【资源】面板中可以重命名模板

　　D. 对模板进行修改后通常会自动更新应用了该模板的网页

三、问答题

1. 库和模板的主要作用是什么？

2. 常用的模板对象有哪些？如何理解这些模板对象？

四、操作题

根据操作提示使用库和模板制作如图 10-30 所示的网页模板。

图10-30　网页模板

【操作提示】

STEP 1　　创建页眉库文件"top_yx.lbi"，在其中插入一个 1 行 1 列、宽为"780 像素"的表格，填充、间距和边框均为"0"，表格对齐方式为"居中对齐"，然后在单元格中插入"image"文件夹下的图像文件"logo_yx.gif"。

STEP 2　　创建页脚库文件"foot_yx.lbi"，在其中插入一个 2 行 1 列、宽为"780 像素"的表格，填充、间距和边框均为"0"，表格对齐方式为"居中对齐"。设置单元格水平对齐方式为"居中对齐"，垂直对齐方式为"居中"，单元格高度为"25"，然后输入相应的文本。

STEP 3　　创建模板文件"lianxi.dwt"，设置页边距均为"0"，文本大小为"12 像素"，然后插入页眉和页脚两个库文件。

STEP 4　　在页眉和页脚中间插入一个 1 行 3 列、宽为"780 像素"的表格，填充、间距和边框均为"0"，表格对齐方式为"居中对齐"，然后设置所有单元格的水平对齐方式为"居中对齐"，垂直对齐方式为"顶端"，其中左侧和右侧单元格的宽度均为"180 像素"。

STEP 5　　在左侧单元格插入名称为"左侧栏目"的可编辑区域。

STEP 6　　在中间单元格插入名称为"中间栏目"的重复表格，如图 10-31 所示。然后把重复表格两个单元格中的可编辑区域的名称分别修改为"标题行"和"内容行"，并设置标题行单元格的高度为"25"，背景颜色为"#CCFFFF"。

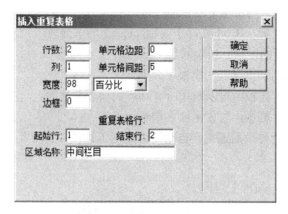

图10-31 插入重复表格

STEP 7 在右侧单元格插入名称为"右侧栏目"的重复区域,删除重复区域中的文本,然后在其中插入一个 1 行 1 列的表格,表格宽度为"98%",填充和边框均为"0",间距为"2",最后在单元格插入名称为"右侧内容"的可编辑区域。

STEP 8 保存模板,然后使用该模板创建一个网页文档,内容由读者自由添加。

PART 11

项目十一
行为
——完善温馨屋网页功能

行为是 Dreamweaver 内置的脚本程序，能够为网页增添许多效果。本项目以图 11-1 所示的温馨屋网页为例，介绍使用行为完善网页功能的基本方法。

图11-1　个人网页

学 习 目 标

- 了解行为的基本概念。
- 了解常用事件的含义。
- 学会添加、修改和删除行为的方法。
- 学会在网页制作中应用行为的基本方法。

设 计 思 路

本项目设计的是温馨屋网页，基本页面已经提前制作好，现在主要是给该页面添加行为功能。在页眉部分添加状态栏文本行为，在主体部分添加打开浏览器窗口、交换图像、弹出信息等行为。

任务一　设置页眉中的行为

本任务主要是设置页眉部分使用的行为，包括"状态栏文本"和"预先载入图像"等。

（一）　设置状态栏文本

下面设置【状态栏文本】行为。状态栏文本是指显示在浏览器状态栏中的文本。

【操作步骤】

STEP 1　首先将素材文件复制到站点文件夹下，并打开网页文档"wenxinwu.htm"。

STEP 2　在菜单栏中选择【窗口】/【行为】命令，打开【行为】面板，如图 11-2 所示。

图11-2　【行为】面板

　一个特定事件的动作将按照指定的顺序执行。对于在列表中不能上移或下移的动作，上移和下移按钮将不起作用。

STEP 3　选中图像"images/logo.jpg"，在【行为】面板中单击 ➕ 按钮打开行为菜单，从中选择【设置文本】/【设置状态栏文本】命令，打开【设置状态栏文本】对话框，在【消息】文本框中输入"欢迎来到温馨屋!"，如图 11-3 所示。

STEP 4　单击 确定 按钮关闭对话框，触发事件默认为"onMouseOver"，如图 11-4 所示。

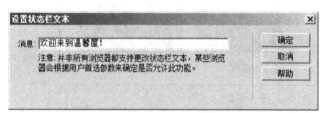

图11-3　【设置状态栏文本】对话框　　　图11-4　【行为】面板中的事件和动作

下面对【行为】面板中的选项进行简要说明。

- （显示设置事件）按钮：列表中只显示附加到当前对象的那些事件，【行为】面板默认显示的视图就是【显示设置事件】视图。
- （显示所有事件）按钮：列表中按字母顺序显示适合当前对象的所有事件，已经设置行为动作的将在事件名称后面显示动作名称。
- ➕（添加行为）按钮：单击该按钮将会弹出一个下拉菜单，其中包含可以附加到当前选定元素的动作。当从该列表中选择一个动作时，将出现一个对话框，可以在此对话框中设置该动作的参数。
- ➖（删除事件）按钮：单击该按钮可在行为列表中删除所选的事件和动作。
- ▲ 或 ▼ 按钮：可在行为列表中上下移动特定事件的选定动作。只能更改特定事件的动作顺序。对于不能上下移动的动作，箭头按钮处于禁用状态。
- 【事件】下拉列表框：其中包含可以触发该动作的所有事件，此下拉列表框仅在选中某个事件时可见。根据所选对象的不同，显示的事件也有所不同。

STEP 5 保存文档并在浏览器中浏览，当鼠标指针停留在图像"images/logo.jpg"上时，浏览器状态栏将显示事先定义的文本。

【知识链接】

行为是某个事件和事件触发的动作的组合，是用来动态响应用户操作、改变当前页面效果或是执行特定任务的一种方法。因此，行为的基本元素有两个：事件和动作。事件是触发动作的原因，动作是事件触发后要实现的效果。

实际上事件是由浏览器生成的消息，它提示该页的浏览者已执行了某种操作。例如，当浏览者将鼠标指针移到某个链接上时，浏览器将为该链接生成一个"onMouseOver"事件，然后浏览器检查在当前页面中是否应该调用某段 JavaScript 代码进行响应。不同的页面元素定义不同的事件。例如，在大多数浏览器中，"onMouseOver"和"onClick"是与超级链接关联的事件，而"onLoad"是与图像和文档的 body 部分关联的事件。

动作是一段预先编写的 JavaScript 代码，可用于执行诸如以下的任务：打开浏览器窗口、显示或隐藏 AP 元素、转到 URL 等。在将行为附加到某个页面元素后，当该元素的某个事件发生时，行为即会调用与这一事件关联的动作。例如，如果将"弹出信息"动作附加到一个链接上，并指定它将由"onMouseOver"事件触发，则只要某人将鼠标指针放到该链接上，就会弹出相应的信息。一个事件也可以触发许多动作，用户可以定义它们执行的顺序。

Dreamweaver CS6 提供了一个专门管理和编辑行为的工具，即【行为】面板。使用【行为】面板可将行为附加到页面元素，即附加到 HTML 标签。已附加到当前所选页面元素的行为显示在行为列表中，并按事件以字母顺序列出。如果同一事件引发不同的行为，这个行为将按执行顺序在【行为】面板中显示。如果行为列表中没有显示任何行为，则表示没有行为附加到当前所选的页面元素。在行为中比较常用的事件有以下几种。

- "onClick"：当访问者单击指定的元素时产生该事件。
- "onLoad"：当图像或页面结束载入时产生该事件。
- "onUnload"：当访问者离开页面时产生该事件。
- "onMouseMove"：当访问者指向一个特定元素并移动鼠标时产生该事件。
- "onMouseDown"：当在特定元素上按下鼠标键时产生该事件。
- "onMouseOut"：当鼠标指针从特定的元素移走时产生该事件。
- "onMouseOver"：当鼠标指针首次指向特定元素时产生该事件。
- "onSubmit"：当访问者提交表单时产生该事件。

（二） 预先载入图像

下面设置【预先载入图像】行为。【预先载入图像】行为可以缩短图像显示时间，其原理是对在页面打开之初不会立即显示的图像进行缓存，如那些将通过行为或 JavaScript 调入的图像。

【操作步骤】

STEP 1 在文档中选择一个对象，这里选择标签选择器中的<body>标签。

STEP 2 在【行为】面板中单击 **+,** 按钮打开行为菜单，从中选择【预先载入图像】命令，打开【预先载入图像】对话框。

STEP 3 单击【图像源文件】文本框后面的 浏览... 按钮，添加图像文件 "images/b03.jpg"，然后单击对话框顶部的 + 按钮继续添加图像到【预先载入图像】列表框 中，如图 11-5 所示。

STEP 4 单击 确定 按钮关闭对话框，并在【行为】面板中设置触发事件为 "onLoad"，如图 11-6 所示。

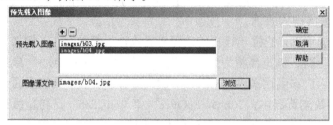

图11-5 【预先载入图像】对话框

图11-6 【行为】面板

STEP 5 最后保存文档。

触发【预先载入图像】行为的事件是 "onLoad"，即页面结束载入时发生该行为。

任务二　设置主体中的行为

本任务主要是设置网页主体部分的行为，包括 "改变属性" "打开浏览器窗口" "交换图像" "弹出信息" "Spry 效果" 等。

（一） 改变属性

下面设置【改变属性】行为。【改变属性】行为用来改变对象的属性值，如文本的大小和字体、AP Div 的可见性、背景色、图像的来源以及表单的执行等。

【操作步骤】

STEP 1 选中网页主体左侧文本所在的 Div 标签，在【属性】面板中设置其 ID 名称为 "text"，如图 11-7 所示。

图11-7 设置 ID 名称

STEP 2 创建 ID 名称样式 "#text"，设置背景颜色为 "#CCC"。

STEP 3 仍然选中网页主体左侧文本所在的 Div 标签，然后在【行为】面板中单击 + 按钮打开行为菜单，从中选择【改变属性】命令，打开【改变属性】对话框并进行参数设置，如图 11-8 所示。

STEP 4 单击 确定 按钮关闭对话框，然后在【行为】面板中将触发事件设置为 "onMouseOver"。

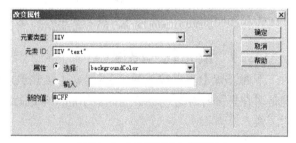

图11-8 【改变属性】对话框

STEP 5 运用相同的方法再添加一个【改变属性】行为，在【行为】面板中将触发事件设置为 "onMouseOut"，如图 11-9 所示。

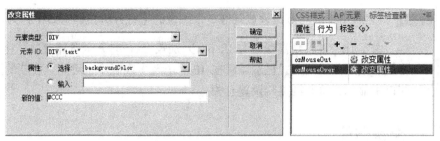

图11-9 【改变属性】对话框

STEP 6 保存所有文档并预览网页，当鼠标指针指在文本上时，其背景会变成设置的新颜色，鼠标指针离开时便恢复为原来的颜色，如图 11-10 所示。

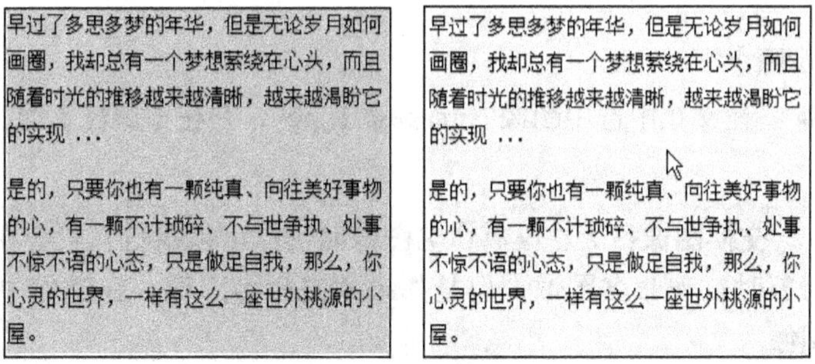

早过了多思多梦的年华，但是无论岁月如何画圈，我却总有一个梦想萦绕在心头，而且随着时光的推移越来越清晰，越来越渴盼它的实现 …

是的，只要你也有一颗纯真、向往美好事物的心，有一颗不计琐碎、不与世争执、处事不惊不语的心态，只是做足自我，那么，你心灵的世界，一样有这么一座世外桃源的小屋。

早过了多思多梦的年华，但是无论岁月如何画圈，我却总有一个梦想萦绕在心头，而且随着时光的推移越来越清晰，越来越渴盼它的实现 …

是的，只要你也有一颗纯真、向往美好事物的心，有一颗不计琐碎、不与世争执、处事不惊不语的心态，只是做足自我，那么，你心灵的世界，一样有这么一座世外桃源的小屋。

图11-10 改变属性效果

（二）　打开浏览器窗口

下面设置【打开浏览器窗口】行为。使用【打开浏览器窗口】行为将打开一个新的浏览器窗口，在其中显示所指定的网页文档。用户可以指定这个新窗口的属性，包括尺寸、是否可以调节大小、是否有菜单栏等。

【操作步骤】

STEP 1 选中图像"images/01.jpg"，然后在【行为】面板中单击 ➕ 按钮打开行为菜单，从中选择【打开浏览器窗口】命令，打开【打开浏览器窗口】对话框。

STEP 2 单击 浏览 按钮，选择文件"pic1.htm"，将【窗口宽度】和【窗口高度】分别设置为"600"和"450"，并选中【菜单条】复选框，如图 11-11 所示。

> **知识提示** 如果不对窗口的属性进行设置，它就会以"640×480"像素大小的窗口打开，而且有导航栏、地址栏、状态栏、菜单栏等。

STEP 3 单击 确定 按钮，关闭对话框，在【行为】面板中将事件设置为"onClick"，如图 11-12 所示。

图11-11 【打开浏览器窗口】对话框

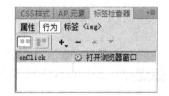

图11-12 设置打开浏览器窗口

STEP 4 然后用相同的方法设置其他 3 个图像的【打开浏览器窗口】行为。

> **知识提示** 由于 IE 7.0 及更高版本与 IE 6.0 差别较大，"打开浏览器窗口"在 IE 6.0 中能够按照预设的形式显示，而在 IE 7.0 及更高版本也可能会在新的选项卡窗口中显示，这与浏览器设置有关。

（三） 交换图像

下面设置【交换图像】行为。【交换图像】行为可以将一个图像替换为另一个图像，这是通过改变图像的 src 属性实现的。可以使用【交换图像】行为来创建翻转的按钮或其他图像效果。

【操作步骤】

STEP 1 在文档中选中图像"images/01.jpg"，并在【属性】面板中设置图像 ID 名称为"pic1"。

> **知识提示** 交换图像行为在没有命名图像时仍然可以执行，它会在附加该动作到某对象时自动命名图像，但是如果预先命名图像，在操作中将更容易区分各图像。

STEP 2 在【行为】面板中单击 **+,** 按钮打开行为菜单，从中选择【交换图像】命令，打开【交换图像】对话框。

STEP 3 在【图像】列表框中选择要改变的图像"pic1"，在【设定原始档为】文本框中定义其要交换的图像文件"images/02.jpg"，然后选中【预先载入图像】和【鼠标滑开时恢复图像】两个复选框，如图 11-13 所示。

> **知识提示** 【预先载入图像】选项用于在页面载入时，在浏览器的缓存中存入替换的图像，这样可以防止由于显示替换图像时需要下载而造成的时间延迟。

STEP 4 单击 确定 按钮关闭对话框，并保证其触发事件为"onMouseOver"，如图 11-14 所示。

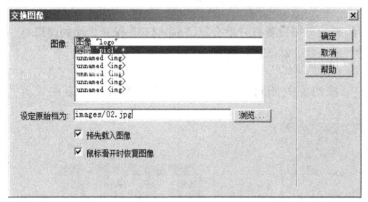

图11-13 【交换图像】对话框

图11-14 设置交换图像行为

STEP 5 最后保存文档并在浏览器中预览其效果。

（四） 弹出信息

下面设置【弹出信息】行为。在浏览网页时，用户可以在预下载的图像上单击鼠标右键，在弹出的快捷菜单中选择【图片另存为】命令，从而将网页中的图像下载到自己的计算机中。而添加了这个行为动作以后，当访问者单击鼠标右键时，就只能看到提示框，而看不到快捷菜单，这样就限制了用户使用鼠标右键来将图片下载至自己的计算机中。

【操作步骤】

STEP 1 选中图像 "images/02.jpg"，然后在【行为】面板中单击 ➕▾ 按钮打开行为菜单，从中选择【弹出信息】命令，打开【弹出信息】对话框。

STEP 2 在【弹出信息】对话框的【消息】文本框中输入提示信息，如图 11-15所示。

STEP 3 单击 ▢确定 按钮关闭对话框，然后设置触发事件为 "onMouseDown"，如图 11-16 所示。

STEP 4 保存网页并预览，在该图像上单击鼠标左键或右键都会弹出信息提示框，如图 11-17 所示。

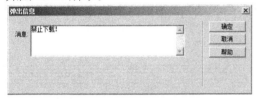

图11-15 【弹出信息】对话框

图11-16 设置弹出信息行为

图11-17 提示信息框

（五） Spry 效果

下面设置 Spry 效果。"Spry 效果"是视觉增强功能，几乎可以将它们应用于使用 JavaScript 的 HTML 页面上的所有元素。利用 Spry 效果可以修改元素的不透明度、缩放比例、位置和样式属性，也可以组合两个或多个属性来创建有趣的视觉效果。由于这些效果都基于 Spry，因此当用户单击应用了效果的对象时，只有对象会进行动态更新，不会刷新整个HTML 页面。

【操作步骤】

STEP 1 选中图像 "images/03.jpg"，并设置其 ID 名称为 "pic3"。

要使某个元素应用 Spry 效果，该元素必须处于选定状态或者具有一个 ID 名称。

STEP 2 在【行为】面板中单击 ➕▾ 按钮打开行为菜单，从中选择【效果】/【增大/收缩】命令，如图 11-18 所示。

下面对【效果】命令的子命令进行简要说明。

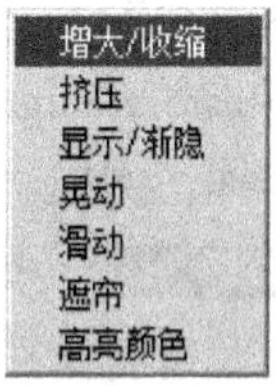

- 【增大/收缩】：使元素变大或变小。
- 【挤压】：使元素从页面的左上角消失。
- 【显示/渐隐】：使元素显示或渐隐。
- 【晃动】：模拟从左向右晃动元素。
- 【滑动】：上下移动元素。

图11-18 【效果】命令的子命令

- 【遮帘】：模拟百叶窗，向上或向下滚动百叶窗来隐藏或显示元素。
- 【高亮颜色】：更改元素的背景颜色。

STEP 3 打开【增大/收缩】对话框，参数设置如图 11-19 所示。

STEP 4 单击 确定 按钮关闭对话框，然后保存文档，接着弹出如图 11-20 所示对话框，单击 确定 按钮即可。

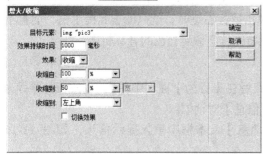

图11-19 【增大/收缩】对话框

图11-20 【复制相关文件】对话框

STEP 5 在【行为】面板中设置触发事件为"onMouseOver"。

STEP 6 保存文档并预览其效果。

当使用效果时，系统会在【代码】视图中将不同的代码行添加到文件中。其中的一行代码用来标识"SpryEffects.js"文件，该文件是包括这些效果所必需的。不能从代码中删除该行，否则这些效果将不起作用。

任务三　设置页脚中的行为

本任务主要是设置网页页脚部分的行为，如"调用 JavaScript"等。【调用 JavaScript】行为能够在事件发生时执行自定义的函数或 JavaScript 代码行。可以自己编写 JavaScript，也可以使用 Web 上各种免费的 JavaScript 库中提供的代码。

【操作步骤】

STEP 1 选中文本"关闭文档"，并给其添加空链接"#"。

STEP 2 仍然选中文本"关闭文档"，然后在【行为】面板中单击 ✚ 按钮，从弹出的【行为】下拉菜单中选择【调用 JavaScript】命令，打开【调用 JavaScript】对话框。

STEP 3 在【JavaScript】文本框中输入 JavaScript 代码，如"window.close()"，用来关闭窗口，如图 11-21 所示。

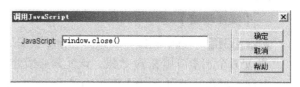

图11-21 【调用 JavaScript】对话框

在【JavaScript】文本框中必须准确输入要执行的 JavaScript 或输入函数的名称。例如，如果要创建一个"后退"按钮，可以键入"if(history.length>0){history.back()}"。如果已将代码封装在一个函数中，则只需键入该函数的名称，例如"hGoBack()"。

STEP 4 单击 确定 按钮关闭对话框，并在【行为】面板中设置触发事件为"onClick"。

STEP 5 保存文档并预览网页，当单击"关闭文档"超级链接文本时，就会弹出提示对话框，询问用户是否关闭窗口，如图 11-22 所示。

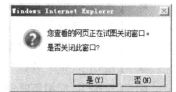

图11-22 提示框

项目实训　完善"风景"网页

本项目介绍了行为在网页中的具体应用，通过本实训将使读者进一步巩固所学的基本知识。

要求：使用行为设置如图 11-23 所示的网页。

图11-23　行为的应用

【操作步骤】

STEP 1　打开网页文档"shixun.htm"。

STEP 2　给图像添加【交换图像】行为，当鼠标移到图像"t1.jpg"时图像变为"t2.jpg"。

STEP 3　给图像添加【弹出信息】行为，提示"图像不许下载！"。

STEP 4　选中文本"关闭文档"并给其添加空链接"#"，然后给其添加【调用JavaScript】行为，使单击文本"关闭文档"时文档窗口关闭。

项目小结

本项目通过温馨屋网页介绍了几种常用行为的基本功能，包括设置状态栏文本、预先载入图像、改变属性、打开浏览器窗口、交换图像、弹出信息、Spry 效果和调用 JavaScript等。希望读者在掌握这些内容的基础上，对其他的行为也能够加以熟悉和了解。

思考与练习

一、填空题

1. 行为的基本元素有两个：事件和_____。
2. 当鼠标指针从特定的元素移走时产生_____事件。

3. 当在特定元素上按下鼠标键时产生＿＿＿＿＿事件。

4. 使用＿＿＿＿＿行为将打开一个新的浏览器窗口，在其中显示所指定的网页文档。

5. ＿＿＿＿＿行为可以将一个图像替换为另一个图像。

二、选择题

1. 单击鼠标时将发生（　　　）事件。
   A. onMouseOver　　B. onClick　　　　　C. onStart　　　　　D. onBlur

2. 当鼠标指针首次指向特定元素时将发生（　　　）事件。
   A. onMouseOver　　B. onClick　　　　　C. onMouseOut　　D. onBlur

3. （　　　）行为将显示一个提示信息框，给用户提供提示信息。
   A. 弹出信息　　　　B. 设置状态栏文本　　C. 交换图像　　　D. 改变属性

4. 使用（　　　）行为，可以改变文本的大小和字体等属性。
   A. 弹出信息　　　　B. 设置状态栏文本　　C. 交换图像　　　D. 改变属性

三、简答题

1. 构成行为的两个基本元素是什么？它们之间是什么关系？

2. 请简要描述 onMouseDown、onMouseMove、onMouseOut 和 onMouseOver 4 个事件的含义。

四、操作题

根据自己的喜好搜集素材并制作一个网页，要求使用本章所介绍的相关行为。

PART 12

项目十二
表单
——制作用户注册网页

表单是制作动态网页的基础，是用户与服务器之间信息交换的桥梁。一个具有完整功能的表单网页通常有两部分组成，一部分是用于搜集数据的表单页面，另一部分是处理数据的服务器端脚本或应用程序。本项目以图 12-1 所示的用户注册网页为例，介绍创建表单网页的基本方法，如何编写应用程序将在后续项目中加以介绍。

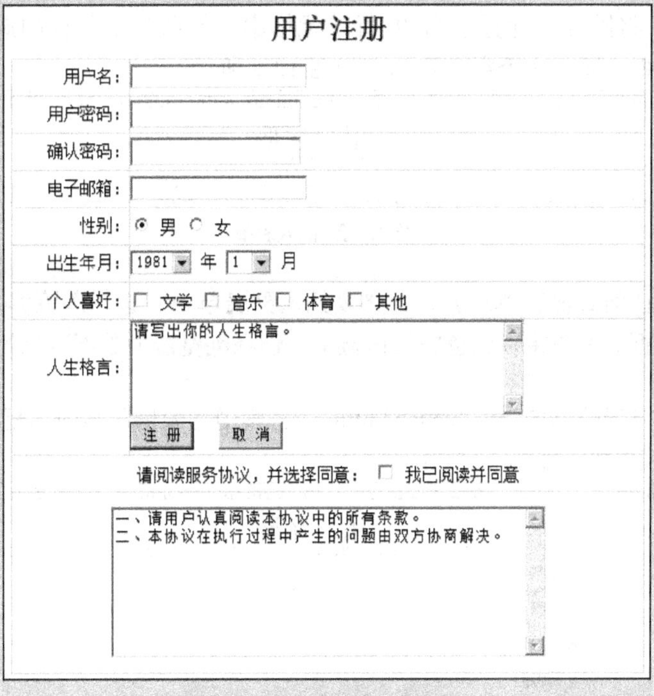

图12-1　用户注册网页

学习目标

- 了解表单的概念及其作用。
- 学会制作表单网页的基本方法。
- 学会使用行为验证表单的基本方法。
- 学会使用 Spry 验证表单对象的方法。

设 计 思 路

在各大网站中，通行证注册功能基本都要用到，不管界面和形式有何差别，但大同小异，其本质是一样的。本项目设计的是用户注册网页，主要用于收集用户相关信息。在网页制作过程中，主要使用表格技术对表单对象进行布局，然后使用检查表单行为等方法验证表单。

任务一　创建表单

本任务主要是在网页中插入表单对象并设置其属性。在 Dreamweaver 中，表单输入类型称为表单对象或表单元素，如表单、文本域、文本区域、单选按钮、复选框、选择（列表/菜单）、隐藏域、按钮等。

【操作步骤】

STEP 1　　将素材文件复制到站点文件夹下，并打开网页文档"zhuce.htm"。

STEP 2　　将鼠标光标置于第 2 行单元格中，然后在菜单栏中选择【插入】/【表单】/【表单】命令，插入一个空白表单，如图 12-2 所示。

图12-2　插入表单

　　任何其他表单对象，都必须插入到表单中，这样浏览器才能正确处理这些数据。表单将以红色虚线框显示，但在浏览器中是不可见的。

STEP 3　　打开网页文档"zhuce2.htm"。将其中的表格及其内容复制粘贴到网页文档"zhuce.htm"的表单中，如图 12-3 所示。

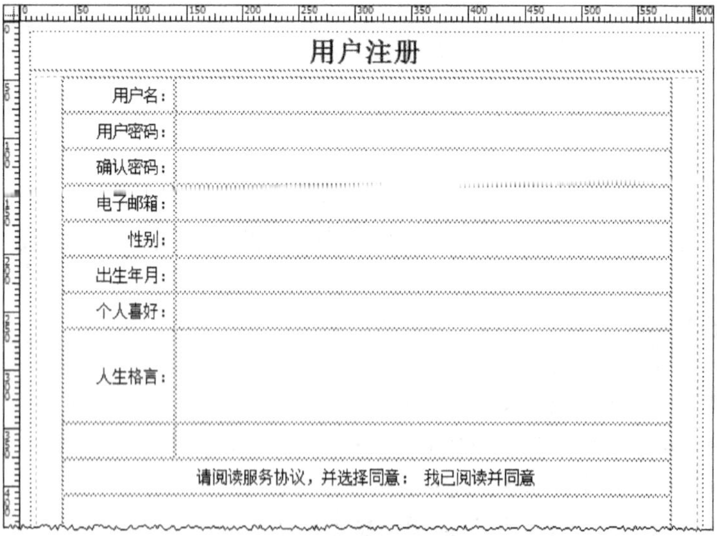

用户注册

用户名：	
用户密码：	
确认密码：	
电子邮箱：	
性别：	
出生年月：	
个人喜好：	
人生格言：	

请阅读服务协议，并选择同意：　我已阅读并同意

图12-3　复制粘贴表格

【知识链接】

在制作表单网页时，可以使用表格、段落标记、换行符、预格式化的文本等技术来设置表单的布局格式。在表单中使用表格时，必须确保所有<table>标签都位于<form>和</form>标签之间。一个页面可以包含多个不重名的表单标签<form>，但是不能将一个<form>表单插入另一个<form>表单中，即<form>标签不能嵌套。表单本身只有装载的功能，在表单中添加表单对象后才能有实际的作用。

STEP 4 　将鼠标光标置于"用户名："右侧单元格中，然后在菜单栏中选择【插入】/【表单】/【文本域】命令，如果弹出【输入标签辅助功能属性】对话框，单击下面的链接，在弹出的【首选参数】对话框中修改首选参数，取消选中【表单对象】复选框，这样再插入表单对象时就不会弹出【输入标签辅助功能属性】对话框而是直接插入表单，如图12-4所示。

知识提示　　当然也可以直接单击 ▭取消▭ 按钮，跳过这一步，但每次插入表单域时，都会出现此对话框，比较麻烦。

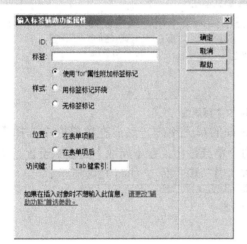

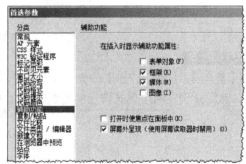

图12-4　修改首选参数

STEP 5 　选中插入的文本域，在【属性】面板中设置各项属性，如图12-5所示。

图12-5　文本域【属性】面板

【知识链接】

对文本域【属性】面板的各项参数简要说明如下。

● 【文本域】：用于设置文本域的唯一名称。

● 【字符宽度】：用于设置文本域的宽度。

● 【最多字符数】：当文本域的【类型】选项设置为"单行"或"密码"时，该属性用于设置最多可向文本域中输入的单行文本或密码的字符数。

● 【类型】：用于设置文本域的类型，包括【单行】、【多行】和【密码】3个选项。当选择【密码】选项并向密码文本域输入密码时，这种类型的文本内容显示为"*"号。当选择【多行】选项时，文档中的文本域将会变为文本区域。

● 【初始值】：用于设置文本域中默认状态下填入的信息。
● 【禁用】：用于设置将当前文本区域禁用。
● 【只读】：用于将当前文本区域设置成为只读文本区域。

STEP 6 分别在"用户密码："和"确认密码："后面的单元格中插入文本域，将它们设置为"密码"类型，如图 12-6 所示。

图12-6 添加密码文本域

STEP 7 在"电子邮箱："后面的单元格中插入文本域，属性设置如图 12-7 所示。

图12-7 电子邮箱文本域属性

STEP 8 将鼠标光标置于"性别："后面的单元格内，然后在菜单栏中选择【插入】/【表单】/【单选按钮】命令，依次插入两个单选按钮，在【属性】面板中设置其属性参数，然后分别在两个单选按钮的后面输入文本"男"和"女"，如图 12-8 所示。

图12-8 插入单选按钮

【知识链接】

单选按钮【属性】面板的各项参数简要说明如下。

● 【单选按钮】：用于设置单选按钮的名称，所有同一组的单选按钮必须有相同的名字。
● 【选定值】：用于设置提交表单时单选按钮传送给服务端表单处理程序的值，同一组单选按钮应设置不同的值。

- 【初始状态】：用于设置单选按钮的初始状态是已被选中还是未被选中，同一组内的单选按钮只能有一个初始状态是已选定。

单选按钮一般以两个或者两个以上的形式出现，它的作用是让用户在两个或者多个选项中选择一项。既然单选按钮的名称都是一样的，那么依据什么来判断哪个按钮被选定呢？因为单选按钮是具有唯一性的，即多个单选按钮只能有一个被选定，所以【选定值】选项就是判断的唯一依据。每个单选按钮的【选定值】选项被设置为不同的数值，如性别"男"的单选按钮的【选定值】选项被设置为"1"，性别"女"的单选按钮的【选定值】选项被设置为"0"。

另外，在菜单栏中选择【插入】/【表单】/【单选按钮组】命令，可以一次性在表单中插入多个单选按钮。

STEP 9 将鼠标光标置于"出生年月："后面的单元格内，然后在菜单栏中选择【插入】/【表单】/【选择（列表/菜单）】命令，插入两个选择域，分别代表"年""月"，如图 12-9 所示。

STEP 10 选定代表"年"的表单域，在【属性】面板中单击 列表值... 按钮，打开【列表值】对话框，添加【项目标签】和【值】，如图 12-10 所示。

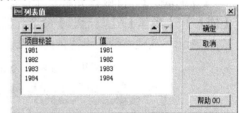

图12-9 插入【选择（列表/菜单）】域　　　　　图12-10 【列表值】对话框

STEP 11 在【属性】面板中将名称设置为"dateyear"，如图 12-11 所示。如果有必要还可以设置初始化选项，这里不进行设置。

图12-11 选择【属性】面板

【知识链接】

选择【属性】面板的各项参数简要说明如下。

- 【选择】：用于设置列表或菜单的名称。
- 【类型】：用于设置下拉菜单或滚动列表。

当【类型】选项设置为"菜单"时，【高度】和【选定范围】选项为不可选，在【初始化时选定】列表框中只能选择 1 个初始选项，文档窗口的下拉菜单中只显示 1 个选择的条目，而不是显示整个条目表。

将【类型】选项设置为"列表"时，【高度】和【选定范围】选项为可选状态。其中，【高度】选项用于设置列表框中文档的高度，设置为"1"表示在列表中显示 1 个选项。【选定范围】选项用于设置是否允许多项选择，选中【允许多选】复选框表示允许，否则为不允许。

- 列表值... 按钮：单击此按钮将打开【列表值】对话框，在这个对话框中可以增减和修改【列表/菜单】的内容。每项内容都有一个项目标签和一个值，标签将显示在浏览器中的列表/菜单中。当列表或者菜单中的某项内容被选中，提交表单时它对应的值就会被传送到服务器端的表单处理程序，若没有对应的值，则传送标签本身。

- 【初始化时选定】：文本列表框内首先显示"列表/菜单"的内容，然后可在其中设置"列表/菜单"的初始选项。单击欲作为初始选择的选项。若【类型】选项设置为"列表"，则可初始选择多个选项。若【类型】选项设置为"菜单"，则只能初始选择1个选项。

STEP 12 按照相同方法设置代表"月"的菜单域，其中"月"的列表值从"1"到"12"，如图 12-12 所示。

图12-12　设置代表"月"的选择域

STEP 13 将鼠标光标置于"个人喜好："后面的单元格内，然后在菜单栏中选择【插入】/【表单】/【复选框】命令，插入 4 个复选框，其中第一个复选框的参数设置如图12-13 所示，其他参数的设置依此类推。

图12-13　添加复选框

【知识链接】

复选框【属性】面板的各项参数简要说明如下。

- 【复选框名称】：用来定义复选框名称。

- 【选定值】：用来判断复选框被选定与否，是提交表单时复选框传送给服务端表单处理程序的值。

- 【初始状态】：用来设置复选框的初始状态是"已勾选"还是"未选中"。

由于复选框在表单中一般都不单独出现，而是多个复选框同时使用，因此其【选定值】就显得格外重要。另外，复选框的名称最好与其说明性文字发生联系，这样在表单脚本程序的编制中将会节省许多时间和精力。

STEP 14 将鼠标光标置于"人生格言："后面的单元格内，然后在菜单栏中选择【插入】/【表单】/【文本区域】命令，插入一个文本区域，如图 12-14 所示。

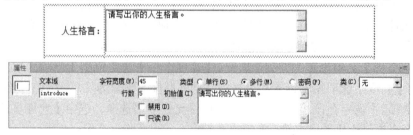

图12-14　插入文本区域

STEP 15　将鼠标光标置于文本"人生格言"下面的单元格内，然后在菜单栏中选择【插入】/【表单】/【隐藏域】命令，插入一个隐藏域来记录用户的注册时间，在【属性】面板中设置其属性参数，如图 12-15 所示。

图12-15　插入隐藏域

【知识链接】

隐藏域主要用来存储并提交非用户输入信息，如注册时间、认证号等，这些都需要使用 JavaScript、ASP 等来编写，当然也可以根据需要直接输入文本或数字等内容。隐藏域在网页中一般不显示。【属性】面板中的【隐藏区域】文本框主要用来设置隐藏域的名称，【值】文本框内可以输入 ASP 代码，如 "<% =Date() %>"，其中 "<%…%>" 是 ASP 代码的开始、结束标志，而 "Date()" 表示当前的系统日期（如 2014-10-10），如果换成 "Now()" 则表示当前的系统日期和时间（如 2014-10-10 10:16:44），而 "Time()" 则表示当前的系统时间（如 10:16:44）。

STEP 16　将鼠标光标置于"人生格言:"下面一行的第 2 个单元格内，然后在菜单栏中选择【插入】/【表单】/【按钮】命令，依次插入两个按钮，并在【属性】面板中设置其属性参数，如图 12-16 所示。

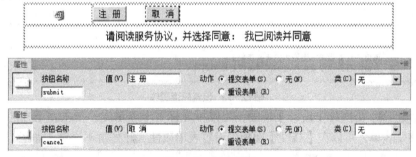

图12-16　插入按钮

【知识链接】

按钮【属性】面板的各项参数简要说明如下。

- 【按钮名称】：用于设置按钮的名称。
- 【值】：用于设置按钮上的文字，一般为"确定""提交""注册"等。
- 【动作】：用于设置单击该按钮后进行什么程序，有 3 个选项。【提交表单】表示单击该按钮后，将表单中的数据提交给表单处理应用程序；【重设表单】表示单击该按钮后，表单中的数据将分别恢复到初始值；【无】表示单击该按钮后，表单中的数据既不提交也不重设。

STEP 17　在菜单栏中选择【插入】/【表单】/【图像域】命令，可以插入一个图像域。图像域的作用就是用一幅图像来替代按钮的工作，用它来发送表单或者执行脚本程序。

STEP 18　在"请阅读服务协议，并选择同意:"的后面插入一个复选框，属性设置如图 12-17 所示。

图12-17 复选框属性设置

STEP 19 在"请阅读服务协议,并选择同意:"下面的单元格内插入一个文本区域,属性设置如图 12-18 所示。

图12-18 插入文本区域

STEP 20 保证刚插入的文本区域处于选中状态,然后切换到【代码】视图,在"textarea"标签中加入代码"readonly="readonly"",设置该文本区域的内容为"只读",如图 12-19 所示。

图12-19 设置只读属性

STEP 21 切换到【设计】视图,将鼠标光标置于表单内,单击左下方的"<form>"标签选中整个表单,可以在【属性】面板中设置表单属性,此处暂不设置,如图 12-20 所示。

图12-20 表单属性

【知识链接】

对表单【属性】面板中的各项参数简要说明如下。

● 【表单 ID】:用于设置能够标识该表单的唯一名称。

● 【动作】:用于设置一个在服务器端处理表单数据的页面或脚本。

● 【方法】:用于设置将表单内的数据传送给服务器的传送方式。【默认】是指用浏览器默认的传送方式,【GET】是指将表单内的数据附加到 URL 后面传送,但当表单内容比较多时不适合用这种传送方式,【POST】是指用标准输入方式将表单内的数据进行传送,在理论上这种方式不限制表单的长度。

● 【目标】:用于指定一个窗口来显示应用程序或者脚本程序将表单处理完后所显示的结果。

- 【编码类型】：用于设置对提交给服务器进行处理的数据使用的编码类型，默认设置"application/x-www-form-urlencoded"，常与【POST】方法协同使用。

在 Dreamweaver CS6 中，表单对象是允许用户输入数据的机制。每个文本域、隐藏域、复选框和选择（列表/菜单）对象必须具有可在表单中标识其自身的唯一名称，表单对象名称不能包含空格或特殊字符，可以使用字母、数字、字符和下画线的任意组合。设计表单时，要用描述性文本来标记表单域，以使用户知道他们要回答哪些内容。例如，"请输入您的用户名"表示请求输入用户名信息。Dreamweaver 还可以编写用于验证访问者所提供的信息的代码。例如，可以检查用户输入的电子邮件地址是否包含"@"符号，或者必须填写的文本域是否包含输入值等。

任务二　验证表单

本任务主要是使用【检查表单】行为验证表单。表单在提交到服务器端以前最好进行验证，以确保输入数据的合法性。使用【检查表单】行为可以检查指定文本域的内容，以确保用户输入了正确的数据类型。

【操作步骤】

STEP 1　将鼠标光标置于表单内，单击左下方的"<form>"标签，选中整个表单。

STEP 2　在【行为】面板中单击 **+** 按钮打开行为菜单，从中选择【检查表单】命令，打开【检查表单】对话框，如图 12-21 所示。

STEP 3　将"username""Email""password1""password2"的【值】设置为【必需的】，其中，"Email"的【可接受】选项设置为"电子邮件地址"，"username""password1"和"password2"的【可接受】选项均设置为"任何东西"，并将"introduce"的【可接受】选项设置为"任何东西"，然后单击 确定 按钮完成设置。

STEP 4　在【行为】面板中确保触发事件是"onSubmit"，如图 12-22 所示。

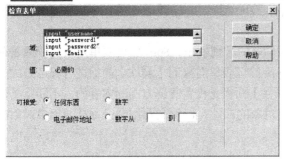

图12-21　【检查表单】对话框

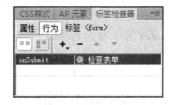

图12-22　设置事件

【知识链接】

对【检查表单】对话框的各项参数简要说明如下。

- 【域】：列出表单中所有的文本域和文本区域供选择。
- 【值】：如果选中【必需的】复选框，表示【域】文本框中必须输入内容。
- 【可接受】：包括 4 个单选按钮，其中"任何东西"表示输入的内容不受限制；"电子邮件地址"表示仅接受电子邮件地址格式的内容；"数字"表示仅接受数字；"数字从…到…"表示仅接受指定范围内的数字。

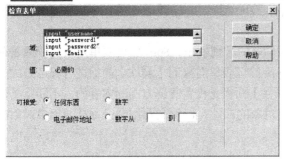

当表单被提交时（"onSubmit"大小写不能随意更改），验证程序会自动启动，必填项如果为空则发生警告，提示用户重新填写，如果不为空则提交表单。确认密码无法使用行为来检验，但可以通过简单的 JavaScript 来验证。不过，使用 Spry 验证密码和验证确认更为方便。

STEP 5 最后保存文档。

【知识链接】

使用【onBlur】事件将此行为分别添加到各个文本域，在用户填写表单时对域进行检查。使用【onSubmit】事件将此行为添加到表单，在用户提交表单的同时对多个文本域进行检查以确保数据的有效性。

如果用户填写表单时需要分别检查各个域，在设置时需要分别选择各个域，然后在【行为】面板中单击 ➕ 按钮，在弹出的菜单中选择【检查表单】命令。如果用户在提交表单时检查多个域，需要先选中整个表单，然后在【行为】面板中单击 ➕ 按钮，在弹出的菜单中选择【检查表单】命令，打开【检查表单】对话框进行参数设置。

在设置了【检查表单】行为后，当表单被提交时（"onSubmit"大小写不能随意更改），验证程序会自动启动，必填项如果为空则发生警告，提示用户重新填写，如果不为空则提交表单。

任务三 Spry 验证表单对象

本任务主要是对 Spry 验证表单对象进行简要介绍，有兴趣的读者可以使用 Spry 验证表单对象设计表单网页。

在制作表单页面时，为了确保采集信息的有效性，往往会要求在网页中实现表单数据验证的功能。Dreamweaver CS6 中的 Spry 框架提供了 7 个验证表单对象：Spry 验证文本域、Spry 验证文本区域、Spry 验证复选框、Spry 验证选择、Spry 验证密码、Spry 验证确认和 Spry 验证单选按钮组。

Spry 验证表单对象与普通表单对象最简单的区别就是，Spry 验证表单对象在普通表单的基础上添加了验证功能，读者可以通过 Spry 验证表单对象的【属性】面板进行验证方式的设置。这就意味着 Spry 验证表单对象的【属性】面板是设置验证方面的内容的，不涉及具体表单对象的属性设置。如果要设置具体表单对象的属性，仍然需要按照设置普通表单对象的方法进行。

1. Spry 验证文本域

Spry 验证文本域用于在输入文本时显示文本的状态。选择【插入】/【表单】/【Spry 验证文本域】菜单命令，将在文档中插入 Spry 验证文本域，如图 12-23 所示。

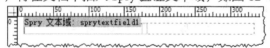

图12-23 Spry 验证文本域

单击【Spry 文本域：sprytextfield1】，选中 Spry 验证文本域，其【属性】面板如图 12-24 所示，相关参数简要说明如下。

图12-24 Spry 验证文本域

- 【Spry 文本域】：用于设置 Spry 验证文本域的名称。
- 【类型】：用于设置验证类型和格式，在其下拉列表中共包括 14 种类型，如整数、电子邮件地址、日期、时间、信用卡、邮政编码、电话号码、IP 地址和 URL 等。
- 【格式】：当在【类型】下拉列表中选择"日期""时间""信用卡""邮政编码""电话号码""社会安全号码""货币"或"IP 地址"选项时，该项可用，并根据各个选项的特点提供不同的格式设置。
- 【预览状态】：验证文本域构件具有许多状态，可以根据所需的验证结果，通过【属性】面板来修改这些状态。
- 【验证于】：用于设置验证发生的时间，包括浏览者在文本域外部单击（onBlur）、更改文本域中的文本时（onChange）或尝试提交表单时（onSubmit）。
- 【最小字符数】和【最大字符数】：当在【类型】下拉列表中选择"无""整数""电子邮件地址"或"URL"选项时，还可以指定最小字符数和最大字符数。
- 【最小值】和【最大值】：当在【类型】下拉列表中选择"整数""时间""货币"或"实数/科学记数法"选项时，还可以指定最小值和最大值。
- 【必需的】：用于设置 Spry 验证文本域不能为空，必须输入内容。
- 【强制模式】：用于禁止用户在验证文本域中输入无效内容。例如，如果对【类型】为"整数"的构件集选择此项，那么当用户输入字母时，文本域中将不显示任何内容。
- 【提示】：设置在文本域中显示的提示内容，当单击文本域时提示内容消失，可以直接输入需要的内容。

2. Spry 验证文本区域

Spry 验证文本区域用于在输入文本段落时显示文本的状态。选择【插入】/【表单】/【Spry 验证文本区域】菜单命令，将在文档中插入 Spry 验证文本区域，如图 12-25 所示。

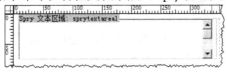

图12-25 Spry 验证文本区域

Spry 验证文本区域【属性】面板如图 12-26 所示。

图12-26 Spry 验证文本区域【属性】面板

在 Spry 验证文本区域的属性设置中，可以添加字符计数器，以便当用户在文本区域中输入文本时知道自己已经输入了多少字符或者还剩多少字符。

3. Spry 验证复选框

Spry 验证复选框用于显示在用户选择（或没有选择）复选框时构件的状态。选择【插入】/【表单】/【Spry 验证复选框】菜单命令，将在文档中插入 Spry 验证复选框，如图 12-27 所示。

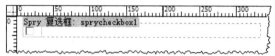

图12-27 Spry 验证复选框

Spry 验证复选框【属性】面板如图 12-28 所示。

图12-28 Spry 验证复选框【属性】面板

默认情况下，Spry 验证复选框设置为"必需（单个）"。但是，如果在页面上插入了多个复选框，则可以指定选择范围，即设置为"实施范围（多个）"，然后设置【最小选择数】和【最大选择数】参数。

4. Spry 验证选择

Spry 验证选择构件是一个下拉菜单，该菜单在用户进行选择时会显示构件的状态（有效或无效）。选择【插入】/【表单】/【Spry 验证选择】菜单命令，将在文档中插入 Spry 验证选择域，如图 12-29 所示。

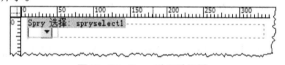

图12-29 Spry 验证选择域

Spry 验证选择域【属性】面板如图 12-30 所示。

图12-30 Spry 验证选择域【属性】面板

【不允许】选项组包括【空值】和【无效值】两个复选框。如果选中【空值】复选框，表示所有菜单项都必须有值；如果选中【无效值】复选框，可以在其后面的文本框中指定一个值，当用户选择与该值相关的菜单项时，该值将注册为无效。例如，如果指定"-1"是无效值（即选中【无效值】复选框，并在其后面的文本框中输入"-1"），并将该值赋给某个选项标签，则当用户选择该菜单项时，将返回一条错误的消息。

如果要添加菜单项和值，必须选中菜单域，在列表/菜单【属性】面板中进行设置。

5. Spry 验证密码

Spry 验证密码用于在输入密码文本时显示文本的状态。选择【插入】/【表单】/【Spry 验证密码】菜单命令，将在文档中插入 Spry 验证密码域，如图 12-31 所示。

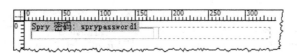

图12-31 Spry 验证密码文本域

Spry 验证密码域【属性】面板如图 12-32 所示。

图12-32 Spry 验证密码【属性】面板

通过【属性】面板，可以设置在 Spry 验证密码文本域中，允许输入的最大字符数和最小字符数，同时可以定义字母、数字、大写字母以及特殊字符的数量范围。

6. Spry 验证确认

Spry 验证确认用于在输入确认密码时显示文本的状态。选择【插入】/【表单】/【Spry 验证确认】菜单命令，将在文档中插入 Spry 验证确认密码域，如图 12-33 所示。

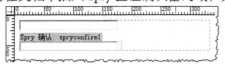

图12-33 Spry 验证确认密码文本域

Spry 验证确认密码域【属性】面板如图 12-34 所示。

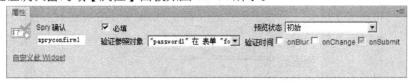

图12-34 Spry 验证确认【属性】面板

【验证参照对象】通常是指表单内前一个密码文本域，只有两个文本域内的文本完全相同，才能通过验证。

7. Spry 验证单选按钮组

Spry 验证单选按钮组用于在进行单击时显示构件的状态。选择【插入】/【表单】/【Spry 验证单选按钮组】菜单命令，将在文档中插入 Spry 验证单选按钮组，如图 12-35 所示。

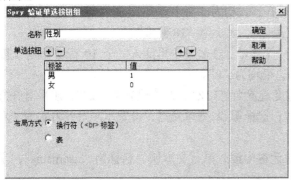

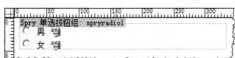

图12-35 Spry 验证单选按钮组

Spry 验证单选按钮组【属性】面板如图 12-36 所示。

图12-36 Spry 验证单选按钮组【属性】面板

通过【属性】面板可以设置单选按钮是不是必须选择，即【必填】项，如果必须，还可以设置单选按钮组中哪一个是空值，哪一个是无效值，只需将相应单选按钮的值填入到【空值】或【无效值】文本框中即可。

项目实训　制作"邮箱申请"网页

本项目介绍了表单在网页中的具体应用，通过本实训将使读者进一步巩固所学的基本知识。

要求：使用表单创建如图 12-37 所示的"邮箱申请"网页。

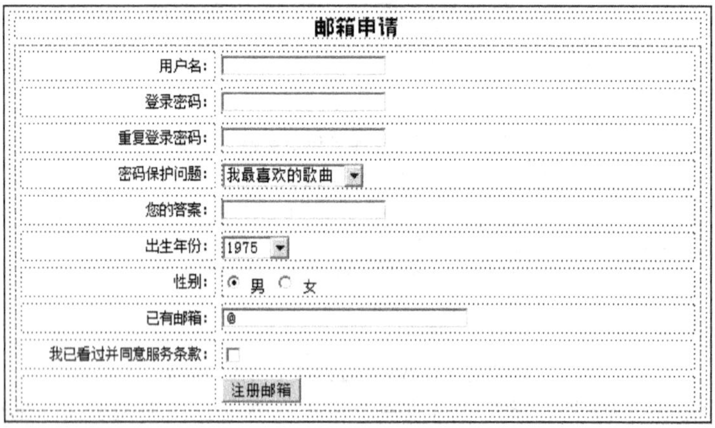

图12-37　表单网页

【操作步骤】

STEP 1 　新建一个网页并设置其页面属性，文本大小为"12 像素"。

STEP 2 　插入一个 2 行 1 列的表格，表格宽度为"600 像素"，间距为"5"，边距和边框均为"0"。

STEP 3 　设置两个单元格的水平对齐方式均为"居中对齐"，并在第 1 个单元格中输入文本"邮箱申请"，设置文本字体为"黑体"，大小为"18 像素"。

STEP 4 　在第 2 个单元格中插入一个表单，在表单中再插入一个 10 行 2 列、宽度为"100%"的表格，间距为"5"，边距和边框均为"0"。

STEP 5 　选择第 1 列单元格，宽度设置为"30%"，高度设置为"25"，水平对齐方式为"右对齐"，并在其中输入提示性文本；选择第 2 列单元格，设置水平对齐方式为"左对齐"。

STEP 6 　在"用户名："后面的单元格中插入单行文本域，名称为"username"，字符宽度为"20"。

STEP 7 　在"登录密码："和"重复登录密码："后面的单元格中分别插入密码文本域，名称分别为"passw"和"passw2"，字符宽度均为"20"。

STEP 8 在"密码保护问题:"后面的单元格中插入菜单域,名称为"question",并在【列表值】对话框中添加项目标签和值。

STEP 9 在"您的答案:"后面的单元格中插入单行文本域,名称为"answer",字符宽度为"20"。

STEP 10 在"出生年份:"后面的单元格中插入菜单域,名称为"birthyear",并在【列表值】对话框中添加项目标签和值。

STEP 11 在"性别:"后面的单元格中插入两个单选按钮,名称均为"sex",选定值分别为"1"和"2",初始状态分别为"已选定"和"未选中"。

STEP 12 在"已有邮箱:"后面的单元格中插入单行文本域,名称为"email",字符宽度为"30",初始值为"@"。

STEP 13 在"我已看过并同意服务条款:"后面的单元格中插入一个复选框,名称为"tongyi",选定值为"y",初始状态为"未选中"。

STEP 14 在最后一个单元格中插入一个按钮,名称为"submit",值为"注册邮箱",动作为"提交表单"。

STEP 15 最后保存文件。

项目小结

本项目以用户注册网页为例介绍了表单的基本知识,包括插入表单对象及其属性设置、利用"检查表单"行为验证表单的方法、Spry 验证表单对象等。希望通过本项目的学习,读者能够对各个表单对象的作用有清楚的认识,并能在实践中熟练运用。

思考与练习

一、填空题

1. 文本域等表单对象都必须插入到_____中,这样浏览器才能正确处理其中的数据。

2. 按钮的【属性】面板提供了按钮的 3 种动作,即_____、重置表单和无。

3. _____的作用在于发送信息、执行脚本程序和重置表单,这是表单页收尾的工作。

4. 表单在提交到服务器端以前最好进行验证,在 Dreamweaver CS6 中可以使用【_____】行为对表单进行基本的验证设置。

5. Dreamweaver CS6 中的 Spry 框架提供了_____个验证表单对象。

二、选择题

1. 选择菜单栏中的【插入】/【表单】/【表单】命令,将在文档中插入一个表单域,下面关于表单域的描述正确的是(   )。

　　A. 表单域的大小可以手工设置

　　B. 表单域的大小是固定的

　　C. 表单域会自动调整大小以容纳表单域中的元素

　　D. 表单域的红色边框线会显示在页面上

2. 以下不属于表单元素的是(   )。

A. 单选按钮 　　　　　　B. 层　　　　　　C. 复选框 　　　D. 文本域

3. 下面关于文本域的说法，错误的是（　　　）。

A. 在【属性】面板中可以设置文本域的字符宽度

B. 在【属性】面板中可以设置文本域的字符高度

C. 在【属性】面板中可以设置文本域所能接受的最多字符数

D. 在【属性】面板中可以设置文本域的初始值

4. 在表单元素中，（　　）在网页中一般不显现。

A. 隐藏域 　　　　　　B. 文本域　　　　C. 文件域　　　　D. 文本区域

5. 下面不能用于输入文本的表单对象是（　　）。

A. 文本域 　　　　　　B. 文本区域　　　　C. 密码域　　　　D. 文件域

6. 关于 Spry 验证表单对象的说法错误的是（　　　）。

A. Spry 验证表单对象是在普通表单的基础上添加了验证功能

B. 可以通过 Spry 验证表单对象的【属性】面板进行验证方式的设置

C. Spry 验证表单对象的【属性】面板是设置验证内容的

D. 在 Spry 验证表单对象中无法设置具体表单对象的属性

三、简答题

1. 常用的表单对象有哪些?

2. 根据自己的理解简要说明单选按钮和复选框在使用上有什么不同点。

四、操作题

制作如图 12-38 所示的表单网页。

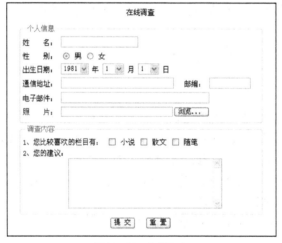

图12-38　在线调查

【操作提示】

STEP 1　新建一个网页并插入相应的表单对象。

STEP 2　表单对象的名称等属性不做统一要求，读者可根据需要自行设置。

STEP 3　整个表单内容分为"个人信息"和"调查内容"两部分，使用表单对象"字段集"进行区域划分。

STEP 4　使用"检查表单"行为设置"姓名""通信地址""邮编"和"电子邮件"为必填项，同时设置"邮编"仅接受数字，"电子邮件"检查其格式的合法性。

PART 13

项目十三
动态网页
——制作学科信息管理系统

在实际应用中，读者可能经常需要制作带有后台数据库的动态网页。本项目以图 13-1 所示的学科信息管理系统为例，介绍在 Dreamweaver CS6 中通过服务器行为创建 ASP 动态网页的基本方法。

图13-1 学科信息管理系统

学习目标

- 了解创建动态网页的基本原理。
- 学会创建数据库连接的方法。
- 学会显示、插入、更新和删除记录的方法。
- 学会设置网页参数传递的方法。
- 学会用户身份验证的方法。

设计思路

本项目设计的是学科信息管理系统，如果说之前各个项目训练的重点都是静态网页的设计和制作，那么本项目训练的则是动态网页的制作方法，即 ASP 应用程序的设置。学科信息管理系统涉及多个网页，这些网页已经提前制作好，在项目中主要是设置应用程序的各项功能。系统分为前台页面和后台页面，前台页面主要用于浏览数据，后台页面主要用于添加、修改和删除数据，后台页面必须通过登录才能够访问。

任务一　配置 ASP 网页开发环境

本任务是配置在 Dreamweaver CS6 中创建动态网页的开发环境。开发环境主要是指 IIS 服务器运行环境和在 Dreamweaver CS6 中可以使用服务器技术的站点环境。

（一）　配置 Web 服务器

为了便于测试，建议直接在本机上安装并配置 Web 服务器。Windows XP Professional 和 Windows 7 中的 IIS 在默认状态下没有被安装，因此在第 1 次使用时应首先安装 IIS 服务器，安装完成后还需要配置 Web 服务器。

1.　在 Windows XP Professional 中配置 Web 服务器

在 Windows XP Professional 中配置 Web 服务器的方法如下。

【操作步骤】

STEP 1　在 Windows XP 的【控制面板】/【管理工具】中双击【Internet 信息服务】选项，打开【Internet 信息服务】窗口。

STEP 2　用鼠标右键单击【默认网站】选项，在弹出的快捷菜单中选择【属性】命令，弹出【默认网站属性】对话框，在【网站】选项卡的【IP 地址】文本框中输入本机的 IP 地址（如果不联网没有 IP 也可以输入 "127.0.0.1" 或者不设置）。

STEP 3　切换到【主目录】选项卡，在【本地路径】文本框中设置网页所在目录。

STEP 4　切换到【文档】选项卡，添加站点默认的首页文档名称，如 "index.asp"。

2.　在 Windows 7 中配置 Web 服务器

在 Windows 7 中配置 Web 服务器的方法如下。

【操作步骤】

STEP 1　打开控制面板，在【查看方式】中选择【小图标】命令，单击【管理工具】进入【管理工具】窗口。

STEP 2　双击【Internet 信息服务（IIS）管理器】选项，打开【Internet 信息服务（IIS）管理器】窗口，并在左侧列表中展开【网站】的相关选项。

STEP 3　选中【Default Web Site】选项，在右侧栏中单击【基本设置】选项，打开【编辑网站】对话框，设置网站的物理路径，如图 13-2 所示。

图13-2 【编辑网站】对话框

STEP 4 在中间窗口双击【默认文档】选项，然后在右侧列表中单击【添加】选项，打开【添加默认文档】对话框，添加默认文档"index.asp"（如果已存在，则不需要再添加），结果如图13-3所示。

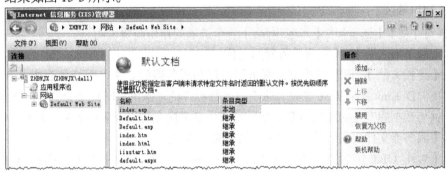

图13-3 添加默认文档

STEP 5 再次选中【Default Web Site】选项，在中间窗口双击【ASP】选项，在打开的【ASP】窗口中将【启用父路径】的值设置为"True"，如图13-4所示。

图13-4 启用父路径

这样，Windows 7中Web服务器的基本设置就完成了。

（二）定义动态站点

Web服务器配置完毕后，还需要在Dreamweaver CS6中定义使用脚本语言的站点。

【操作步骤】

STEP 1 在菜单栏中选择【站点】/【新建站点】命令，在弹出的对话框中设置好【站点】选项，如图13-5所示。

STEP 2 在【服务器】选项中，单击➕按钮弹出新的对话框，【基本】选项卡参数设置如图13-6所示。

图13-5 本地站点信息 　　　　　　　　图13-6 设置【基本】选项卡

【知识链接】

下面对【基本】选项卡中【本地/网络】各个选项的作用简要说明。

● 【服务器名称】：设置新服务器的名称。

● 【连接方法】：设置连接测试服务器或远程服务器的方法，下拉列表中共有 5 个选项。Dreamweaver CS6 在设计带有后台数据库的动态网页时需要设置连接方法，以提供与数据库有关的有用信息，如数据库中各表的名称以及表中各列的名称。

● 【服务器文件夹】：设置存储站点文件的文件夹。

● 【Web URL】：设置站点的 URL，Dreamweaver 使用 Web URL 创建站点根目录相对链接，并在使用链接检查器时验证这些链接。指定测试站点时，必须设置【Web URL】选项，Dreamweaver 能在用户进行操作时使用测试站点的服务来显示数据以及连接到数据库。

STEP 3 切换到【高级】选项卡，参数设置如图 13-7 所示。

STEP 4 单击 ▢保存 按钮，然后选择【测试】选项，如图 13-8 所示，最后依次单击 ▢保存 按钮关闭对话框。

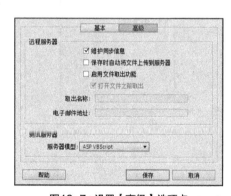

图13-7 设置【高级】选项卡 　　　　　　　图13-8 选择【测试】选项

【知识链接】

【服务器】类别允许用户指定远程服务器和测试服务器，下面对各个按钮的作用简要说明。

● ➕（添加新服务器）按钮：单击该按钮将添加一个新服务器。

● ➖（删除服务器）按钮：单击该按钮将删除选中的服务器。

- ✏ （编辑现有服务器）按钮：单击该按钮将编辑选中的服务器。
- ▢ （复制现有服务器）按钮：单击该按钮将复制选中的服务器。

为 Web 应用程序定义 Dreamweaver 站点通常需执行以下 3 步。

（1） 定义本地站点

本地站点是用户在硬盘上用来存储站点文件副本的文件夹。用户可为自己创建的每个新 Web 应用程序定义一个本地文件夹。定义本地文件夹还会使用户能够轻松管理文件并将文件传输至 Web 服务器和从 Web 服务器接收文件。

（2） 定义测试站点

在用户工作时，Dreamweaver CS6 使用测试站点生成和显示动态内容并连接到数据库。测试站点可以在本地计算机、开发服务器、中间服务器或生产服务器上。只要测试服务器可以处理用户计划开发的动态网页类型即可，具体选择哪种类型的服务器无关紧要。

（3） 定义远程站点

将运行 Web 服务器的计算机上的文件夹定义为 Dreamweaver CS6 远程站点。远程站点是用户为 Web 应用程序在 Web 服务器上创建的文件夹。本地站点或测试服务器上的文件只有发布到远程站点上，浏览者才可以正常访问。

任务二　制作前台页面

本任务是制作管理系统的前台页面，也就是显示数据库记录的相关页面，涉及的知识点主要有数据库连接、记录集、动态文本、重复区域、记录集分页、显示记录计数、显示区域等。

（一）　创建数据库连接

本项目使用的数据库是 Access 数据库，名称为 "kcjxl.mdb"，位于站点的 "kcdata" 文件夹中。该数据库包括 4 个数据表：data、lanmu、users 和 group，如表 13-1、表 13-2、表 13-3 和表 13-4 所示。其中，data 表用来保存重点学科相关信息，lanmu 表用来保存网站栏目分类信息，users 表用来保存操作员信息，group 表用来保存操作员分类信息。

表 13-1　data 表的字段名和相关含义

字段名	数据类型	字段大小	说　明
id	自动编号	长整型	记录编号
title	文本	50	标题
classid	文本	10	栏目标识
content	备注	—	内容
username	文本	50	添加内容的用户名称
adddate	日期／时间	—	添加内容的日期

表 13-2　lanmu 表的字段名和相关含义

字段名	数据类型	字段大小	说　明
id	自动编号	长整型	栏目编号
lanmuname	文本	50	栏目名称
classid	文本	10	栏目标识

表 13-3　users 表的字段名和相关含义

字段名	数据类型	字段大小	说　明
id	自动编号	长整型	用户编号
username	文本	50	用户名称
passw	文本	50	用户密码
classbs	文本	4	用户分组

表 13-4　group 表的字段名和相关含义

字段名	数据类型	字段大小	说　明
id	自动编号	长整型	用户分组编号
groupname	文本	50	用户分组名称
classbs	文本	4	用户分组

数据表 lanmu、users 和 group 的内容如图 13-9 所示。

图 13-9　数据表

在 Dreamweaver 中创建数据库连接的方式有两种，一种是以自定义连接字符串方式创建数据库连接，另一种是以数据源名称（DSN）方式创建数据库连接。本项目使用自定义连接字符串的方式来创建数据库连接。

【操作步骤】

STEP 1　将素材文件复制到站点文件夹下，然后在菜单栏中选择【文件】/【新建】命令，打开【新建文档】对话框，依次选择【空白页】/【ASP VBScript】/【无】选项，如图 13-10 所示。

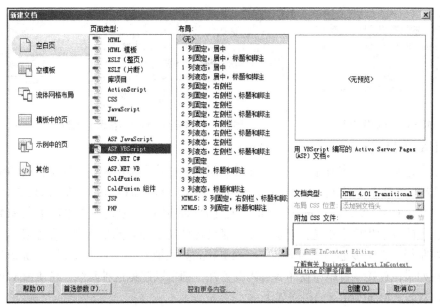

图13-10 选择【空白页】/【ASP VBScript】/【无】选项

STEP 2 单击 创建(R) 按钮创建动态网页文档，然后选择【文件】/【保存】命令将文档保存为"temp.asp"。

知识提示 创建数据库连接的前提条件是，必须在已定义好的动态站点中新建或打开一个动态网页文档。这样，【数据库】面板、【绑定】面板和【服务器行为】面板才可以使用。

【知识链接】

查看该网页源代码，可以发现第1行代码如下。

```
<%@LANGUAGE="VBSCRIPT" CODEPAGE="936"%>
```

其中，LANGUAGE="VBSCRIPT"用于声明该 ASP 动态网页当前使用的编程脚本为VBSCRIPT。当使用该脚本声明后，该动态网页中使用的程序都必须符合该脚本语言的所有语法规范。如果使用 JAVASCRIPT 脚本语言创建 ASP 动态网页，那么声明代码中脚本语言声明项应该修改为 LANGUAGE="JAVASCRIPT"。

CODEPAGE="936"用于定义在浏览器中显示页内容的代码页为简体中文（GB2312）。代码页是字符集的数字值，不同的语言使用不同的代码页。例如，繁体中文（Big5）代码页为950，日文（Shift-JIS）代码页为 932，Unicode（UTF-8）代码页为 65001。在制作动态网页的过程中，如果在插入或显示数据表中记录时出现了乱码的情况，通常需要采用这种方法解决，即查看该动态网页是否在第 1 行进行了代码页的声明，如果没有，就应该加上，这样就不会出现网页乱码的情况了。

STEP 3 在菜单栏中选择【窗口】/【数据库】命令，打开【数据库】面板，如图13-11 所示。

STEP 4 在【数据库】面板中单击 ➕ 按钮，在弹出的菜单中选择【自定义连接字符串】命令，打开【自定义连接字符串】对话框，参数设置如图 13-12 所示。

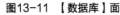

图13-11 【数据库】面

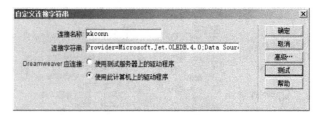

图13-12 【自定义连接字符串】对话框

【知识链接】

可以自定义【连接名称】，如"xkconn"，但不要在该名称中使用任何空格或特殊字符。在【连接字符串】文本框中输入的连接字符串是 Provider=Microsoft.Jet.OLEDB.4.0;Data Source=E:\mysite\kcdata\kcjxl.mdb。此时，在【Dreamweaver 应连接】选项中应选中【使用此计算机上的驱动程序】单选按钮。此处，读者需要特别注意的是，由于在连接字符串中使用了绝对路径，在上传远程服务器前或将网页移到其他地方时，必须按实际情况修改数据库路径。但如果在连接字符串中使用 MapPath 方法，则可以避免这种麻烦。在使用 VBScript 作为脚本语言时，MapPath 方法格式如下：

"Provider=Microsoft.Jet.OLEDB.4.0;Data Source=" & Server.MapPath("kcdata\kcjxl.mdb")

如果使用 JavaScript 作为脚本语言，连接字符串格式基本相同，但是要使用"+"而不是"&"来连接两个字符串。由于在 MapPath 方法中使用了文件的虚拟路径"Server.MapPath("kcdata\kcjxl.mdb")"，此时在【自定义连接字符串】对话框中必须选中【使用测试服务器上的驱动程序】单选按钮。

STEP 5　单击 测试 按钮，弹出显示"成功创建连接脚本"的消息提示框，说明设置成功，如图 13-13 所示。

STEP 6　单击 确定 按钮关闭对话框，然后在【数据库】面板的列表框中单击 ⊞ 按钮可以查看相关数据表，如图 13-14 所示。

图13-13 消息框　　图13-14 【数据库】面板

【知识链接】

对常用的数据库连接字符串简要说明如下（字符串中出现的所有标点，包括点、分号、引号和括号均是英文状态下的格式）。

Access 97 数据库的连接字符串有以下两种格式。

● "Provider=Microsoft.Jet.OLEDB.3.5;Data Source=" & Server.MapPath ("数据库文件相对路径")

● "Provider=Microsoft.Jet.OLEDB.3.5;Data Source=数据库文件物理路径"

Access 2000～Access 2003 数据库的连接字符串有以下两种格式。

● "Provider=Microsoft.Jet.OLEDB.4.0;Data Source=" & Server.MapPath("数据库文件相对路径")

● "Provider=Microsoft.Jet.OLEDB.4.0;Data Source=数据库文件物理路径"

Access 2007 数据库的连接字符串有以下两种格式。

● "Provider=Microsoft.ACE.OLEDB.12.0;Data Source= "& Server.MapPath ("数据库文件相对路径")

- "Provider=Microsoft.ACE.OLEDB.12.0;Data Source=数据库文件物理路径"

SQL 数据库的连接字符串格式如下。

- "PROVIDER=SQLOLEDB;DATA SOURCE=SQL 的服务器名称或 IP 地址;UID=用户名;PWD=数据库密码;DATABASE=数据库名称"

代码中的"Server.MapPath()"指的是文件的虚拟路径，使用它可以不理会文件具体存在服务器上的哪个分区，只要使用相对于网站根目录或者相对于文档的路径就可以了。

（二） 制作"index.asp"中的数据列表

在"index.asp"主页面的"动态公告"下面将显示规定数量的动态公告标题，单击标题可打开网页"content.asp"查看通告的具体内容，这就要用到显示记录的基本知识，如记录集、动态数据、重复区域等。

【操作步骤】

STEP 1 打开文档"index.asp"，在【服务器行为】面板中单击➕按钮，在弹出的菜单中选择【记录集】命令，打开【记录集】对话框。

【知识链接】

网页不能直接访问数据表中存储的记录，要想显示数据表中的记录必须创建记录集。记录集可以包括数据库表中所有的行和列，也可以包括某些行和列。

在 Dreamweaver 中，根据不同的需求，【记录集】对话框可构建不同的记录集。读者可将记录集想象成一个动态变化的表格。这个表格的数据是从数据库中按照一定的规则筛选出来的。即使针对同一个数据表，规则不同，产生的记录集也不同。在 Dreamweaver CS6 中创建记录集是在对话框中完成的，通常不需要手工编写代码，当然也可以单击 高级... 按钮通过修改 SQL 代码来创建更复杂的记录集。也可以通过以下方法打开【记录集】对话框来创建记录集。

- 选择【插入】/【应用程序对象】/【记录集】命令。
- 在【绑定】面板中单击➕按钮，在弹出的菜单中选择【记录集】命令。
- 在【插入】/【应用程序】面板中单击 📄 （记录集）按钮。

STEP 2 在【记录集】对话框中进行参数设置。在【名称】文本框中输入"Rsdtgg"，在【连接】下拉列表中选择"xkconn"，在【表格】下拉列表中选择数据表"data"，在【列】选项组中选中【选定的】单选按钮，按住 Ctrl 键不放，依次在列表框中选择"adddate""classid""id""title"，在【筛选】选项中依次设置"classid""="URL 参数""classid"，然后将【排序】设置为按照"adddate""降序"排列，如图 13-15 所示。

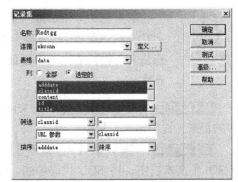

图13-15 【记录集】对话框

知识提示 如果只是用到数据表中的某几个字段，那么最好不要将全部字段都选中，因为字段数越多应用程序执行起来就越慢。

【知识链接】

对【记录集】对话框中的相关参数简要说明如下。

- 【名称】：记录集的名称，同一页面中可以有多个记录集但不能重名。
- 【连接】：列表中显示已经成功创建的数据库连接，如果没有，需要重新定义。
- 【表格】：列表中显示数据库中的所有数据表，根据实际情况进行选择。
- 【列】：用于显示在【表格】下拉列表中选定的数据表中的字段名，默认选择全部的字段，也可按 Ctrl 键来选择特定的某些字段。
- 【筛选】：用于设置创建记录集的规则和条件。在第 1 个列表中选择数据表中的字段；在第 2 个列表中选择运算符，包括 "=、>、<、>=、<=、<>、开始于、结束于、包含" 9 种；在第 3 个列表中设置传递参数的类型；最后的文本框用于设置传递参数的名称。
- 【排序】：用于设置按照某个字段 "升序" 或者 "降序" 进行排序。

STEP 3 单击 高级… 按钮，打开高级【记录集】对话框，如图 13-16 所示。

STEP 4 单击 编辑… 按钮打开【编辑参数】对话框，将 URL 参数 "classid" 的默认值修改为 "7"，如图 13-17 所示。

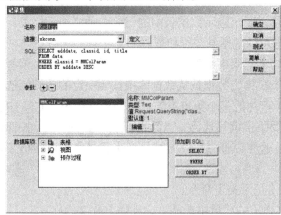

图13-16 高级【记录集】对话框

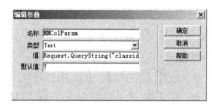

图13-17 【编辑参数】对话框

在数据表 "lanmu" 中设定了 "动态公告" 栏目的标识 "classid" 为 "7"，在向数据表 "data" 中添加数据时，便使用这一标识来标记属于 "动态公告" 栏目的记录。因此，在显示 "动态公告" 栏目记录时必须设置这一条件。

STEP 5 单击 确定 按钮关闭对话框，在【测试 SQL 指令】对话框中出现选定表中的记录，说明创建记录集成功。

STEP 6 在高级【记录集】对话框的【SQL】文本框中，将 SQL 代码中的 "title" 修改为 "mid(title,1,22) AS ttitle"，如图 13-18 所示。

```
SELECT adddate, classid, id, mid(title,1,22) AS ttitle
FROM [data]
WHERE classid = MMColParam
ORDER BY adddate DESC
```

图13-18 修改 SQL 代码

SQL 中 as 的用法是给现有的字段名另指定一个别名，特别是当字段名是字母时，采用汉字替代后可以给阅读带来方便。例如，select username as 用户名,passw as 密码 from users。

【知识链接】

在主页面中，如果动态公告的标题过长，在显示时可能会变成两行，这样看起来不美观。因此，这里使用了 mid() 函数来设置动态公告标题只显示其前 22 个字符。下面对 mid() 函数的功能做简要说明。

语法：mid(string, start[, length])

说明：

- string：字符串表达式，从中返回字符。如果 string 包含 Null，将返回 Null。
- start：string 中被取出部分字符的起始位置。如果 start 超过 string 的字符数，Mid() 返回零长度字符串。
- length：可选参数，要返回的字符数。如果省略或 length 超过文本的字符数（包括 start 处的字符），将返回字符串中从 start 到尾端的所有字符。

在本项目的实例中，也可使用 left(string, length) 函数来截取字符串。

如果后台数据库是 SQL Server 类型，在返回字符串时应该使用 substring() 函数而不是 mid() 函数。下面对 substring() 函数的功能做简要说明。

语法：substring (expression, start, length)

说明：

- expression：字符串、二进制字符串、文本、图像、列或包含列的表达式。
- start：整数或可以转换为 int 的表达式，指定子字符串的开始位置。
- length：整数或可以转换为 int 的表达式，指定子字符串的长度。
- 返回值：如果 expression 是一种支持的字符数据类型，则返回字符数据；如果 expression 是一种支持的二进制数据类型，则返回二进制数据；如果 start = 1，则子字符串从表达式的第一个字符开始。

STEP 7 设置完毕后单击 测试 按钮，在【测试 SQL 指令】对话框中出现选定表中的记录，说明创建记录集成功。

STEP 8 关闭【测试 SQL 指令】对话框，然后在【记录集】对话框中单击 确定 按钮，完成创建记录集的任务，此时在【服务器行为】面板的列表框中添加了【记录集（Rsdtgg）】行为，在【绑定】面板中显示了【记录集（Rsdtgg）】及其中的相应字段，如图 13-19 所示。

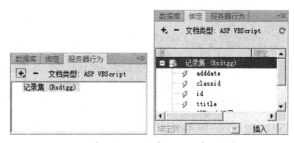

图13-19 【服务器行为】面板和【绑定】面板

知识提示 　　每次根据不同的查询需要创建不同的记录集，有时在一个页面之中需要创建多个记录集。

STEP 9 如果对创建的记录集不满意，可以在【服务器行为】面板中双击记录集名称或者在其【属性】面板中单击 编辑 按钮，打开【记录集】对话框，对原有设置进行重新编辑，如图 13-20 所示。

图13-20 记录集【属性】面板

下面将记录集中的数据以动态文本的形式插入文档中。

> 记录集负责从数据库中按照预先设置的规则取出数据，而要将数据插入文档中，就需要通过动态数据的形式，其中最常用的是动态文本。

STEP 10 将鼠标光标置于括号前面，在菜单栏中选择【插入】/【数据对象】/【动态数据】/【动态文本】命令，打开【动态文本】对话框。

STEP 11 展开【记录集（Rsdtgg）】，选择【ttitle】选项，【格式】设置为"修整－两侧"，然后单击 确定 按钮插入动态文本，如图 13-21 所示。

> 不论设置为"修整－两侧"还是"修整－左""修整－右"，都是针对字符串数据而言的。其作用是去掉端点的空格，而字符串中的空格将被保留下来。

也可以通过【绑定】面板插入动态文本，下面插入日期动态文本。

STEP 12 切换到【绑定】面板，展开记录集并选中【adddate】选项，然后将鼠标光标置于括号内点的前面，在【绑定】面板中单击 插入 按钮，插入一个显示日期的动态文本。

STEP 13 用相同的方法在点的后面再插入显示日期的动态文本，如图 13-22 所示。

图13-21 插入动态文本

图13-22 插入动态文本

STEP 14 选中点前面的日期动态文本，并将编辑窗口切换到源代码状态，添加显示月份的函数 month()，然后将点后面的日期动态文本添加显示日的函数 day()，如图 13-23 所示。

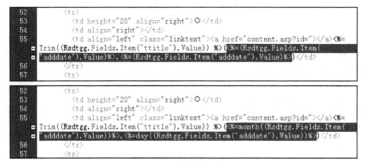

图13-23 修改源代码

知识提示 这里希望日期按"10.20"这种格式显示，因此在点前后各插入了一次日期动态文本，并分别使用函数 month()、day()将月和日单独显示出来。

下面添加重复区域。只有添加了重复区域，记录才能一条一条地显示出来，否则将只显示记录集中的第 1 条记录。

STEP 15 将鼠标光标置于文本"○"所在的单元格内，用鼠标单击编辑窗口底部标签选择器中的最右端的"<tr>"来选中该行，如图 13-24 所示。

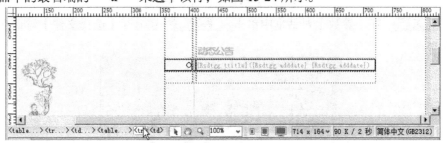

图13-24 选择要重复的行

STEP 16 在【服务器行为】面板中单击 ➕ 按钮，在弹出的菜单中选择【重复区域】命令，打开【重复区域】对话框，将【记录集】设置为"Rsdtgg"，将【显示】记录设置为"12"，如图 13-25 所示。

STEP 17 单击 确定 按钮关闭对话框，所选择的行被定义为重复区域，如图 13-26 所示。

图13-25 【重复区域】对话框

图13-26 文档中的重复区域

【知识链接】

在【重复区域】对话框中，【记录集】下拉列表中将显示在当前网页文档中定义的所有记录集名称，如果只有一个记录集，则不用特意去选择。在【显示】选项组中，可以在文本框中输入数字定义每页要显示的记录数，也可以选择显示所有记录，在数据量大的情况下不适合选择显示所有记录。

在主页面的"动态公告"栏目下只显示 12 条记录，因此这里不需要设置分页功能。由于单击"动态公告"栏目下的标题可以打开网页"content.asp"查看详细内容，因此，在主页面中需要为动态文本"{Rsdtgg.ttitle}"创建超级链接并设置传递参数。

STEP 18 选中动态文本"{Rsdtgg.ttitle}"，在【属性】面板中单击【链接】后面的 📁 按钮，打开【选择文件】对话框，在文件列表中选择网页文件"content.asp"。

STEP 19 在【选择文件】对话框中单击【URL:】后面的 参数... 按钮，打开【参数】对话框，在【名称】文本框中输入"id"，在【值】文本框中单击右侧的 🖉 按钮，打开【动态数据】对话框，选择【记录集（Rsdtgg）】/【id】选项，然后单击 确定 按钮，返回【参数】对话框，如图 13-27 所示。

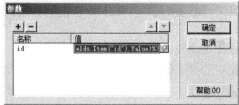

图13-27 设置页面间的参数传递

STEP 20 在【参数】对话框中单击 确定 按钮返回【选择文件】对话框，如图 13-28 所示。

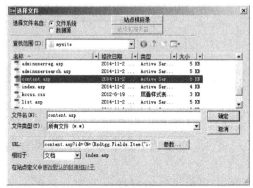

图13-28 【选择文件】对话框

STEP 21 单击 确定 按钮关闭【选择文件】对话框，并保存文件。

【知识链接】

经过设置【URL:】参数选项，【URL:】后面的文本框中出现了下面一条语句："content.asp?id=<%=(Rsdtgg.Fields.Item("id").Value)%>"，当单击主页面中的标题时，将打开文件"content.asp"，同时将该标题的"id"参数传递给"content.asp"，从而使该页面只显示符合该条件的记录。

（三） 制作"list.asp"中的数据列表

在主页面的页眉和二级页面的左侧都有导航栏。单击导航栏中的"学科简介""研究队伍""人才培养""学术成果""学术交流""教育资源""动态公告"超级链接时，它们都会打开一个共同的网页文档"list.asp"，并且传递了相应的参数值"classid"，以保证该页显示相应栏目的内容。下面制作"list.asp"中的数据列表，在"list.asp"中将创建两个记录集"Rslanmu"和"Rsxueke"。

【操作步骤】

STEP 1 打开文档"list.asp"，在【服务器行为】面板中单击 ➕ 按钮，在弹出的菜单中选择【记录集】命令打开【记录集】对话框，创建记录集"Rslanmu"，如图 13-29 所示。

STEP 2 接着继续创建记录集"Rsxueke"，如图 13-30 所示。

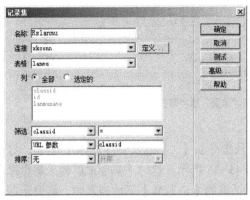
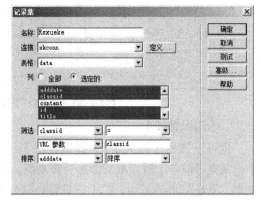

图13-29 创建记录集"Rslanmu"　　　　图13-30 创建记录集"Rsxueke"

STEP 3　　切换到【绑定】面板，展开记录集"Rslanmu"，将字段"lanmuname"拖曳到文档中栏目标题位置处，然后展开记录集"Rsxueke"，将字段"title"拖曳到文档中括号的前面，将字段"adddate"拖曳到文档中括号内，如图13-31所示。

知识提示　　创建两个记录集的目的是，"Rslanmu"用来显示栏目大标题，"Rsxueke"用来显示属于相应栏目的记录，URL参数"classid"决定了这两个记录集栏目标题和内容是相对应的。

STEP 4　　选中数据显示行添加重复区域，如图13-32所示。

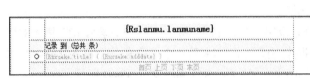

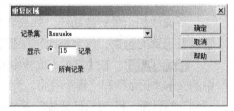

图13-31 添加动态文本　　　　　　　　图13-32 添加重复区域

下面设置记录集分页。在定义了记录集每页显示的记录数后，要实现翻页效果就必须用到记录集分页功能。

STEP 5　　选中文本"首页"，在【服务器行为】面板中单击 ➕ 按钮，在弹出的菜单中选择【记录集分页】/【移至第一条记录】命令，打开【移至第一条记录】对话框，在【记录集】下拉列表中选择"Rsxueke"，如图13-33所示。

STEP 6　　接着选中文本"上页"，在【服务器行为】面板中单击 ➕ 按钮，在弹出的菜单中选择【记录集分页】/【移至上一条记录】命令，打开【移至前一条记录】对话框，在【记录集】下拉列表中选择"Rsxueke"，如图13-34所示。

图13-33 【移至第一条记录】对话框　　　图13-34 【移至前一条记录】对话框

STEP 7　　按照相同的方法，分别给文本"下页"和"末页"添加"移至下一条记录""移至最后一条记录"功能，如图13-35所示。

 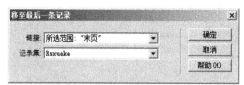

图13-35 给文本"下页"和"末页"添加翻页功能

【知识链接】

也可以选择【插入】/【数据对象】/【记录集分页】/【记录集导航条】命令，打开【记录集导航条】对话框来添加分页功能，如图 13-36 所示。这时不需要提前输入翻页提示文本，系统将自动添加。在【记录集导航条】对话框的【记录集】下拉列表中，将显示在当前网页文档中已定义的所有记录集名称，如果只有一个记录集，则不用特意去选择。在【显示方式】选项中，如果选择【文本】单选按钮，则会添加文字用作翻页指示；如果选择【图像】单选按钮，则会自动添加4幅图像用作翻页指示。

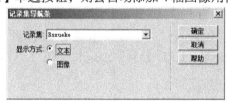 

图13-36 【记录集导航条】对话框

下面添加记录计数功能。如果在显示记录时，能够显示每页的记录在记录集中的起始位置以及记录的总数，肯定是比较理想的选择。

STEP 8 在【绑定】面板中展开记录集"Rsxueke"，将"[第一个记录索引]"插入文档中的文本"记录"和"到"中间，然后用同样的方法将"[最后一个记录索引]"插入文档中文本"到"的后面，将"[总记录数]"插入文档中文本"总共"的后面，如图13-37所示。

图13-37 添加记录计数功能

【知识链接】

也可以选择【插入】/【数据对象】/【显示记录计数】/【记录集导航状态】命令，打开记录集导航状态对话框来添加记录计数功能，如图 13-38 所示，这时不需要提前输入记录计数的相关提示文本，将自动添加。在对话框中，【记录集】下拉列表中将显示在当前网页文档中已定义的所有记录集名称，如果只有一个记录集，不用特意去选择。

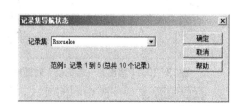

图13-38 记录集导航状态对话框

下面添加显示区域功能。在网页"list.asp"中，如果记录集不为空则显示数据列表，如果记录集为空，即没有找到符合条件的记录，则应显示提示信息"没有查寻到相关数据。"

STEP 9 选中含有数据列表的表格，然后在【服务器行为】面板中单击 ➕ 按钮，在弹出的菜单中选择【显示区域】/【如果记录集不为空则显示区域】命令，打开对话框进行设置，如图13-39所示。

图13-39 设置显示区域

STEP 10 选中含有"没有查寻到相关数据。"的表格，然后在【服务器行为】面板中单击 ➕ 按钮，在弹出的菜单中选择【显示区域】/【如果记录集为空则显示区域】命令，设置记录集为空的显示区域，如图13-40所示。

图13-40 设置显示区域

由于单击标题可以打开网页"content.asp"查看详细内容，因此，需要为动态文本"{Rsxueke.title}"创建超级链接并设置传递参数。

STEP 11 选中动态文本"{Rsxueke.title}"，然后在【属性】面板中单击【链接】后面的 🗀 按钮，打开【选择文件】对话框，在文件列表中选择网页文件"content.asp"。

STEP 12 在【选择文件】对话框中单击【URL:】后面的 参数... 按钮，打开【参数】对话框，在【名称】文本框中输入"id"，在【值】文本框中单击右侧的 🖉 按钮，打开【动态数据】对话框，选择【记录集（Rsxueke）】/【id】选项，然后单击 确定 按钮，返回【参数】对话框，如图13-41所示。

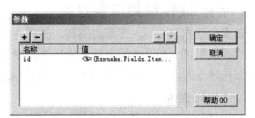

图13-41 设置页面间的参数传递

STEP 13 在【参数】对话框中单击 确定 按钮，返回【选择文件】对话框，再单击 确定 按钮关闭【选择文件】对话框。

STEP 14 保存文件。

（四） 制作"content.asp"中的数据列表

在"index.asp"主页面中单击记录标题和在"list.asp"中单击记录标题都将打开网页"content.asp"，并且传递了相应的 URL 参数"id"，因此，在"content.asp"中必须创建针对 URL 参数"id"的记录集，并将动态文本插入到页面中。

【操作步骤】

STEP 1 打开文档"content.asp"，在【服务器行为】面板中单击 ➕ 按钮，在弹出的菜单中选择【记录集】命令，创建记录集"Rscontent"，如图 13-42 所示。

STEP 2 在【绑定】面板中，展开【记录集（Rscontent）】，然后依次将字段"title""content""username""adddate"插入到文档中相应的位置。

STEP 3 选中含有数据的表格，在【服务器行为】面板中单击 ➕ 按钮，在弹出的菜单中选择【显示区域】/【如果记录集不为空则显示区域】命令，将其设置为记录集不为空的显示区域，然后将含有文本"没有查寻到相关数据。"的表格设置为记录集为空的显示区域，如图 13-43 所示。

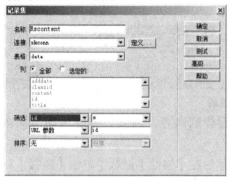

图13-42 创建记录集"Rscontent"

图13-43 设置显示区域

STEP 4 保存文件。

任务三 制作后台页面

本任务主要是制作管理系统的后台页面，涉及的知识点主要有插入记录、更新记录、删除记录等。

（一） 制作添加内容页面

负责向数据表中插入记录的网页，通常由两部分组成：一个是允许用户输入数据的表单，另一个是负责插入记录的服务器行为。可以使用表单工具创建表单页面，然后再使用【插入记录】服务器行为设置插入记录功能。下面设置页面中的插入记录服务器行为。

【操作步骤】

STEP 1 打开网页文档"adminappend.asp"，如图 13-44 所示。

图13-44 表单页面

　　本文档中的表单已经制作好，各个表单对象的名称均与数据库中表的相应字段名称保持一致，以便于实际操作。

　　下面首先创建记录集"Rslanmu"。

STEP 2 　在【服务器行为】面板中单击 ➕ 按钮，在弹出的下拉菜单中选择【记录集】命令，创建记录集"Rslanmu"，如图13-45所示。

STEP 3 　在文档中选中"栏目"后面的选择（列表/菜单）域，在【属性】面板中单击 ✏ 动态... 按钮打开【动态列表/菜单】对话框，参数设置如图13-46所示。

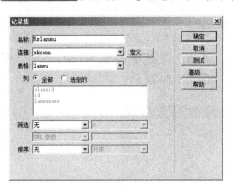

图13-45 创建记录集"Rslanmu"

图13-46 【动态列表/菜单】对话框

STEP 4 　单击 确定 按钮关闭对话框，【属性】面板如图13-47所示。

图13-47 【属性】面板

　　创建记录集"Rslanmu"的目的是为了能够在【列表/菜单】域中显示栏目列表，供用户选择。如果数据库中没有创建关于栏目的数据表，也可通过添加静态选项的方式进行，但在多个相关页面中反复添加相同的内容会比较麻烦。

下面创建和设置阶段变量。

STEP 5 在【绑定】面板中单击 ➕ 按钮，在弹出的菜单中选择【阶段变量】命令，打开【阶段变量】对话框，在【名称】文本框中输入变量名称"MM_username"，并单击 确定 按钮，如图13-48所示。

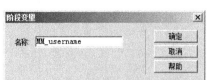

图13-48　创建阶段变量

STEP 6 在页面中选中隐藏域"username"，然后在【属性】面板中单击【值】文本框后面的 ✐ 按钮，打开【动态数据】对话框，选中阶段变量"MM_username"并单击 确定 按钮，如图13-49所示。

图13-49　设置阶段变量

　　表单中还有一个隐藏域"adddate"，其值已设置为"<% =date() %>"，表示获取当前日期，即插入记录的日期，如图13-50所示。

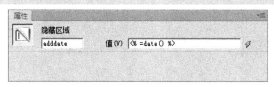

图13-50　表单【属性】面板

【知识链接】

在 Dreamweaver 中创建登录应用程序后，将自动生成相应的 Session 变量，如"Session("MM_username")"，用来在网站中记录当前登录用户的用户名等信息，变量的值会在网页中相互传递，还可以用它们来验证用户是否登录。每个登录用户都有自己独立的 Session 变量，当用户注销离开或关闭浏览器后，变量会清空。

下面添加插入记录服务器行为。

STEP 7 在【服务器行为】面板中单击 ➕ 按钮，在弹出的下拉菜单中选择【插入记录】命令，打开【插入记录】对话框。

STEP 8 在【连接】下拉列表中选择已创建的数据库连接"xkconn"选项，在【插入到表格】下拉列表中选择数据表"data"，在【插入后，转到】文本框中设置插入记录后要转到的页面，此处为"adminappendsuccess.htm"。

STEP 9 在【获取值自】下拉列表中选择表单的名称"form1"选项，在【表单元素】下拉列表中选择第 1 行的选项，然后在【列】下拉列表中选择数据表中与之相对应的字段名，在【提交为】下拉列表中选择该表单元素的数据类型，如图 13-51 所示。

> **知识提示** 如果表单对象的名称与数据表中的字段名称是一致的，这里将自动对应。只有在表单对象的名称与数据表中的字段名称是不一致时，才需要手工操作进行一一对应。

STEP 10 单击 确定 按钮，向数据表中添加记录的设置就完成了，如图 13-52 所示。

> **知识提示** 在【服务器行为】面板中，双击服务器行为，如"插入记录（表单"form1"）"，可打开相应对话框，对参数进行重新设置。选中服务器行为，单击─按钮，可将该行为删除。

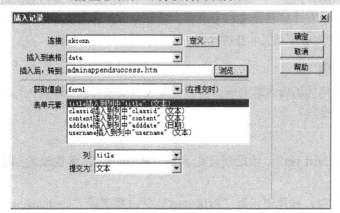

图13-51 【插入记录】对话框　　　　　　　　图13-52 插入记录服务器行为

STEP 11 添加完"插入记录"服务器行为后，表单【属性】面板的【动作】文本框中添加了动作代码"<%=MM_editAction%>"，如图 13-53 所示。

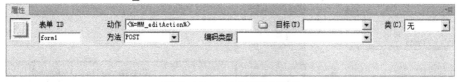

图13-53 表单【属性】面板

STEP 12 同时在表单中还添加了一个隐藏域"MM_insert"，如图 13-54 所示。

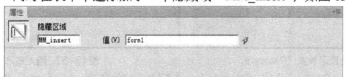

图13-54 隐藏区域"MM_insert"

STEP 13 保存文件"adminappend.asp"，然后打开文件"adminappendsuccess.htm"。

STEP 14 在菜单栏中选择【插入】/【HTML】/【文件头标签】/【刷新】命令，打开【刷新】对话框，设置延迟时间为"2"秒，转到 URL 为"adminappend.asp"，如图13-55 所示。

STEP 15 单击 确定 按钮关闭对话框，并保存文档。

图13-55 【刷新】对话框

【知识链接】

文件头标签也就是通常所说的 META 标签。META 标签在网页中是看不到的，因为它包含在 HTML 中的"<head>…</head>"标签之间。所有包含在该标签之间的内容在网页中都是不可见的，所以通常也叫做文件头标签。在菜单栏的【插入】/【HTML】/【文件头标签】中包含了常用的文件头标签，其中的【刷新】命令可以定时刷新网页。在【刷新】对话框包含以下两项内容。

● 【延迟】：表示网页被浏览器下载后所停留的时间，以"秒"为单位。

● 【操作】：一个是【转到 URL】选项，通过右边的 浏览... 按钮来输入动作所转向的网页或文档的 URL；另一个是【刷新此文档】选项，也就是重新将当前的网页从服务器端载入，将已经改变的内容重新显示在浏览器中。

（二） 制作编辑内容页面

下面主要是制作供管理人员使用的编辑内容列表页面，管理人员从该页面可以进入修改内容页面，也可以进入删除内容页面。

【操作步骤】

STEP 1 打开文档"adminlist.asp"，然后创建记录集"Rslanmu"，参数设置如图13-56 所示。

STEP 2 在【绑定】面板中，展开记录集"Rslanmu"，然后将字段"lanmuname"插入到"编辑内容-"的后面，如图13-57 所示。

图13-56 创建记录集"Rslanmu" 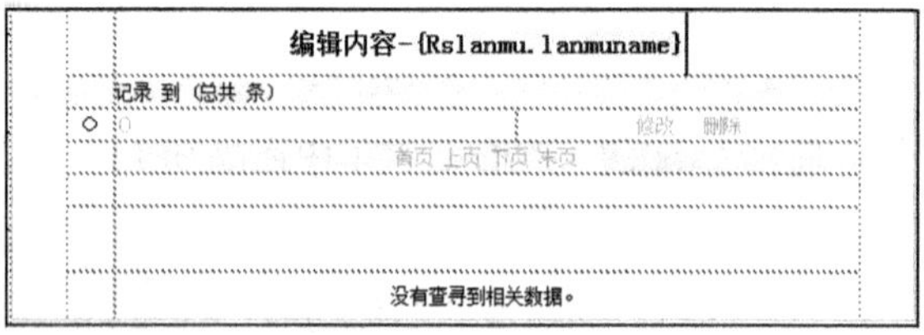   图13-57 插入动态文本

STEP 3 创建记录集"Rsdata"，选定的字段名有"adddate""classid""id"和"title"，如图13-58 所示。

STEP 4 在【绑定】面板中，展开记录集"Rsdata"，然后将字段"adddate"和"title"依次插入到相应的位置，如图13-59 所示。

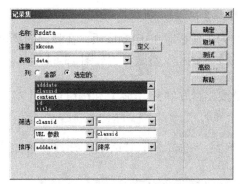

图13-58 创建记录集"Rsdata"

图13-59 插入动态文本

STEP 5 选中数据显示行，添加重复区域，如图 13-60 所示。

STEP 6 依次选中文本"首页""上页""下页""末页"，然后分别给它们添加"移至第一条记录""移至前一条记录""移至下一条记录""移至最后一条记录"导航功能，如图 13-61 所示。

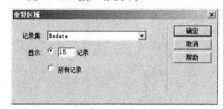

图13-60 添加重复区域

图13-61 记录集分页

STEP 7 在【绑定】面板中，将"[第一个记录索引]"拖曳到文档中的文本"记录"和"到"中间，将"[最后一个记录索引]"拖曳到文档中文本"到"的后面，将"[总记录数]"拖曳到文档中文本"总共"的后面，如图 13-62 所示。

图13-62 添加记录计数功能

STEP 8 选中含有数据列表的表格，将其设置为"如果记录集不为空则显示区域"，选中含有"没有查寻到相关数据。"的表格，将其设置为"如果记录集为空则显示区域"，如图 13-63 所示。

图13-63 设置显示区域

下面为文本"修改"和"删除"创建超级链接并设置传递参数。

STEP 9　选中文本"修改"，在【服务器行为】面板中单击➕按钮，在弹出的菜单中选择【转到详细页面】命令，打开【转到详细页面】对话框，参数设置如图 13-64 所示。

> 🔒 **知识提示**　这与在【属性】面板中创建超级链接，然后单击 [参数…] 按钮打开【参数】对话框设置 URL 传递参数效果是一样的。

STEP 10　选中文本"删除"，然后打开【转到详细页面】对话框，参数设置如图 13-65 所示。

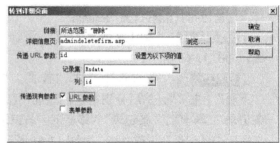

图13-64　【转到详细页面】对话框　　　　图13-65　【转到详细页面】对话框

【知识链接】

传递参数有 URL 参数和表单参数两种，即平时所用到的两种类型的变量：QueryString 和 Form。QueryString 主要用来检索附加到发送页面 URL 的信息。查询字符串由一个或多个"名称/值"组成，这些"名称/值"使用一个问号（？）附加到 URL 后面。如果查询字符串中包括多个"名称/值"，则用符号（&）将它们合并在一起。可以使用"Request.QueryString("id")"来获取 URL 中传递的变量值，如果传递的 URL 参数中只包含简单的数字，也可以将QueryString 省略，只采用 Request ("id")的形式。Form 主要用来检索表单信息，该信息包含在使用 POST 方法的 HTML 表单所发送的 HTTP 请求正文中。可以采用"Request.Form("id")"语句来获取表单域中的值。

图13-66　后台编辑页面

STEP 11　保存文件，效果如图13-66 所示。

（三）　制作修改内容页面

由于在"adminlist.asp"中单击"修改"可以打开文档"adminmodify.asp"并同时传递"id"参数，因此在制作"adminmodify.asp"页面时，首先需要根据传递的"id"参数创建记录集，然后在单元格中设置动态文本字段，最后插入更新记录服务器行为，更新数据表中的字段内容。

【操作步骤】

STEP 1　打开文档"adminmodify.asp"，然后创建记录集"Rslanmu"，如图 13-67 所示。

STEP 2　接着创建记录集"Rsdata"，如图 13-68 所示。

228

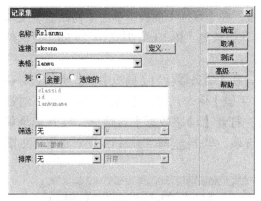
图13-67　创建记录集"Rslanmu"

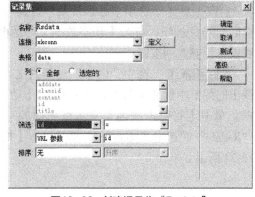
图13-68　创建记录集"Rsdata"

STEP 3　选中"标题"右侧的文本域，在【属性】面板中单击【初始值】文本框后面的 按钮，打开【动态数据】对话框，展开记录集"Rsdata"并选中"title"，然后单击 确定 按钮，如图 13-69 所示。

图13-69　设置动态文本域

知识提示　也可以直接在【服务器行为】面板中单击 按钮，在弹出的菜单中选择【动态表单元素】/【动态文本字段】命令，打开【动态文本字段】对话框进行设置。

STEP 4　选中"栏目"右侧的选择（列表/菜单）域，然后在【属性】面板中单击 动态... 按钮，打开【动态列表/菜单】对话框进行参数设置。接着单击【选取值等于】文本框后面的 按钮，打开【动态数据】对话框并进行相应的参数设置，如图 13-70 所示。

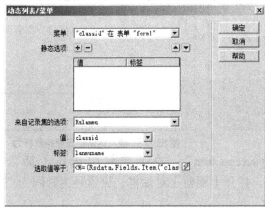

图13-70　【动态列表/菜单】对话框

STEP 5 选中"添加日期"右侧的文本域，在【属性】面板中单击【初始值】文本框后面的 🖉 按钮，打开【动态数据】对话框，展开记录集"Rsdata"并选中"adddate"，然后单击 确定 按钮。

STEP 6 选中"内容"右侧的文本区域，在【服务器行为】面板中单击 ➕ 按钮，在弹出的菜单中选择【动态表单元素】/【动态文本字段】命令，打开【动态文本字段】对话框。单击【将值设置为】文本框后面的 🖉 按钮，打开【动态数据】对话框，展开记录集"Rsdata"并选中"content"，然后设置【格式】选项，单击 确定 按钮关闭对话框，如图13-71所示。

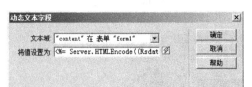

图13-71 【动态文本字段】对话框

> 🔒 **知识提示** 在动态文本区域中，"编码 – Server.HTMLEncode"的作用是把含有HTML代码的文本转换成HTML格式进行显示，而不是显示HTML代码。

下面插入更新记录服务器行为。

STEP 7 在【服务器行为】面板中单击 ➕ 按钮，在弹出的菜单中选择【更新记录】命令，打开【更新记录】对话框，参数设置如图13-72所示。

STEP 8 保存文件，效果如图13-73所示。

图13-72 【更新记录】对话框　　　　　图13-73 插入更新记录服务器行为

STEP 9 打开文件"adminmodifysuccess.htm"，在菜单栏中选择【插入】/【HTML】/【文件头标签】/【刷新】命令，打开【刷新】对话框，设置延迟时间为"2"秒，转到URL为"adminindex.asp"。

STEP 10 最后保存文件。

（四） 制作删除内容页面

由于在"adminlist.asp"中单击"删除"文本，可以打开文档"admindeletefirm.asp"并同时传递"id"参数。文档"admindeletefirm.asp"的主要作用是，让管理人员进一步确认是否要真的删除所选择的记录，如果确定删除可以单击该页面中的【确认删除】按钮，进行删除操作。

【操作步骤】

STEP 1 打开文档"admindeletefirm.asp"，根据从文档"adminlist.asp"传递过来的参数"id"创建记录集"Rsdel"，如图13-74所示。

STEP 2 在文档中相应位置插入动态文本字段"title"和"adddate"。

STEP 3 在【服务器行为】面板中单击 ➕ 按钮，在弹出的菜单中选择【删除记录】命令，打开【删除记录】对话框并进行参数设置，如图13-75所示。

图13-74 创建记录集"Rsdel"

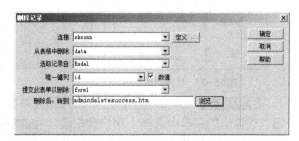

图13-75 【删除记录】对话框

STEP 4 单击 确定 按钮关闭对话框，最后保存文件，效果如图13-76所示。

图13-76 删除内容页面

STEP 5 打开文件"admindeletesuccess.htm"，在菜单栏中选择【插入】/【HTML】/【文件头标签】/【刷新】命令，打开【刷新】对话框，设置延迟时间为"2"秒，转到URL为"adminindex.asp"。

STEP 6 最后保存文件。

任务四 用户身份验证

本任务主要是设置后台页面的检查新用户名、用户登录和注销、限制对页的访问等基本知识。

（一） 制作用户注册页面

用户注册的实质就是向数据库中添加用户名、密码等信息，可以使用【插入记录】服务器行为来完成。但有一点需要注意，就是用户名不能重复，也就是说，数据表中的用户名必须是唯一的，这可以通过【检查新用户名】服务器行为来完成。

【操作步骤】

STEP 1 打开文档"adminuserreg.asp"，如图 13-77 所示。

 知识提示　　在注册页面中有一个隐藏域"rights"，默认值是"2"，即注册的用户默认属于"操作组"级别而不是"系统组"级别。

STEP 2 在【服务器行为】面板中单击 ➕ 按钮，在弹出的菜单中选择【插入记录】命令，打开【插入记录】对话框，参数设置如图 13-78 所示。

图13-77 打开网页文档　　　　　　图13-78 【插入记录】对话框

STEP 3 单击 确定 按钮关闭对话框，然后在【服务器行为】面板中单击 ➕ 按钮，在弹出的菜单中选择【用户身份验证】/【检查新用户名】命令，打开【检查新用户名】对话框，参数设置如图 13-79 所示。

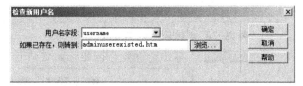

STEP 4 最后保存文档。

图13-79 【检查新用户名】对话框

（二）　用户登录和注销

在一些带有数据库的网站，后台管理页面是不允许普通用户访问的，只有管理员经过登录后才能访问；访问完毕后通常注销退出。登录、注销的原理是，首先将登录表单中的用户名、密码或权限与数据库中的数据进行对比，如果用户名、密码和权限正确，那么允许用户进入网站，并使用阶段变量记录下用户名；否则提示用户错误信息，而注销过程就是将成功登录的用户的阶段变量清空。下面将在文档"login.asp"中提供登录功能，在文档"adminindex.asp"中提供注销功能。

【操作步骤】

STEP 1 打开网页文档"login.asp"，如图 13-80 所示。

STEP 2 在【服务器行为】面板中单击 ➕ 按钮，在弹出的菜单中选择【用户身份验证】/【登录用户】命令，打开【登录用户】对话框。

STEP 3 将登录表单"form1"中的表单对象与数据表"users"中的字段相对应，也就是说，将【用户名字段】与【用户名列】对应，【密码字段】与【密码列】对应，然后将【如果登录成功，转到】设置为"adminindex.asp"，将【如果登录失败，转到】设置为"loginfail.htm"，将【基于以下项限制访问】设置为"用户名、密码和访问级别"，并在【获取级别自】下拉列表中选择"rights"，如图 13-81 所示。

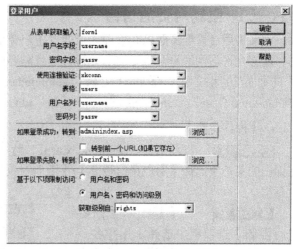

图13-80 打开文档"login.asp"　　　　　　　　图13-81 【登录用户】对话框

如果选择了【转到前一个 URL（如果它存在）】选项，那么无论从哪一个页面转到登录页，只要登录成功，就会自动回到那个页面。

知识提示

STEP 4 设置完成后保存文件。

用户登录成功后，将直接转到"adminindex.asp"。通常，在登录成功后，可以在页面显示登录者的用户名，下面进行设置。

STEP 5 打开文档"adminindex.asp"，然后将【绑定】面板中的"MM_username"变量插入到文本"欢迎用户【　】登录本系统！"中的"【　】"内，如图 13-82 所示。

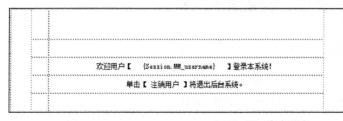

图13-82 绑定用户

如果退出系统最好注销用户，下面制作"注销登录"功能。

STEP 6 选中文本"注销用户"，然后在【服务器行为】面板中单击 ➕ 按钮，在弹出的菜单中选择【用户身份验证】/【注销用户】命令，打开【注销用户】对话框，参数设置如图 13-83 所示。

图13-83 【注销用户】对话框

STEP 7 最后保存文件。

（三） 限制对页的访问

网站的后台管理页面只有管理人员通过用户登录后才可访问，即使是管理人员，权限不同，能够允许访问的页面也不完全一样，这就需要使用【限制对页的访问】服务器行为来设置页面的访问权限。下面对文档"adminindex.asp""adminappend.asp""adminlist.asp""adminmodify.asp""admindeletefirm.asp"和"adminuserreg.asp"添加限制对页的访问功能。

【操作步骤】

STEP 1 打开文档"adminindex.asp"，然后在【服务器行为】面板中单击 ﹢按钮，在弹出的菜单中选择【用户身份验证】/【限制对页的访问】命令，打开【限制对页的访问】对话框。

STEP 2 在【基于以下内容进行限制】选项组中选择【用户名、密码和访问级别】选项，然后单击【选取级别】列表框后面的 定义... 按钮，打开【定义访问级别】对话框，根据数据表"group"添加访问级别，如图 13-84 所示。

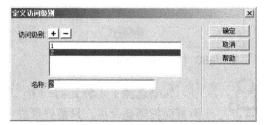

图13-84 添加访问级别

STEP 3 添加完毕后，单击 确定 按钮返回【限制对页的访问】对话框，在【选取级别】列表框中同时选取"1"和"2"，在【如果访问被拒绝，则转到】文本框中输入"adminrefuse.htm"，如图 13-85 所示。

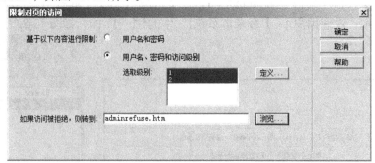

图13-85 【限制对页的访问】对话框

STEP 4 单击 确定 按钮关闭对话框，然后运用同样的方法对"adminappend.asp""adminlist.asp""adminmodify.asp""admindeletefirm.asp"网页文档添加"限制对页的访问"功能，允许访问级别为"1"和"2"；接着对"adminuserreg.asp"网页文档添加"限制对页的访问"功能，允许访问级别仅为"1"。

STEP 5 最后保存文件。

项目实训　制作"用户管理"页面

本项目主要介绍了制作交互式网页的基本方法，本实训将使读者进一步巩固所学的基本知识。

要求：在本系统的基础上，制作用户管理部分页面，如图 13-86 所示。

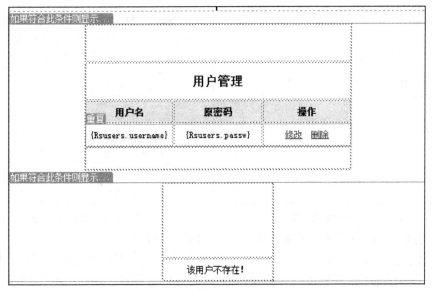

图13-86 用户管理页面

【操作步骤】

STEP 1 打开文档"adminusersearch.asp",然后创建记录集"Rsusers",如图 13-87 所示。

STEP 2 在【绑定】面板中,依次将记录集"Rsusers"中的字段"username""passw"插入到文档中适当位置。

STEP 3 选择数据显示行,创建重复区域,如图 13-88 所示。

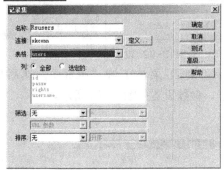

图13-87 创建记录集"Rsusers"　　　　　图13-88 设置重复区域

STEP 4 选中文本"修改",为其创建超级链接"adminusermodify.asp",并设置 URL 传递参数为"id"。

STEP 5 选中文本"删除",为其创建超级链接"adminuserdelete.asp",并设置 URL 传递参数为"id"。

STEP 6 选中文本"用户管理"所在的表格,将其设置为"如果记录集不为空则显示区域",选中文本"该用户不存在!"所在的表格,将其设置为"如果记录集为空则显示区域",如图 13-89 所示。

STEP 7 打开文档"adminusermodify.asp",然后创建记录集"Rsusers",如图 13-90 所示。

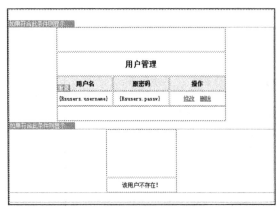

图13-89 用户管理页面

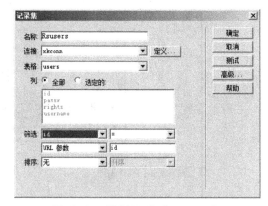

图13-90 创建记录集"Rsusers"

STEP 8 接着创建记录集"Rsgroup",如图 13-91 所示。

STEP 9 选中文本域"username",然后在【绑定】面板中选择记录集"Rsusers"中的字段"username",并单击 绑定 按钮将其绑定到选中的"username"文本域上;接着将记录集"Rsusers"中的字段"passw"绑定到密码文本域"passw"上,如图 13-92 所示。

图13-91 创建记录集"Rsgroup"

图13-92 设置动态文本字段

STEP 10 选中"设置权限"后面的选择(列表/菜单)域"rights",然后单击 动态... 按钮,打开【动态列表/菜单】对话框,参数设置如图 13-93 所示。

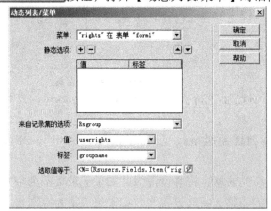

图13-93 设置动态数据

STEP 11 插入【更新记录】服务器行为,参数设置如图 13-94 所示。

STEP 12 打开文档"adminuserdelete.asp",然后创建记录集"Rsusers",如图 13-95 所示。

236

图13-94 插入【更新记录】服务器行为

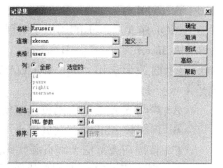

图13-95 创建记录集"Rsusers"

STEP 13 在【绑定】面板中，将记录集"Rsusers"中的字段"username"插入到文档中"用户名:"的后面，如图 13-96 所示。

STEP 14 插入【删除记录】服务器行为，参数设置如图 13-97 所示。

图13-96 插入动态文本

STEP 15 对网页文档"adminusersearch.asp""adminusermodify.asp""adminuserdelete.asp"添加"限制对页的访问"功能，允许访问级别仅为"1"，如图 13-98 所示。

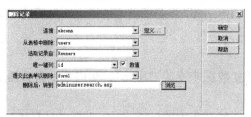

图13-97 插入【删除记录】服务器行为

图13-98 设置限制对页的访问功能

STEP 16 保存所有文档。

项目小结

本项目以学科信息管理系统为例，介绍了创建 ASP 应用程序的基本功能，这些功能都是围绕着查询、添加、修改和删除记录展开的。读者在掌握这些基本功能以后，可以在此基础上创建更加复杂的应用程序。

思考与练习

一、填空题

1. 简体中文（GB2312）的代码页为_____。
2. 要想显示数据表中的记录必须创建_____，然后通过动态数据的形式显示。
3. 网页间的传递参数有_____ 和表单参数两种。
4. 为了保证用户名的唯一，可以通过_____ 服务器行为来完成。

二、选择题

1. Unicode（UTF-8）代码页为（　　）。

A. 65001   B. 936   C. 932   D. 950

2.　SQL 中（　　）的用法是给现有的字段名另指定一个别名。

    A. insert   B. select   C. as   D. desc

3.　下面关于语句<%@LANGUAGE="VBSCRIPT" CODEPAGE="936"%>的说法，错误的是（　　）。

    A. 声明该 ASP 动态网页当前使用的编程脚本为 VBSCRIPT

    B. 声明该 ASP 动态网页代码页为简体中文（GB2312）

    C. 该语句通常位于网页源代码的第 1 行

    D. 声明该 ASP 动态网页代码页为简体中文（HZ）

三、问答题

1.　在 Dreamweaver 中创建数据库连接的方式有哪两种？

2.　如果要完整地显示数据表中的记录通常会用到哪些服务器行为？

四、操作题

制作一个简易班级通信录管理系统，具有浏览记录和添加记录的功能，并设置非管理员只能浏览记录，管理员才可以添加记录。

【操作提示】

STEP 1　首先创建一个能够支持"ASP VBScript"服务器技术的站点，然后将"素材"文件夹下的内容复制到该站点根目录下。

下面设置浏览记录页面"index.asp"。

STEP 2　使用【自定义连接字符串】建立数据库连接"conn"，使用测试服务器上的驱动程序。

STEP 3　创建记录集"Rs"，在【连接】下拉列表中选择"conn"选项，在【表格】下拉列表中选择"student"选项，在【排序】下拉列表中选择"xuehao"和"升序"选项。

STEP 4　在"学号"下面的单元格内插入记录集"Rs"中的"xuehao"，然后依次在其他单元格内插入相应的动态文本。

STEP 5　设置重复区域，在【重复区域】对话框中将【记录集】设置为"Rs"，将【显示】设置为"所有记录"。

下面设置添加记录页面"addstu.asp"。

STEP 6　打开【插入记录】对话框，在【连接】下拉列表中选择数据库连接"conn"，在【插入到表格】下拉列表中选择数据表"student"，在【获取值自】下拉列表中选择表单的名称"form1"，并检查数据表与表单对象的对应关系。

下面设置用户登录和限制对页的访问。

STEP 7　设置用户登录页面。在文档"login.asp"中，打开【登录用户】对话框，将登录表单"form1"中表单域与数据表"login"中的字段相对应，然后将【如果登录成功，转到】选项设置为"addstu.asp"，将【如果登录失败，转到】选项设置为"login.htm"，将【基于以下项限制访问】选项设置为"用户名和密码"。

STEP 8　限制对页的访问。在文档"addstu.asp"中，打开【限制对页的访问】对话框，在【基于以下内容进行限制】选项中选中【用户名和密码】单选按钮，在【如果访问被拒绝，则转到】文本框中输入"login.asp"。

PART 14

项目十四 发布网站

网页制作完成以后，需要将所有网页文件上传到远程服务器，这个过程就是文件发布。在发布文件之前，要保证远程服务器配置好了 IIS 服务器，能够接收上传的文件并能够正常运行网页文件。本项目将结合实际操作介绍配置 IIS 服务器以及在 Dreamweaver CS6 中发布文件的方法。

学习目标

- 学会在 IIS 中配置 Web 和 Ftp 服务器的方法。
- 学会定义远程站点信息的方法。
- 学会发布和获取文件的方法。
- 学会保持文件同步的方法。

任务一　配置 IIS 服务器

互联网信息服务（Internet Information Server，IIS）是由微软公司提供的一种 Web 服务组件，其中包括 Web 服务器、FTP 服务器、NNTP 服务器和 SMTP 服务器，分别用于网页浏览、文件传输、新闻服务和邮件发送服务。如果自己拥有服务器，必须将 Web 服务器配置好，网页才能够被用户正常访问。只有配置了 FTP 服务器，网页才能通过 FTP 方式发布到服务器。

（一）　配置 Web 服务器

在 Windows Server 2003 的 IIS 中，如果使用默认 Web 站点可以直接进行配置。下面介绍配置 Web 服务器的方法。

【操作步骤】

STEP 1　首先在服务器硬盘上创建一个存放站点网页文件的文件夹。

STEP 2　选择【开始】/【管理工具】/【Internet 信息服务（IIS）管理器】命令，打开【Internet 信息服务（IIS）管理器】窗口，如图 14-1 所示。

STEP 3　在左侧列表中单击 "+" 标识展开列表项，选择【默认网站】选项，如图 14-2 所示。

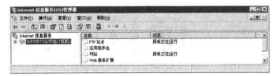

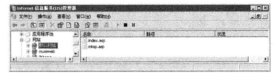

图14-1 【Internet 信息服务（IIS）管理器】窗口   图14-2 选择【默认网站】选项

STEP 4 接着单击鼠标右键，在弹出的快捷菜单中选择【属性】命令，打开【默认网站 属性】对话框，切换到【网站】选项卡，在【IP 地址】文本框中输入可以使用的 IP 地址，如图 14-3 所示。

STEP 5 切换到【主目录】选项卡，在【本地路径】文本框中设置网站所在的文件夹，如图 14-4 所示。

图14-3 【网站】选项卡   图14-4 【主目录】选项卡

STEP 6 切换到【文档】选项卡，添加默认的首页文档名称，如图 14-5 所示。

图14-5 【文档】选项卡

STEP 7 在左侧列表中选择【Web 服务扩展】选项，然后检查右侧列表中【Active Server Pages】选项是否是"允许"状态，如果不是（即"禁止"）需要选择【Active Server Pages】选项，接着单击 允许 按钮使服务器能够支持运行 ASP 网页，如图 14-6 所示。

图14-6 设置【Web 服务扩展】选项

配置完 Web 服务器后，打开 IE 浏览器，在地址栏中输入 IP 地址后按 Enter 键，这样就可以打开网站的首页了。前提条件是在这个目录下已经放置了包括主页在内的网页文件。

（二） 配置 FTP 服务器

在 Windows Server 2003 的 IIS 中，如果使用默认 FTP 站点可以直接进行配置。下面介绍配置 FTP 服务器的方法。

【操作步骤】

STEP 1 在【Internet 信息服务（IIS）管理器】窗口中，在左侧列表中单击"+"标识展开【FTP 站点】列表项，选择【默认 FTP 站点】选项，然后单击鼠标右键；在弹出的快捷菜单中选择【属性】命令，打开【默认 FTP 站点 属性】对话框，在【IP 地址】文本框中设置 IP 地址，如图 14-7 所示。

STEP 2 切换到【主目录】选项卡，在【本地路径】文本框中设置 FTP 站点目录，然后选中【读取】、【写入】和【记录访问】复选框，如图 14-8 所示。

图14-7 【FTP 站点】选项卡

图14-8 【主目录】选项卡

STEP 3 单击 **确定** 按钮完成默认 FTP 站点属性的配置。

用户名和密码没有单独配置，使用系统中的用户名和密码即可。

任务二 发布网站

IIS 服务器配置好后，还需要在 Dreamweaver CS6 中定义远程站点信息，然后才能使用站点管理器发布文件。

（一） 定义远程服务器

在设置远程服务器时，必须为 Dreamweaver 选择连接方法，以将文件上传和下载到 Web 服务器。最典型的连接方法是 FTP，但 Dreamweaver CS6 还支持本地/网络、FTPS、SFTP、WebDav 和 RDS 连接方法。Dreamweaver CS6 还支持连接到启用了 IPv6 的服务器。为了让读者能够真正体验通过 Dreamweaver CS6 向远程服务器传输数据的方法，下面在 Dreamweaver CS6 配置 FTP 服务器的过程中所提及的远程服务器均是 Windows Server 2003 系统中的 IIS 服务器。

【操作步骤】

STEP 1 在菜单栏中选择【站点】/【管理站点】命令，打开【管理站点】对话框，在站点列表中选择要上传的站点，然后单击 按钮打开【站点设置对象】对话框。

STEP 2 在左侧列表中选择【服务器】选项，单击 按钮，在弹出的对话框中的【基本】选项卡中进行参数设置，如图 14-9 所示。

【知识链接】

远程服务器用于指定远程文件夹的位置，远程文件夹通常位于运行 Web 服务器的计算机上。在 Dreamweaver CS6【文件】面板中，该远程文件夹被称为远程站点。在设置远程文件夹时，必须为 Dreamweaver CS6 选择连接方法，以将文件上传和下载到 Web 服务器。对【基本】选项卡中【FTP】各个选项的作用简要说明如下。

图14-9　设置基本参数

- 【服务器名称】：设置新服务器的名称。
- 【连接方法】：设置连接测试服务器或远程服务器的连接方法，下拉列表中共有 5 个选项，包括 FTP、SFTP、本地/网络等。如果使用 FTP 连接到 Web 服务器，应选择【FTP】选项。
- 【FTP 地址】：设置要将网站文件上传到其中的 FTP 服务器的地址。FTP 地址是计算机系统的完整 Internet 名称，可使用 FTP 服务器的 IP 地址或域名，如"10.6.4.5"或"ftp.mx.cn"。在【FTP 地址】文本框中需要输入完整的地址，并且不要附带其他任何文本，特别是不要在地址前面加上协议名"ftp://"。
- 【端口】：这里的端口号必须与远程服务器上的 FTP 服务器中设置的端口号一致，通常 FTP 连接的默认端口是"21"，如果不是默认端口号，可以通过编辑右侧的文本框来更改默认端口号。保存设置后，FTP 地址的结尾将附加上一个冒号和新的端口号，如"ftp.ls.cn:29"。
- 【用户名】和【密码】：设置用于连接到 FTP 服务器的用户名和密码。
- 测试 按钮：单击该按钮测试 FTP 地址、用户名和密码是否正确。
- 【保存】：默认情况下该项处于选中状态，Dreamweaver CS6 会保存密码。
- 【根目录】：设置远程服务器上用于存储公开显示的文档的目录（文件夹），如果是 FTP 站点的根目录，直接输入"/"，如果是在 FTP 站点中创建的虚拟目录，直接输入虚拟目录名称。
- 【Web URL】：设置 Web 站点的 URL，Dreamweaver CS6 使用此 Web URL。

STEP 3 选择【高级】选项卡，根据需要进行参数设置，如图 14-10 所示。

【知识链接】

如果希望自动同步本地和远程文件，应选择【维护同步信息】选项。如果希望在保存文件时 Dreamweaver CS6 将文件上传到远程站点，需选择【保存时自动将文件上传到服务器】选项。如果希望激活【存回/取出】系统，应选择【启用文件取出功能】选项。如果使用测试服务器，需要从【服务器模型】下拉列表中选择一种服务器模型。

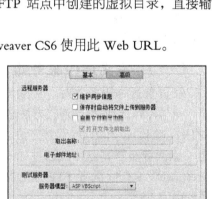

图14-10　设置高级参数

STEP 4 最后单击 保存 按钮完成设置，然后选中【远程】复选框，如图 14-11 所示。

【知识链接】

Dreamweaver 站点是指属于某个 Web 站点的文档的本地或远程存储位置。Dreamweaver 站点提供了一种方法，使网页设计者可以组织和管理所有的 Web 文档，将用户的站点上传到 Web 服务器，跟踪和维护站点的链接以及管理和共享文件。

如果要在 Dreamweaver CS6 中定义站点，只需设置一个本地文件夹。如果要开发 Web 应用程序，必须添加测试服务器信

图14-11　设置远程服务器

息。如果要向 Web 服务器传输文件，还必须添加远程站点。在 Dreamweaver CS6 中，站点通常可由 3 个部分（或文件夹）组成，具体要取决于开发环境和所开发的 Web 站点类型。

（1）　本地根文件夹：存储用户正在处理的文件，Dreamweaver CS6 将此文件夹称为"本地站点"，此文件夹通常位于本地计算机上，但也可能位于网络共享的服务器上。

（2）　测试服务器文件夹：在开发过程中用于测试动态页的文件夹。

（3）　远程文件夹：通常位于运行 Web 服务器的计算机上，远程文件夹包含用户从 Internet 访问的文件，Dreamweaver CS6 在【文件】面板中将此文件夹称为"远程站点"，如果本地站点文件夹直接位于运行 Web 服务器的系统中，则无需指定远程文件夹，这意味着该 Web 服务器正在本地计算机上运行。

（二）　发布网站

下面介绍通过 Dreamweaver 站点管理器发布网页的方法。

【操作步骤】

STEP 1　在【文件】面板中单击 📄（展开/折叠）按钮，展开站点管理器，在【显示】下拉列表中选择要发布的站点，然后在工具栏中单击 📋（远程服务器）按钮，切换到远程服务器状态，如图 14-12 所示。

图14-12　站点管理器

STEP 2　单击工具栏上的 🔌（连接到远程服务器）按钮，将会开始连接远程服务器，即登录 FTP 服务器。经过一段时间后，🔌按钮上的指示灯变为绿色，表示登录成功了，并且变为🔌按钮（再次单击🔌按钮就会断开与 FTP 服务器的连接），如图 14-13 所示。

图14-13　连接到远端主机

当首次建立远程连接时，Web 服务器上的远程文件夹通常是空的。之后，当用户上传本地根文件夹中的所有文件时，便会用所有的 Web 文件来填充远程文件夹。

STEP 3 在【本地文件】列表中，选择站点根文件夹"mengxiang"（如果仅上传部分文件，可选择相应的文件或文件夹），然后单击工具栏中的 ⬆（上传文件）按钮，会出现一个【您确定要上传整个站点吗？】对话框，单击 确定 按钮将所有文件上传到远程服务器，如图 14-14 所示。

图14-14　上传文件到远程服务器

STEP 4 上传完所有文件后，单击 按钮，断开与服务器的连接。

当然，使用 FTP 传输软件上传和下载站点文件非常方便，有兴趣的读者也可以使用 FTP 传输软件进行站点发布和日常维护。

项目实训　配置服务器和发布站点

本项目着重介绍了服务器的配置、网站发布和维护的基本方法，通过本实训将使读者进一步巩固所学的基本知识。

要求：对服务器 IIS 进行简单配置，同时将本机上的文件发布到服务器上。

【操作步骤】

STEP 1 配置 WWW 服务器。
STEP 2 配置 FTP 服务器。
STEP 3 在 Dreamweaver CS6 站点管理器中设置有关 FTP 的参数选项。
STEP 4 利用 Dreamweaver CS6 站点管理器进行站点发布。

项目小结

本项目主要介绍了如何配置、发布和维护站点，这些都是网页制作中不可缺少的一部分，也是网页设计者必须了解的内容，希望读者能够多加练习。

思考与练习

一、问答题
1. 什么是 IIS？
2. 如何理解 Dreamweaver 站点？

二、操作题
1. 练习配置 IIS 服务器。
2. 在 Dreamweaver 中配置好 FTP 的相关参数，然后进行网页发布。